大数据与人工智能技术丛书

深度学习

微课视频版

吕云翔 王志鹏 主 编

王渌汀 刘卓然 韩雪婷 梁菁菁 副主编

清華大学出版社

北京

内 容 简 介

本书循序渐进地介绍了深度学习的基础知识与常用方法,全面细致地提供了深度学习操作的原理和在深度学习框架下的实践步骤。本书共分为三部分,理论基础、实验和案例。第一部分理论基础,包括第 1～7 章,主要介绍深度学习的基础知识、深度学习在不同领域的应用、不同深度学习框架的对比以及机器学习、神经网络等内容;第二部分实验,包括第 8～9 章,主要讲解常用深度学习框架的基础以及计算机视觉、自然语言处理、强化学习和可视化技术领域的一些实验讲解。第三部分案例包括第 10～17 章,通过 8 个案例介绍深度学习在图像分类、目标检测、目标识别、图像分割、生成对抗、自然语言处理等方面的应用。

本书适合 Python 深度学习初学者、机器学习算法分析从业人员以及高等学校计算机科学、软件工程等相关专业的师生阅读。

图书在版编目(CIP)数据

深度学习:微课视频版 / 吕云翔,王志鹏主编;
王渌汀等副主编. -- 北京:清华大学出版社,2024.8.
(大数据与人工智能技术丛书). -- ISBN 978-7-302
-67072-8

Ⅰ. TP181
中国国家版本馆 CIP 数据核字第 2024T1T716 号

责任编辑:陈景辉　薛　阳
封面设计:刘　键
责任校对:胡伟民
责任印制:沈　露

出版发行:清华大学出版社
网　　　址:https://www.tup.com.cn,https://www.wqxuetang.com
地　　　址:北京清华大学学研大厦 A 座　　　邮　　编:100084
社 总 机:010-83470000　　　　　　　　邮　　购:010-62786544
投稿与读者服务:010-62776969,c-service@tup.tsinghua.edu.cn
质量反馈:010-62772015,zhiliang@tup.tsinghua.edu.cn
课件下载:https://www.tup.com.cn,010-83470236
印 装 者:涿州汇美亿浓印刷有限公司
经　　销:全国新华书店
开　　本:185mm×260mm　　印　张:18.25　　　　字　　数:460 千字
版　　次:2024 年 8 月第 1 版　　　　　　　　印　　次:2024 年 8 月第 1 次印刷
印　　数:1～1500
定　　价:59.90 元

产品编号:102363-01

前　言

随着技术的发展，深度学习已经成为各个领域的热门话题。深度学习是人工智能领域中的重要分支，其地位越来越受到重视。深度学习具有优秀的自动特征提取能力和高精度的预测和分类能力，已经在图像识别、语音识别、自然语言处理、机器翻译等领域取得了很好的成果。而随着技术的不断发展和应用场景的不断拓展，深度学习在各个领域内的影响力越来越大，已经成为现代科技发展的重要推动力量，而且未来的影响力和作用也会越来越广泛，将成为人类社会进步的重要驱动力之一。

本书主要内容

本书是一本以深度学习为主题的书，目的是让读者尽可能深入地理解深度学习的技术。此外，本书强调将理论与实践结合，简明的案例不仅能加深读者对于理论知识的理解，还能让读者直观感受到实际生产中深度学习技术应用的过程。

全书共分为三大部分，共 17 章。

第一部分深度学习理论基础，包括第 1～7 章。第 1 章深度学习简介，包括计算机视觉、自然语言处理、强化学习；第 2 章深度学习框架及其对比，包括 PyTorch、TensorFlow、PaddlePaddle，以及三者的比较；第 3 章机器学习基础知识，包括机器学习概述、监督学习、无监督学习、强化学习、神经网络和深度学习，以及一个案例；第 4 章回归模型，包括线性回归、Logistic 回归、用 PyTorch 实现 Logistic 回归；第 5 章神经网络基础，包括基础概念、感知器、BP 神经网络、Dropout 正则化、批标准化；第 6 章卷积神经网络与计算机视觉，包括卷积神经网络的基本思想、卷积操作、池化层、卷积神经网络、经典网络结构、用 PyTorch 进行手写数字识别；第 7 章神经网络与自然语言处理，包括语言建模、基于多层感知机的架构、基于循环神经网络的架构、基于卷积神经网络的架构、基于 Transformer 的架构、表示学习与预训练技术。

第二部分深度学习实验，包括第 8、9 章。第 8 章操作实践，包括 PyTorch 操作实践、TensorFlow 操作实践、PaddlePaddle 操作实践；第 9 章综合项目实验，包括计算机视觉、自然语言处理、强化学习、可视化技术。

第三部分深度学习案例，包括第 10～17 章。第 10 章基于 ResNet 的跨域数据集图像分类；第 11 章基于 YOLO V3 的安全帽佩戴检测；第 12 章基于 PaddleOCR 的车牌识别，第 13 章基于 PaddleSeg 的动物图片语义分割；第 14 章基于 SR-CNN 图像超分辨率；第 15 章基于 TensorFlowTTS 的中文语音合成；第 16 章基于 LSTM 的原创音乐生成；第 17 章基于 FastR-CNN 的视频问答。

本书特色

（1）注重理论，联系实际。

本书为重要的知识点部分配备了典型例题，通过大量的实例，展示了深度学习在图像处理、自然语言处理等领域的应用，使读者能够深入了解实际应用场景。

（2）由浅入深，通俗易懂。

本书用简明易懂的语言描述深度学习的概念和原理，同时配以丰富的图表和实例，读者更易于理解和掌握。

（3）内容丰富，系统全面。

本书内容按照从基础到高级的顺序进行排列，涵盖了深度学习的基础知识、常用模型以及实践中的技巧和工具，从理论到实践全面覆盖，读者可以逐步深入地了解深度学习的各个方面。

（4）结合实际，方便实用。

本书介绍了多种常用的深度学习框架和工具的使用方法，包括 TensorFlow、PyTorch、PaddlePaddle 等，能够让读者快速上手实践。

配套资源

为便于教与学，本书配有微课视频、源代码、教学课件、教学大纲、习题答案。

（1）获取微课视频方式：先刮开并用手机版微信 App 扫描本书封底的文泉云盘防盗码，授权后再扫描书中相应的视频二维码，观看教学视频。

（2）获取源代码、扩展阅读和全书网址方式：先刮开并用手机版微信 App 扫描本书封底的文泉云盘防盗码，授权后再扫描下方二维码，即可获取。

源代码　　　　　　扩展阅读　　　　　　全书网址

（3）其他配套资源可以扫描本书封底的"书圈"二维码，关注后回复本书书号，即可下载。

读者对象

本书适合 Python 深度学习初学者、机器学习算法分析从业人员以及高等学校计算机科学、软件工程等相关专业的师生阅读。

参与本书编写的人员有吕云翔、王志鹏、王渌汀、刘卓然、韩雪婷、梁菁菁、华昱云、杨卓谦、闫坤、王礼科、仇善召、唐博文、关捷雄、陈妙然、郭闻浩、屈茗若、陈翔宇、欧阳植昊、梁跻方。此外，曾洪立参与了部分内容的编写并进行了素材整理及配套资源制作等工作。

由于作者的水平和能力有限，本书中难免有疏漏之处，恳请各位同仁和广大读者给予批评指正。

作　者

2024 年 5 月

目　录

第一部分　理　论　基　础

第二部分 实　　验

第三部分 案　例

第一部分 理论基础

第一部分为深度学习的基础知识,读者可以对深度学习有一个初步的了解,进而为后续的实验和案例部分做好准备。

- 第1章　深度学习简介
- 第2章　深度学习框架及其对比

第 1 章

深度学习简介

深度学习是一种基于神经网络的学习方法。和传统的机器学习方法相比,深度学习模型一般需要更丰富的数据、更强大的计算资源,同时也能达到更高的准确率。目前,深度学习方法被广泛应用于计算机视觉、自然语言处理、强化学习等领域。本章将依次进行介绍。

1.1　计算机视觉

1.1.1　定义

计算机视觉是使用计算机及相关设备对生物视觉的一种模拟。它的主要任务是通过对采集的图片或视频进行处理以获得相应场景的 3 维信息。计算机视觉是一门关于如何运用照相机和计算机获取人们所需的、被拍摄对象的数据与信息的学问。形象地说,就是给计算机安装上眼睛(照相机)和大脑(算法),让计算机能够感知环境。

1.1.2　基本任务

计算机视觉的基本任务包括图像处理、模式识别或图像识别、景物分析、图像理解等。除了图像处理和模式识别之外,它还包括空间形状的描述、几何建模以及认识过程。实现图像理解是计算机视觉的终极目标。下面举例说明图像处理、模式识别和图像理解。

图像处理技术可以把输入图像转换成具有所希望特性的另一幅图像。例如,可通过图像处理使输出图像有较高的信噪比,或通过增强处理突出图像的细节,以便于操作员的检验。在计算机视觉研究中经常利用图像处理技术进行预处理和特征抽取。

模式识别技术根据从图像抽取的统计特性或结构信息,把图像分成预定的类别。例如,文字识别或指纹识别。在计算机视觉中,模式识别技术经常用于对图像中的某些部分(例如分割区域)的识别和分类。

图像理解技术是对图像内容信息的理解。给定一幅图像,图像理解程序不仅描述图像本身,而且描述和解释图像所代表的景物,以便对图像代表的内容做出决定。在人工智能研究的初期经常使用景物分析这个术语,以强调 2 维图像与 3 维景物之间的区别。图像理解除了需要复杂的图像处理以外,还需要具有关于景物成像的物理规律的知识以及与景物内容有关的知识。

1.1.3　传统方法

在深度学习算法出现之前,对于视觉算法来说,大致可以分为以下 5 个步骤:特征感知,图像预处理,特征提取,特征筛选,推理预测与识别。早期的机器学习中,占优势的统计机器学习群体中,对特征的重视是不够的。

何为图片特征?用通俗的语言来说,即最能表现图像特点的一组参数,常用到的特征类型有颜色特征、纹理特征、形状特征和空间关系特征。为了让机器尽可能完整且准确地理解图片,需要将包含庞杂信息的图像简化抽象为若干个特征量,以便于后续计算。在深度学习技术没有出现的时候,图像特征需要研究人员手工提取,这是一个繁杂且冗长的工作,因为很多时候研究人员并不能确定什么样的特征组合是有效的,而且常常需要研究人员去手工设计新的特征。在深度学习技术出现后,问题简化了许多,各种各样的特征提取器以人脑视觉系统为理论基础,尝试直接从大量数据中提取出图像特征。我们知道,图像是由多个像素拼接组成的,每个像素在计算机中存储的信息是其对应的 RGB 数值,一幅图片包含的数据量大小可想而知。

过去的算法主要依赖于特征算子,如最著名的 SIFT(Scale Invariant Feature Transform)算子,即所谓的对尺度旋转保持不变的算子。它被广泛地应用于图像比对,特别是所谓的 structure from motion 这些应用中,有一些成功的应用例子。另一个是 HOG(Histograms of Oriented Gradients)算子,它可以提取比较健壮的物体边缘,在物体检测中扮演着重要的角色。

这些算子还包括 Textons、Spin image、RIFT 和 GLOH,都是在深度学习诞生之前或者深度学习真正流行起来之前,视觉算法中的主流。

这些特征和一些特定的分类器组合得到了一些成功或半成功的例子,基本达到了商业化的要求,但还没有完全商业化。一是指纹识别算法,它已经非常成熟,一般是在指纹的图案上面去寻找一些关键点,寻找具有特殊几何特征的点,然后把两个指纹的关键点进行比对,判断是否匹配。然后是 2001 年基于 Haar 的人脸检测算法,在当时的硬件条件下已经能够达到实时人脸检测,现在所有手机相机里的人脸检测,都是基于它的变种。第三个是基于 HOG 特征的物体检测,它和所对应的 SVM 分类器组合起来就是著名的 DPM 算法。DPM 算法在物体检测上超过了所有其他的算法,取得了比较不错的成绩。但这种成功的例子太少了,因为手工设计特征需要丰富的经验,需要研究人员对这个领域和数据特别了解,再设计出来特征还需要大量的调试工作。另一个难点在于,研究人员不只需要手工设计特征,还要在此基础上有一个比较合适的分类器算法。同时,设计特征然后选择一个分类器,这两者合并达到最优的效果,几乎是不可能完成的任务。

1.1.4　仿生学与深度学习

如果不手工设计特征,不挑选分类器,有没有别的方案呢?能不能同时学习特征和分类器?即输入某一个模型的时候,输入只是图片,输出就是它自己的标签。例如,输入一个明星的头像,如图 1.1 所示神经网络示例,模型输出的标签就是一个 50 维的向量(如果要在 50 个人中识别),其中对应明星的向量是 1,其他的位置是 0。

这种设定符合人类脑科学的研究成果。1981 年,诺贝尔医学或生理学奖颁发给了神经生物学家 David Hubel。他的主要研究成果是发现了视觉系统信息处理机制,证明大脑的可视

图 1.1 神经网络示例

皮层是分级的。他的贡献主要有两个,一是他认为人的视觉功能一个是抽象,一个是迭代。抽象就是把非常具体、形象的元素,即原始的光线像素等信息,抽象出来形成有意义的概念。这些有意义的概念又会往上迭代,变成更加抽象、人可以感知到的抽象概念。

像素是没有抽象意义的,但人脑可以把这些像素连接成边缘,边缘相对像素来说就变成了比较抽象的概念;边缘进而形成球形,球形然后形成气球,又是一个抽象的过程,大脑最终就知道看到的是一个气球。

模拟人脑识别人脸,如图 1.2 所示,也是抽象迭代的过程,从最开始的像素到第二层的边缘,再到部分人脸,然后到整张人脸,是一个抽象迭代的过程。

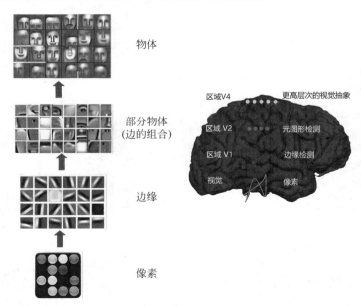

图 1.2 人脑与神经网络

再比如认识到图片中的物体是摩托车的这个过程,人脑可能只需要几秒就可以处理完毕,但这个过程中经过了大量的神经元抽象迭代。对计算机来说,最开始看到的根本也不是摩托车,而是 RGB 图像三个通道上不同的数字。

所谓的特征或者视觉特征,就是把这些数值综合起来用统计或非统计的方法,把摩托车的部件或者整辆摩托车表现出来。深度学习流行之前,大部分的设计图像特征就是基于此,即把一个区域内的像素级别的信息综合表现出来,以利于后面的分类学习。

如果要完全模拟人脑,也要模拟抽象和递归迭代的过程,把信息从最细琐的像素级别,抽象到"种类"的概念,让人能够接受。

1.1.5　现代深度学习

计算机视觉里经常使用的卷积神经网络(Convolutional Neural Networks,CNN),是一种对人脑比较精准的模拟。人脑在识别图片的过程中,并不是对整幅图同时进行识别,而是感知图片中的局部特征,之后再将局部特征综合起来得到整幅图的全局信息。卷积神经网络模拟了这一过程,其卷积层通常是堆叠的,低层的卷积层可以提取到图片的局部特征,例如角、边缘、线条等,高层的卷积层能够从低层的卷积层中学到更复杂的特征,从而实现对图片的分类和识别。

卷积就是两个函数之间的相互关系。在计算机视觉里面,可以把卷积当作一个抽象的过程,就是把小区域内的信息统计抽象出来。例如,对于一张爱因斯坦的照片,可以学习 n 个不同的卷积和函数,然后对这个区域进行统计。可以用不同的方法统计,例如,可以着重统计中央,也可以着重统计周围,这就导致统计的函数的种类多种多样,以达到可以同时学习多个统计的累积和。

图 1.3 演示了如何从输入图像得到最后的卷积,生成相应的图。首先用学习好的卷积核对图像进行扫描,然后每个卷积核会生成一个扫描的响应图,称为响应图或者称为特征图(Feature Map)。如果有多个卷积核,就有多个特征图。也就是说,从一个最开始的输入图像(RGB 三个通道)可以得到 256 个通道的特征图,因为有 256 个卷积核,每个卷积核代表一种统计抽象的方式。

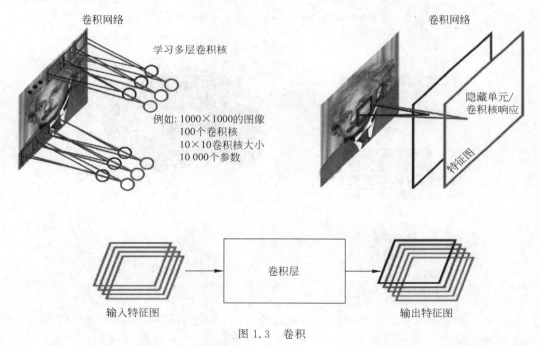

图 1.3　卷积

在卷积神经网络中,除了卷积,还有一种叫作池化的操作。池化操作在统计上的概念更明确,就是一种对一个小区域内求平均值或者求最大值的统计操作。

带来的结果是,池化操作会将输入的特征图的尺寸减小,让后面的卷积操作能够获得更大的视野,也降低了运算量,具有加速的作用。

在如图 1.4 所示这个例子里,池化层对每个大小为 $2×2$ 的区域求最大值,然后把最大值赋给生成的特征图的对应位置。如果输入图像的大小是 $100×100$,那么输出图像的大小

就会变成 50×50，特征图变成了原来的 1/4。同时保留的信息是原来 2×2 区域里面最大的信息。

图 1.4　池化

LeNet 如图 1.5 所示。Le 是人工智能领域先驱 Lecun 名字的简写。LeNet 是许多深度学习网络的原型和基础。在 LeNet 之前，人工神经网络层数都相对较少，而 LeNet 5 层网络突破了这一限制。LeNet 在 1998 年即被提出，Lecun 用这一网络进行字母识别，达到了非常好的效果。

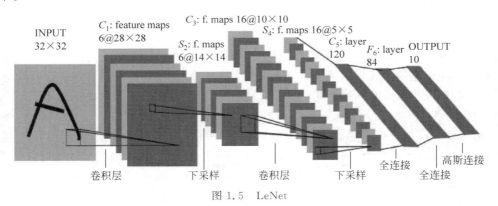

图 1.5　LeNet

LeNet 网络输入图像是大小为 32×32 的灰度图，第一层经过了一组卷积核，生成了 6 个 28×28 的特征图，然后经过一个池化层，得到 6 个 14×14 的特征图，然后再经过一个卷积层，生成了 16 个 10×10 的卷积层，再经过池化层生成 16 个 5×5 的特征图。

这 16 个大小为 5×5 的特征图再经过 3 个全连接层，即可得到最后的输出结果。输出就是标签空间的输出。由于设计的是只对 0～9 进行识别，所以输出空间是 10，如果要对 10 个数字再加上 52 个大、小写字母进行识别的话，输出空间就是 62。向量各维度的值代表"图像中元素等于该维度对应标签的概率"，即若该向量第一维度输出为 0.6，即表示图像中元素是"0"的概率是 0.6。那么该 62 维向量中值最大的那个维度对应的标签即为最后的预测结果。62 维向量里，如果某一个维度上的值最大，它对应的那个字母和数字就是预测结果。

从 1998 年开始的 15 年间，深度学习领域在众多专家学者的带领下不断发展壮大。遗憾的是，在此过程中，深度学习领域没有产生足以轰动世人的成果，导致深度学习的研究一度被边缘化。直到 2012 年，深度学习算法在部分领域取得不错的成绩，而压在骆驼背上的最后一根稻草就是 AlexNet。

AlexNet 由多伦多大学提出，在 ImageNet 比赛中取得了非常好的效果。AlexNet 的识别效果超过了当时所有浅层的方法。经此一役，AlexNet 在此后被不断地改进、应用。同时，学术界和工业界认识到了深度学习的无限可能。

AlexNet 是基于 LeNet 的改进，它可以被看作 LeNet 的放大版，如图 1.6 所示。AlexNet

的输入是一个大小为 224×224 的图片,输入图像在经过若干个卷积层和若干个池化层后,最后经过两个全连接层泛化特征,得到最后的预测结果。

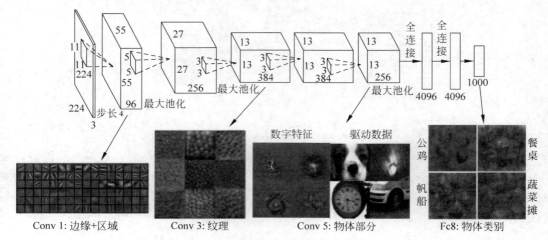

图 1.6　AlexNet

2015 年,特征可视化工具开始盛行。那么,AlexNet 学习出的特征是什么样子的？在第一层,都是一些填充的块状物和边界等特征；中间层开始学习一些纹理特征；而在接近分类器的高层,则可以明显看到物体形状的特征；最后一层即分类层,不同物体的主要特征已经被完全提取出来。

无论对什么物体进行识别,特征提取器提取特征的过程都是渐进的。特征提取器最开始提取到的是物体的边缘特征,继而是物体的各部分信息,然后在更高层级上才能抽象到物体的整体特征。整个卷积神经网络实际上是在模拟人的大脑的抽象和迭代的过程。

1.1.6　小结

卷积神经网络的设计思路非常简洁,且很早就被提出。那为什么时隔二十多年,卷积神经网络才开始成为主流？这一问题与卷积神经网络本身的技术关系不太大,而与其它一些客观因素有关。

首先,如果卷积神经网络的深度太浅,其识别能力往往不如一般的浅层模型,如 SVM 或者 boosting。但如果神经网络深度过大,就需要大量数据进行训练来避免过拟合。而 2006 年及 2007 年开始,恰好是互联网开始产生大量图片数据的时期。

另外一个条件是运算能力。卷积神经网络对计算机的运算能力要求比较高,需要大量重复、可并行化的计算。在 1998 年 CPU 只有单核且运算能力比较低的情况下,不可能进行很深的卷积神经网络的训练。随着 CPU 计算能力的增长,卷积神经网络结合大数据的训练才成为可能。

总而言之,卷积神经网络的兴起与近些年来技术的发展是密切相关的,而这一领域的革新则不断推动了计算机视觉的发展与应用。

1.2　自然语言处理

自然语言区别于计算机所使用的机器语言和程序语言,是指人类用于日常交流的语言。而自然语言处理的目的是要让计算机来理解和处理人类的语言。

让计算机来理解和处理人类的语言也不是一件容易的事情,因为语言对于感知的抽象很多时候并不是直观的、完整的。我们的视觉感知到一个物体,就是实实在在地接收到了代表这个物体的所有像素。但是,自然语言的一个句子背后往往包含着不直接表述出来的常识和逻辑,这使得计算机在试图处理自然语言的时候不能从字面上获取所有的信息。因此自然语言处理的难度更大,它的发展与应用相比于计算机视觉也往往呈现出滞后的情况。

深度学习在自然语言处理上的应用也是如此。为了将深度学习引入这个领域,研究者尝试了许多方法来表示和处理自然语言的表层信息(如词向量、更高层次、带上下文信息的特征表示等),也尝试过许多方法来结合常识与直接感知(如知识图谱、多模态信息等)。这些研究都富有成果,其中的许多都已应用于现实中,甚至用于社会管理、商业、军事的目的。

1.2.1　自然语言处理的基本问题

自然语言处理主要研究能实现人与计算机之间用自然语言进行有效通信的各种理论和方法,其主要任务如下。

(1) **语言建模**。语言建模即计算一个句子在一种语言中出现的概率。这是一个高度抽象的问题,在第8章有详细介绍。它的一种常见形式是：给出句子的前几个词,预测下一个词是什么。

(2) **词性标注**。句子都是由单独的词汇构成的,自然语言处理有时需要标注出句子中每个词的词性。需要注意的是,句子中的词汇并不是独立的,在研究过程中,通常需要考虑词汇的上下文。

(3) **中文分词**。中文的最小自然单位是字,但单个字的意义往往不明确或者含义较多,并且在多语言的任务中与其他以词为基本单位的语言不对等。因此不论是从语言学特性还是从模型设计的角度来说,都需要将中文句子恰当地切分为单个的词。

(4) **句法分析**。由于人类表达的时候只能逐词地按顺序说,因此自然语言的句子也是扁平的序列。但这并不代表着一个句子中不相邻的词之间就没有关系,也不代表着整个句子中的词只有前后关系。它们之间的关系是复杂的,需要用树状结构或图才能表示清楚。句法分析中,人们希望通过明确句子内两个或多个词的关系来了解整个句子的结构。句法分析的最终结果是一棵句法树。

(5) **情感分类**。给出一个句子,我们希望知道这个句子表达了什么情感：有时候是正面/负面的二元分类,有时候是更细粒度的分类；有时候是仅给出一个句子,有时候是指定对于特定对象的态度/情感。

(6) **机器翻译**。最常见的是把源语言的一个句子翻译成目标语言的一个句子。与语言建模相似,给定目标语言一个句子的前几个词,预测下一个词是什么,但最终预测出来的整个目标语言句子必须与给定的源语言句子具有完全相同的含义。

(7) **阅读理解**。有许多形式,有时候是输入一个段落或一个问题,生成一个回答(类似问答),或者在原文中标定一个范围作为回答(类似从原文中找对应句子),有时候是输出一个分类(类似选择题)。

1.2.2　传统方法与神经网络方法的比较

1. 人工参与程度

传统的自然语言处理方法中,人参与得非常多。例如,基于规则的方法就是由人完全控制,人用自己的专业知识完成了对一个具体任务的抽象和建立模型,对模型中一切可能出现的案例提出解决方案,定义和设计了整个系统的所有行为。这种人过度参与的现象到基于传统统计学方法出现以后略有改善,人们开始让步对系统行为的控制;被显式构建的是对任务的建模和对特征的定义,然后系统的行为就由概率模型来决定了,而概率模型中的参数估计则依赖于所使用的数据和特征工程中所设计的输入特征。到了深度学习的时代,特征工程也不需要了,人们只需要构建一个合理的概率模型,特征抽取就由精心设计的神经网络架构来完成;甚至于当前人们已经在探索神经网络架构搜索的方法,这意味着人们对于概率模型的设计也部分地交给了深度学习代劳。

总而言之,人的参与程度越来越低,但系统的效果越来越好。这是合乎直觉的,因为人对于世界的认识和建模总是片面的、有局限性的。如果可以将自然语言处理系统的构建自动化,将其基于对世界的观测点(即数据集),所建立的模型和方法一定会比人类的认知更加符合真实的世界。

2. 数据量

随着自然语言处理系统中人工参与的程度越来越低,系统的细节就需要更多的信息来决定,这些信息只能来自更多的数据。今天当我们提到神经网络方法时,都喜欢把它描述成为"数据驱动的方法"。

从人们使用传统的统计学方法开始,如何取得大量的标注数据就已经是一个难题。随着神经网络架构日益复杂,网络中的参数也呈现爆炸式的增长。特别是近年来深度学习加速硬件的算力突飞猛进,人们对于使用巨量的参数更加肆无忌惮,这就显得数据量日益捉襟见肘。特别是一些低资源的语言和领域中,数据短缺问题更加严重。

这种数据的短缺,迫使人们研究各种方法来提高数据利用效率(data efficiency)。于是zero-shot learning、domain adaptation 等半监督乃至非监督的方法应运而生。

3. 可解释性

人工参与程度的降低带来的另一个问题是模型的可解释性越来越低。在理想状况下,如果系统非常有效,人们根本不需要关心黑盒系统的内部构造。但事实是自然语言处理系统的状态离完美还有相当大的差距,因此当模型出现问题的时候,人们总是希望知道问题的原因,并且找到相应的办法来避免或修补。

一个模型能允许人们检查它的运行机制和问题成因,允许人们干预和修补问题,要做到这一点是非常重要的,尤其是对于一些商用生产的系统来说。传统基于规则的方法中,一切规则都是由人手动规定的,要更改系统的行为非常容易;而在传统的统计学方法中,许多参数和特征都有明确的语言学含义,要想定位或者修复问题通常也可以做到。

然而现在主流的神经网络模型都不具备这种能力,它们就像黑箱子,你可以知道它有问题,或者有时候可以通过改变它的设定来大致猜测问题的可能原因;但要想控制和修复问题则往往无法在模型中直接完成,而要在后处理(post-processing)的阶段重新拾起旧武器——基于规则的方法。

这种隐忧使得人们开始探索如何提高模型的可解释性这一领域。主要的做法包括试图解释现有的模型和试图建立透明度较高的新模型。然而要做到完全理解一个神经网络的行为并控制它,还有很长的路要走。

1.2.3 发展趋势

从传统方法和神经网络方法的对比中,可以看出自然语言处理的模型和系统构建是向着越来越自动化、模型越来越通用的趋势发展的。

一开始,人们试图减少和去除人类专家知识的参与。因此就有了大量的网络参数、复杂的架构设计,这些都是通过在概率模型中提供潜在变量(latent variable),使得模型具有捕捉和表达复杂规则的能力。这一阶段,人们渐渐地摆脱了人工制定的规则和特征工程,同一种网络架构可以被许多自然语言任务通用。

之后,人们觉得每一次为新的自然语言处理任务设计一个新的模型架构并从头训练的过程过于烦琐,于是试图开发利用这些任务底层所共享的语言特征。在这一背景下,迁移学习逐渐发展,从前神经网络时代的 LDA、Brown Clusters,到早期深度学习中的预训练词向量 Word2Vec、Glove 等,再到今天家喻户晓的预训练语言模型 ELMo、BERT。这使得不仅是模型架构可以通用,连训练好的模型参数也可以通用了。

现在人们希望神经网络的架构都可以不需要设计,而是根据具体的任务和数据来搜索得到。这一新兴领域方兴未艾,可以预见,随着研究的深入,自然语言处理的自动化程度一定会得到极大的提高。

1.3 强 化 学 习

1.3.1 什么是强化学习

强化学习是机器学习的一个重要分支,它与非监督学习、监督学习并列为机器学习的三类主要学习方法,三者之间的关系如图 1.7 所示。强化学习强调如何基于环境行动,以取得最大化的预期利益,所以强化学习可以被理解为决策问题。它是多学科、多领域交叉的产物,其灵感来自心理学的行为主义理论,即有机体如何在环境给予的奖励或惩罚的刺激下,逐步形成对刺激的预期,产生能获得最大利益的习惯性行为。强化学习的应用范围非常广泛,各领域对它的研究重点各有不同,在本书中,不对这些分支展开讨论,而专注于强化学习的通用概念。

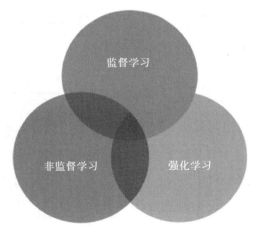

图 1.7 强化学习、监督学习、非监督学习关系示意图

在实际应用中,人们常常会把强化学习、监督学习和非监督学习这三者混淆,为了更深刻地理解强化学习和它们之间的区别,首先介绍监督学习和非监督学习的概念。

监督学习是通过带有标签或对应结果的样本训练得到一个最优模型,再利用这个模型将所有的输入映射为相应的输出,以实现分类。

非监督学习即在样本的标签未知的情况下,根据样本间的相似性对样本集进行聚类,使类内差距最小化,学习出分类器。

上述两种学习方法都会学习到输入到输出的一个映射,它们学习到的是输入和输出之间的关系,可以告诉算法什么样的输入对应着什么样的输出,而强化学习得到的是反馈,它是在没有任何标签的情况下,通过先尝试做出一些行为、得到一个结果,通过这个结果是对还是错的反馈,调整之前的行为。在不断的尝试和调整中,算法学习到在什么样的情况下选择什么样的行为可以得到最好的结果。此外,监督学习的反馈是即时的,而强化学习的结果反馈有延时,很可能需要走了很多步以后才知道之前某一步的选择是好还是坏。

1. 强化学习的4个元素

强化学习主要包含4个元素:智能体(agent)、环境状态(state)、行动(action)、反馈(reward),它们之间的关系如图1.8所示,详细定义如下。

智能体:智能体是执行任务的客体,只能通过与环境互动来提升策略。

环境状态:在每个时间节点,智能体所处的环境的表示即为环境状态。

行动:在每个环境状态中,智能体可以采取的动作即为行动。

反馈:每到一个环境状态,智能体就有可能会收到一个反馈。

2. 强化学习算法的目标

强化学习算法的目标就是获得最多的累计奖励(正反馈)。以"幼童学习走路"为例,幼童需要自主学习走路,没有人指导他应该如何完成"走路",他需要通过不断的尝试和获取外界对他的反馈来学习走路。

在此例中,如图1.8所示,幼童即为智能体,"走路"这个任务实际上包含以下几个阶段:站起来,保持平衡,迈出左腿,迈出右腿……幼童采取行动做出尝试,当他成功完成了某个子任

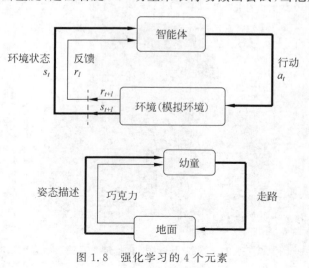

图1.8　强化学习的4个元素

务时(如站起来等),他就会获得一个巧克力(正反馈);当他做出了错误的行动时,他会被轻轻拍打一下(负反馈)。幼童通过不断地尝试和调整,找出了一套最佳的策略,这套策略能使他获得最多的巧克力。显然,他学习到的这套策略能使他顺利完成"走路"这个任务。

3. 特征

(1) 没有监督者,只有一个反馈信号。
(2) 反馈是延迟的,不是立即生成的。
(3) 强化学习是序列学习,时间在强化学习中具有重要的意义。
(4) 智能体的行动会影响以后所有的决策。

1.3.2　强化学习算法简介

强化学习主要可以分为 Model-Free(无模型的)和 Model-Based(有模型的)两大类。Model-Free 算法又分成基于概率的和基于价值的。

1. 无模型的和有模型的

如果智能体不需要去理解或计算出环境模型,算法就是无模型的;相应地,如果需要计算出环境模型,那么算法就是有模型的。实际应用中,研究者通常用如下方法进行判断:在智能体执行它的行动之前,它是否能对下一步的状态和反馈做出预测? 如果可以,那么就是有模型的方法;如果不能,即为无模型的方法。

两种方法各有优劣。有模型的方法中,智能体可以根据模型预测下一步的结果,并提前规划行动路径。但真实模型和学习到的模型是有误差的,这种误差会导致智能体虽然在模型中表现很好,但是在真实环境中可能达不到预期结果。无模型的算法看似随意,但这恰好更易于研究者们去实现和调整。

2. 基于概率的算法和基于价值的算法

基于概率的算法是指直接输出下一步要采取的各种行动的概率,然后根据概率采取行动。每种行动都有可能被选中,只是可能性不同。基于概率的算法的代表算法为 policy-gradient,而基于价值的算法输出的则是所有行动的价值,然后根据最高价值来选择行动。相比基于概率的算法,基于价值的决策部分更为死板——只选价值最高的,而基于概率的,即使某个动作的概率最高,还是不一定会选到它。基于价值的算法的代表算法为 Q-Learning。

1.3.3　强化学习的应用

1. 交互性检索

交互性检索是在检索用户不能构建良好的检索式(关键词)的情况下,通过与检索平台交流互动并不断修改检索式,从而获得较准确检索结果的过程。

当用户想要检索一个竞选演讲(如 Wu & Lee,INTERSPEECH 16)时,他不能提供直接的关键词,其交互性检索过程如图 1.9 所示。在交互性检索中,机器作为智能体,在不断的尝试中(提供给用户可能的问题答案)接受来自用户的反馈(对答案的判断),最终找到符合要求的结果。

图 1.9　交互性检索

2. 新闻推荐

新闻推荐,如图 1.10 所示。一次完整的推荐过程包含以下过程:一个用户单击 App 底部刷新或者下拉,后台获取到用户请求,并根据用户的标签召回候选新闻,推荐引擎则对候选新闻进行排序,最终给用户推出 10 条新闻。如此往复,直到用户关闭 App,停止浏览新闻。将用户持续浏览新闻的推荐过程看成一个决策过程,就可以通过强化学习学习每一次推荐的最佳策略,从而使得用户从开始打开 App 到关闭 App 这段时间内的点击量最高。

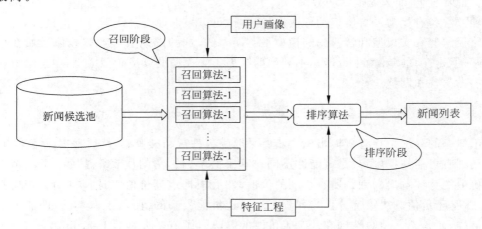

图 1.10　新闻推荐

在此例中,推荐引擎作为智能体,通过连续的行动即推送 10 篇新闻,获取来自用户的反馈,即单击:如果用户浏览了新闻,则为正反馈,否则为负反馈,从中学习出反馈最高(点击量最高)的策略。

小　　结

本章简要介绍了深度学习的应用。卷积神经网络可以模拟人类处理视觉信息的方式提取图像特征,极大地推动了计算机视觉的发展。自然语言处理是典型的时序信息分析问题,其主要应用包括句法分析、情感分类、机器翻译等。强化学习强调智能体与环境的交互与决策,具有广泛的应用价值。通过引入深度学习,模型的函数拟合能力得到了显著的提升,从而可以应用到一系列高层任务中。本章列出的三个应用领域只是举例,目前还有许多领域在深度学习技术的推动下进行着变革,有兴趣的读者可以深入了解。

<h1 style="text-align:center">习　　题</h1>

1. 选择题

(1) 以下有关计算机视觉的步骤中,(　　)不属于传统方法。
    A. 图像预处理　　　　B. 特征提取　　　　C. 特征筛选　　　　D. 神经卷积

(2) 下列选项中,(　　)不属于自然语言处理的主要任务。
    A. 语言建模　　　　B. 语句分段　　　　C. 词性标注　　　　D. 中文分词

(3) 以下关于强化学习的描述,正确的是(　　)。
    A. 强化学习包括智能体、环境状态、行动、监督者、反馈 5 个元素
    B. 强化学习的反馈信号是即刻生成的
    C. 强化学习中智能体可以通过环境互动以外的方法提升策略
    D. 强化学习可以分为无模型的和有模型的两大类

(4) 计算机视觉的主要任务是通过对采集的图片或视频进行处理以获得相应场景的(　　)。
    A. 特征信息　　　　B. 3 维信息　　　　C. 时间信息　　　　D. 物理信息

(5) 底层的卷积层可以提取到以下哪些图片局部特征?(　　)
    A. 角　　　　B. 边缘　　　　C. 线段　　　　D. 以上都是

2. 判断题

(1) 较浅层的神经卷积网络识别能力已与一般浅层模型识别能力相当。(　　)

(2) 自然语言处理的目的是让计算机理解和处理人类的语言。(　　)

(3) 自然语言处理的模型和系统构建的发展趋势是自动化与专用化。(　　)

(4) 特征提取器最初提取到的是物体的整体特征,继而是物体的部分信息,最后提取到物体的边缘特征。(　　)

(5) 句法分析的最终结果是一棵句法树。(　　)

3. 填空题

(1) 计算机视觉中的_____是对人脑比较精确的模拟。

(2) 机器学习的三类主要学习方法是_____、_____、_____。

(3) _____是在检索用户不能构建良好的检索式(关键词)的情况下,通过与检索平台交流互动并不断修改检索式,从而获得较准确检索结果的过程。

(4) 在 LeNet 的输出结果中,向量各维度的值代表_____等于该维度对应标签的概率。

(5) 监督学习和非监督学习得到的是输入和输出之间的关系,而强化学习得到的是_____。

4. 问答题

(1) 计算机视觉的基本任务有哪些？请具体说明。

(2) 何为图片特征？图片特征是如何被提取的？

(3) 请简述在自然语言处理中传统方法与神经网络方法的区别。

(4) 请简述非监督学习与监督学习的定义。

(5) 强化学习算法可以如何分类？请简述分类原则和不同类别的优劣之分。

第 2 章

深度学习框架及其对比

深度学习采用的是一种"端到端"的学习模式,这在很大程度上能减轻开发者的负担。随着神经网络的发展,模型的复杂度也在不断提升。即使是在一个最简单的卷积神经网络中也会包含卷积层、池化层、激活层、Flatten 层、全连接层等。如果每搭建一个新的网络之前都需要重新实现这些层,势必会占用许多开发者的时间,因此各大深度学习框架应运而生了。框架存在的意义就是屏蔽底层的细节,使研究者可以专注于模型结构。目前较为流行的深度学习框架有 PyTorch、TensorFlow 以及 PaddlePaddle 等。

2.1 PyTorch

2.1.1 PyTorch 简介

2017 年 1 月,Facebook 人工智能研究院(FAIR)团队在 GitHub 上开源了 PyTorch,并迅速占领 GitHub 热度榜榜首。

作为具有先进设计理念的框架,PyTorch 的历史可追溯到 Torch。Torch 于 2002 年诞生于纽约大学,它使用了一种受众面比较小的语言 Lua 作为接口。Lua 具有简洁高效的特点,但由于其过于小众,很多人听说要掌握 Torch 必须新学一门语言而望而却步。

考虑到 Python 在计算科学领域的领先地位,以及其生态的完整性和接口的易用性,几乎任何框架都不可避免地要提供 Python 接口。因此,Torch 的幕后团队推出了 PyTorch。PyTorch 不是简单地封装 Lua,Torch 提供 Python 接口,而是对 Tensor 之上的所有模块进行了重构,并新增了最先进的自动求导系统,成为当下最流行的动态图框架。

PyTorch 一经推出就立刻引起了广泛关注,并迅速在研究领域流行起来。PyTorch 自发布起关注度就在不断上升,截至 2017 年 10 月 18 日,PyTorch 的热度已经超越了其他三个框架(Caffe、MXNet 和 Theano),并且其热度还在持续上升中。

2.1.2 PyTorch 的特点

PyTorch 可以看作是加入了 GPU 支持的 NumPy。而 TensorFlow 与 Caffe 都是命令式

的编程语言,而且它们是静态的,即首先必须构建一个神经网络,然后一次又一次使用同样的结构;如果想要改变网络的结构,就必须从头开始。但是 PyTorch 通过一种反向自动求导的技术,可以让用户零延迟地任意改变神经网络的行为。尽管这项技术不是 PyTorch 所独有,但到目前为止它的实现是最快的,这也是 PyTorch 相比 TensorFlow 最大的优势。

　　PyTorch 的设计思路是线性、直观且易于使用的,当用户执行一行代码时,它会忠实地执行,所以当用户的代码出现缺陷(bug)的时候,可以通过这些信息轻松快捷地找到出错的代码,不会让用户在调试(debug)的时候因为错误的指向或者异步和不透明的引擎浪费太多的时间。

　　PyTorch 的代码相对于 TensorFlow 而言更加简洁直观,同时相对于 TensorFlow 高度工业化的很难看懂的底层代码,PyTorch 的源代码就要友好得多,更容易看懂。深入 API,理解 PyTorch 底层是一件令人高兴的事。

2.1.3　PyTorch 概述

　　由于在后文中还会详细介绍 PyTorch 的特点,在此就不详细介绍了。PyTorch 最大的优势是其建立的神经网络是动态的,可以非常容易地输出每一步的调试结果,相比于其他框架来说,调试起来十分方便。

　　如图 2.1 和图 2.2 所示,PyTorch 的图是随着代码的运行逐步建立起来的,也就是说,使用者并不需要在一开始就定义好全部的网络结构,而是可以随着编码的进行来一点儿一点儿地调试。相比于 TensorFlow 和 Caffe 的静态图而言,这种设计显得更加贴近一般人的编码习惯。

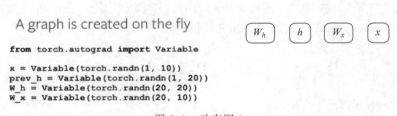

图 2.1　动态图 1

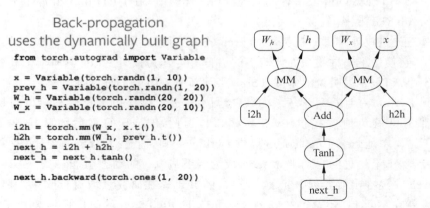

图 2.2　动态图 2

　　PyTorch 的代码如图 2.3 所示,相比于 TensorFlow 和 Caffe 而言显得可读性非常高,网络各层的定义与传播方法一目了然,甚至不需要过多的文档与注释,单凭代码就可以很容易理解其功能,因此成为许多初学者的首选。

```
import torch.nn as nn
import torch.nn.functional as F

class LeNet(nn.Module):
    def __init__(self):
        super(LeNet, self).__init__()
        self.conv1 = nn.Conv2d(3, 6, 5)
        self.conv2 = nn.Conv2d(6, 16, 5)
        self.fc1 = nn.Linear(16 * 5 * 5, 120)
        self.fc2 = nn.Linear(120, 84)
        self.fc3 = nn.Linear(84, 10)

    def forward(self, x):
        x = F.max_pool2d(F.relu(self.conv1(x)), 2)
        x = F.max_pool2d(F.relu(self.conv2(x)), 2)
        x = x.view(-1, 16 * 5 * 5)
        x = F.relu(self.fc1(x))
        x = F.relu(self.fc2(x))
        x = self.fc3(x)
        return x
```

图 2.3　PyTorch 代码示例

2.2　TensorFlow

2.2.1　TensorFlow 简介

TensorFlow 是一个采用数据流图(data flow graph)用于数值计算的开源软件库。节点(node)在图中表示数学操作,图中的线(edge)则表示在节点间相互联系的多维数据数组,即张量(tensor)。它灵活的架构让用户可以在多种平台上展开计算,例如,台式计算机中的一个或多个 CPU(或 GPU)、服务器、移动设备等。TensorFlow 最初由 Google 大脑小组(隶属于 Google 机器智能研究机构)的研究员和工程师们开发出来,用于机器学习和深度神经网络方面的研究,但这个系统的通用性使其也可广泛用于其他计算领域。

2.2.2　数据流图

如图 2.4 所示,数据流图用"节点"(node)和"线"(edge)的有向图来描述数学计算。"节点"一般用来表示施加的数学操作,但也可以表示数据输入(feed in)的起点/输出(push out)的终点,或者是读取/写入持久变量(persistent variable)的终点。"线"表示"节点"之间的输入/输出关系。这些数据"线"可以输运"大小可动态调整"的多维数据数组,即"张量"(tensor)。张量从图中流过的直观图像是这个工具取名为 TensorFlow 的原因。一旦输入端的所有张量准备好,节点将被分配到各种计算设备完成异步并行的运算。

2.2.3　TensorFlow 的特点

TensorFlow 不是一个严格的"神经网络"库。只要用户可以将计算表示为一个数据流图就可以使用 TensorFlow。用户负责构建图,描写驱动计算的内部循环。TensorFlow 提供有用的工具来帮助用户组装"子图",当然用户也可以自己在 TensorFlow 基础上写自己的"上层库"。定义新复合操作和写一个 Python 函数一样容易。TensorFlow 的可扩展性相当强,如果用户找不到想要的底层数据操作,也可以自己写一些 C++代码来丰富底层的操作。

TensorFlow 在 CPU 和 GPU 上运行,如可以运行在台式计算机、服务器、手机移动设备上等。TensorFlow 支持将训练模型自动在多个 CPU 上规模化运算,以及将模型迁移到移动

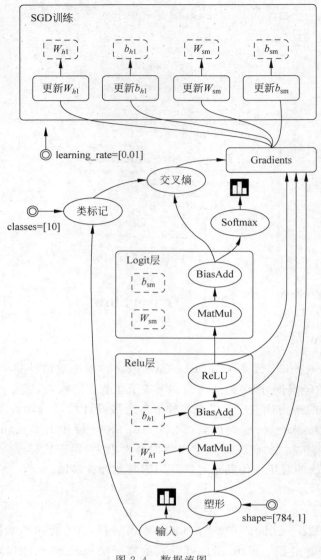

图 2.4　数据流图

端后台。

　　基于梯度的机器学习算法会受益于 TensorFlow 自动求微分的能力。作为 TensorFlow 用户,只需要定义预测模型的结构,将这个结构和目标函数(objective function)结合在一起,并添加数据,TensorFlow 将自动为用户计算相关的微分导数。计算某个变量相对于其他变量的导数仅仅是通过扩展用户的图来完成的,所以用户能一直清楚地看到究竟在发生什么。

　　TensorFlow 还有一个合理的 C++使用界面,也有一个易用的 Python 使用界面来构建和执行用户的图。用户可以直接写 Python/C++程序,也可以通过交互式的 IPython 界面使用 TensorFlow 尝试实现一些想法,它可以帮助用户将笔记、代码、可视化内容等有条理地归置好。

2.2.4　TensorFlow 概述

　　TensorFlow 中的 Flow,也就是流,是其完成运算的基本方式。流是指一个计算图或简单的一个图,图不能形成环路,图中的每个节点代表一个操作,如加法、减法等。每个操作都会导致新的张量形成。

图 2.5 展示了一个简单的计算图，所对应的表达式为 $e=(a+b)(b+1)$。计算图具有以下属性：叶节点或起始节点始终是张量。意即，操作永远不会发生在图的开头，由此可以推断，图中的每个操作都应该接受一个张量并产生一个新的张量。同样，张量不能作为非叶节点出现，这意味着它们应始终作为输入提供给操作/节点。计算图总是以层次顺序表达复杂的操作。通过将 $a+b$ 表示为 c，将 $b+1$

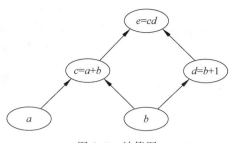

图 2.5　计算图

表示为 d，可以分层次组织上述表达式。因此，可以将 e 写为 $e=cd$，这里 $c=a+b$ 且 $d=b+1$。以反序遍历图形而形成子表达式，这些子表达式组合起来形成最终表达式。正向遍历时，遇到的顶点总是成为下一个顶点的依赖关系，例如，没有 a 和 b 就无法获得 c，同样地，如果不解决 c 和 d 则无法获得 e。同级节点的操作彼此独立，这是计算图的重要属性之一。当按照如图 2.5 所示的方式构造一个图时，很自然的是，在同一级中的节点，例如 c 和 d，彼此独立，这意味着没有必要在计算 d 之前计算 c，因此它们可以并行执行。

上文提到的最后一个属性，计算图的并行当然是最重要的属性之一。它清楚地表明，同级的节点是独立的，这意味着在 c 被计算之前不需要空闲，可以在计算 c 的同时并行计算 d。TensorFlow 充分利用了这个属性。

TensorFlow 允许用户使用并行计算设备更快地执行操作。计算的节点或操作自动调度进行并行计算。这一切都发生在内部，例如在图 2.5 中，可以在 CPU 上调度操作 c，在 GPU 上调度操作 d。图 2.6 展示了两种分布式执行的过程。

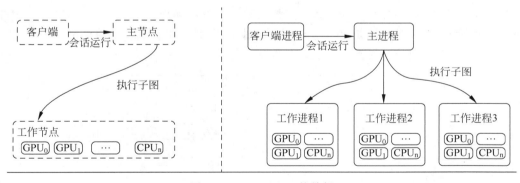

图 2.6　TensorFlow 的并行

如图 2.6 所示，第一种是单个系统分布式执行，其中单个 TensorFlow 会话（将在稍后解释）创建单个工作进程，并且该工作进程负责在各设备上调度任务。在第二种系统下有多个工作进程，他们可以在同一台机器上或不同的机器上，每个工作进程都在自己的上下文中运行。在图 2.6 中，工作进程 1 运行在独立的机器上，并调度所有可用设备进行计算。

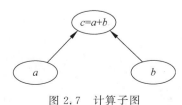

图 2.7　计算子图

计算子图是主图的一部分，其本身就是计算图。例如，在图 2.5 中，可以获得许多子图，其中之一如图 2.7 所示。

图 2.7 是主图的一部分，从属性 2 可以说子图总是表示一个子表达式，因为 c 是 e 的子表达式。子图也满足最后一个属性。同一级别的子图也相互独立，可以并行执行。因此可

以在一台设备上调度整个子图。

图 2.8 解释了子图的并行执行。这里有两个矩阵乘法运算,因为它们都处于同一级别,彼此独立,这符合最后一个属性。由于独立性的缘故,节点安排在不同的设备 gpu_0 和 gpu_1 上。

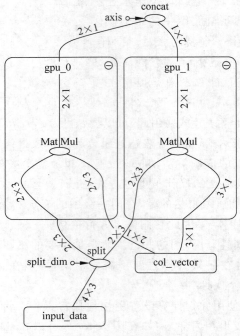

图 2.8　子图调度

TensorFlow 将其所有操作分配到由工作进程管理的不同设备上。更常见的是,工作进程之间交换张量形式的数据,例如,在 $e=cd$ 的图表中,一旦计算出 c,就需要将其进一步传递给 e,因此 Tensor 在节点间前向流动。该流动如图 2.9 所示。

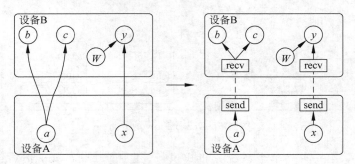

图 2.9　工作进程间信息传递

通过以上的介绍,希望读者可以对 TensorFlow 的一些基本特点和运行方式有一个大致的了解。

2.3　PaddlePaddle

2.3.1　PaddlePaddle 简介

PaddlePaddle(飞桨)是由百度自主研发的开源深度学习框架,以百度多年的深度学习技术研究和业务应用为基础,集深度学习核心框架、基础模型库、端到端开发套件、工具组件和服务平台于一体,源于产业实践,并始终致力于与产业深入融合。目前,PaddlePaddle 已广泛应用于工业、农业、服务业等,与合作伙伴一起帮助越来越多的行业完成 AI 赋能。PaddlePaddle 于 2016 年正式开源,于 2017 年启动新一代深度学习框架研发,于 2018 年 7 月发布 Paddle v0.14。至本书出版前,最新版本是 2022 年年底发布的 Paddle v2.3.1。

PaddlePaddle 的 2.0 版本相对 1.8 版本有重大升级,包括完善动态图功能,动态图模式下数据表示概念为 Tensor;调整 API 目录体系,API 的命名和别名进行了统一规范化;数据处理、组网方式、模型训练、多卡启动、模型保存和推理等开发流程都有了对应优化。

2.3.2 PaddlePaddle 的特点

PaddlePaddle 是灵活高效的产业级深度学习框架。它采用基于编程逻辑的组网范式,对于普通开发者而言更容易上手,符合他们的开发习惯。同时支持声明式和命令式编程,兼具开发的灵活性和高性能。网络结构自动设计,模型效果超越人类专家。

同时,PaddlePaddle 支持超大规模深度学习模型的训练。它突破了超大规模深度学习模型训练技术,实现了世界首个支持千亿特征、万亿参数、数百节点的开源大规模训练平台,攻克了超大规模深度学习模型的在线学习难题,实现了万亿规模参数模型的实时更新。

然后,PaddlePaddle 还有多端多平台部署的高性能推理引擎。它不仅兼容其他开源框架训练的模型,还可以轻松地部署到不同架构的平台设备上。同时,PaddlePaddle 的推理速度也是全面领先的。尤其经过了与华为麒麟 NPU 的软硬一体优化后,PaddlePaddle 在 NPU 上的推理速度进一步突破。

除此之外,面向产业应用,开源覆盖多领域工业级模型库。PaddlePaddle 官方支持 100 多个经过产业实践长期打磨的主流模型,其中包括在国际竞赛中夺得冠军的模型,同时开源开放 200 多个预训练模型,助力快速的产业应用。

而对于国内的深度学习的初学者来说,PaddlePaddle 还提供了完整的中文教学文档。同时官方还会不定期组织关于框架和应用的培训。

2.3.3 PaddlePaddle 的应用

PaddlePaddle 不仅是一个深度学习的框架,基于该核心框架,百度公司还扩展了一系列的工具和模型,覆盖了深度学习开发和应用的整个流程,已然成为一个功能齐全的产品。PaddlePaddle 官网上给出了产品的全景介绍,其中包括主要使用流程和使用工具。

在开发和训练方面,PaddlePaddle 以深度学习框架为核心,包括高阶分布式训练 Fleet API、灵活通用且易于使用的 NLP 大规模预训练和多任务学习框架 PALM、云上任务平台 PaddleCloud 和量子机器学习框架 Paddle Quantum,如图 2.10 所示。

开发与训练

Paddle核心框架 开发便捷的深度学习框架	**FleetAPI** 分布式训练API	**PALM** 多任务学习
PaddleCloud 云上任务提交工具	**Paddle Quantum** 量子机器学习框架	

图 2.10 开发与训练

在模型方面,PaddlePaddle提供了预训练模型工具PaddleHub和模型压缩工具PaddleSlim,同时为不同的领域提供了开发套件,如图2.11所示。尤其是PaddleOCR,在很多OCR的产品中都有其影子。同时还有文心大模型、PaddleCV、PaddleNLP等模型库,为开发者提供了极大的便利。

⊗ 预训练模型应用工具	⊡ 开发套件	⊛ 模型库
PaddleClas 图像分类	**PaddleDetection** 目标检测	**PaddleSeg** 图像分割
PaddleOCR 文字识别	**PaddleGAN** 生成式对抗网络	**DeepSpeech** 语音识别
Parakeet 语音合成	**ERNIE** 语义理解	**ElasticCTR** 点击率预估
PLSC 海量类别分类	**PGL** 图神经网络	**PARL** 强化学习
PaddleHelix 螺旋桨生物计算平台	**PaddleSpatial** 时空大数据计算工具	**PaddleVideo** 视频理解
Paddle3D 3D感知		

图 2.11　PaddlePaddle 模型

在部署方面,PaddlePaddle也为不同的平台提供了相应工具,如图2.12所示。Paddle Inference提供原生推理库,Paddle Serving提供方便的服务端部署,Paddle Lite则面向轻量级部署,Paddle.js为Web前端提供部署方式,FastDeploy则是一个新的、综合的部署套件。

部署		
Paddle Inference 原生推理库	**Paddle Serving** 服务化部署框架	**Paddle Lite** 轻量化推理引擎
Paddle.js 前端推理引擎	**FastDeploy** 推理部署	

图 2.12　PaddlePaddle 模型部署

除此之外,PaddlePaddle还提供了很多辅助工具。例如,全流程开发工具PaddleX、自动化深度学习工具AutoDL、联邦学习工具PaddleFL,彰显了其对深度学习领域的覆盖面。

2.4 三者的比较

1. PyTorch

PyTorch 是当前难得的简洁优雅且高效快速的框架。PyTorch 的设计追求最少的封装，尽量避免重复造轮子。不像 TensorFlow 中充斥着 session、graph、operation、name_scope、variable、tensor 等全新的概念，PyTorch 的设计遵循 tensor→variable(autograd)→nn. Module 三个由低到高的抽象层次，分别代表高维数组（张量）、自动求导（变量）和神经网络（层/模块），而且这三个抽象之间联系紧密，可以同时进行修改和操作。

简洁的设计带来的另外一个好处就是代码易于理解。PyTorch 的源码只有 TensorFlow 的 1/10 左右，更少的抽象、更直观的设计使得 PyTorch 的源码十分易于阅读。

PyTorch 的灵活性不以速度为代价，在许多评测中，PyTorch 的速度表现胜过 TensorFlow 和 Keras 等框架。框架的运行速度和程序员的编码水平有极大关系，但同样的算法，使用 PyTorch 实现的那个更有可能快过用其他框架实现的。

同时 PyTorch 是所有的框架中面向对象设计得最优雅的一个。PyTorch 的面向对象的接口设计来源于 Torch，而 Torch 的接口设计以灵活易用而著称，Keras 的作者最初就是受 Torch 的启发才开发了 Keras。PyTorch 继承了 Torch 的衣钵，尤其是 API 的设计和模块的接口都与 Torch 高度一致。PyTorch 的设计最符合人们的思维，它让用户尽可能地专注于实现自己的想法，即所思即所得，不需要考虑太多关于框架本身的束缚。

PyTorch 提供了完整的文档、循序渐进的指南，以及作者亲自维护的论坛供用户交流和求教问题。Facebook 人工智能研究院对 PyTorch 提供了强力支持，作为当今排名前三的深度学习研究机构，FAIR 的支持足以确保 PyTorch 获得持续的开发更新。

在 PyTorch 推出不到一年的时间内，各类深度学习问题都有利用 PyTorch 实现的解决方案在 GitHub 上开源。同时也有许多新发表的论文采用 PyTorch 作为论文实现的工具，PyTorch 正在受到越来越多人的追捧。如果说 TensorFlow 的设计是"Make It Complicated"，Keras 的设计是"Make It Complicated And Hide It"，那么 PyTorch 的设计真正做到了"Keep it Simple, Stupid"。

2. TensorFlow

TensorFlow 在很大程度上可以看作 Theano 的后继者，不仅因为它们有很大一批共同的开发者，而且它们还拥有相近的设计理念，都是基于计算图实现自动微分系统。TensorFlow 使用数据流图进行数值计算，图中的节点代表数学运算，而图中的边则代表在这些节点之间传递的多维数组（张量）。

TensorFlow 编程接口支持 Python 和 C++。随着 1.0 版本的公布，Java、Go、R 和 Haskell API 的 alpha 版本也被支持。此外，TensorFlow 还可在 Google Cloud 和 AWS 中运行。TensorFlow 还支持 Windows 7、Windows 10 和 Windows Server 2016。由于 TensorFlow 使用 C++ Eigen 库，所以库可在 ARM 架构上编译和优化。这也就意味着用户可以在各种服务器和移动设备上部署自己的训练模型，无须执行单独的模型解码器或者加载 Python 解释器。

作为当前最流行的深度学习框架之一，TensorFlow 获得了极大的成功，对它的批评也不绝于耳，总结起来主要有以下 4 点。

（1）过于复杂的系统设计，TensorFlow 在 GitHub 代码仓库的总代码量超过 100 万行。这么大的代码仓库，对于项目维护者来说维护成为一个难以完成的任务，而对读者来说，学习 TensorFlow 底层运行机制更是一个极其痛苦的过程，并且大多数时候这种尝试以放弃告终。

（2）频繁变动的接口。TensorFlow 的接口一直处于快速迭代之中，并且没有很好地考虑向后兼容性，这导致现在许多开源代码已经无法在新版的 TensorFlow 上运行，同时也间接导致了许多基于 TensorFlow 的第三方框架出现 bug。

（3）由于接口设计过于晦涩难懂，所以在设计 TensorFlow 时，创造了图、会话、命名空间、PlaceHolder 等诸多抽象概念，对普通用户来说难以理解。同一个功能，TensorFlow 提供了多种实现，这些实现良莠不齐，使用中还有细微的区别，很容易将用户带入坑中。

（4）TensorFlow 作为一个复杂的系统，文档和教程众多，但缺乏明显的条理和层次，虽然查找很方便，但用户却很难找到一个真正循序渐进的入门教程。

由于直接使用 TensorFlow 的生产力过于低下，包括 Google 官方等众多开发者尝试基于 TensorFlow 构建一个更易用的接口，包括 Keras、Sonnet、TFLearn、TensorLayer、Slim、Fold、PrettyLayer 等数不胜数的第三方框架每隔几个月就会出现一次，但是又大多归于沉寂。

凭借 Google 强大的推广能力，TensorFlow 已经成为当今最炙手可热的深度学习框架，但是由于自身的缺陷，TensorFlow 离最初的设计目标还很遥远。另外，由于 Google 对 TensorFlow 略显严格的把控，目前各大公司都在开发自己的深度学习框架。

3. PaddlePaddle

相对于 TensorFlow 和 PyTorch，PaddlePaddle 给我们留下最深的印象就是巨大的本土化优势。现在的深度学习框架的发展速度逐渐慢了下来，这也意味着深度学习框架在现阶段已经趋近成熟。而我们在使用框架时会发现，框架上的差异逐渐小了，API 也越来越相似，甚至框架的迁移也变得容易起来。但是以 PaddlePaddle 为代表的国产深度学习框架则在发展中不断寻找着属于自己的特色。PaddlePaddle 有着极其详细的中文教程、开发工具，同时也会不定期组织开发者培训，组建开发者讨论社区，为开发者提供极大的便利。其他的国产深度学习框架也各显特色，如华为的 MindSpore 的倡导 AI 算法即代码，降低 AI 开发门槛，基于数学原生表达的 AI 编程新范式让算法专家聚焦 AI 创新和探索；清华大学发布的计图(Jittor)是一个完全基于动态编译(just-in-time)、内部使用创新的元算子和统一计算图的深度学习框架。我们希望看到一个百家争鸣的环境，这样才不会因循守旧，才会共同进步。

小　结

本章介绍了三种常用的机器学习框架，其中，TensorFlow 和 PyTorch 是目前最流行的两种开源框架。在以往版本的实现中，TensorFlow 最开始提供静态图构建的功能，具有较高的运算性能，但是模型的调试分析成本较高；之后在 TensorFlow 2.x 版本中提供动态图，提高了开发效率。PyTorch 主要提供动态图计算的功能，API 涉及接近 Python 的原生语法，因此易用性较好，但是在图形优化方面不如 TensorFlow。这样的特点使 TensorFlow 被大量用于 AI 企业的模型部署，而学术界则大量使用 PyTorch 进行研究。不过目前我们也看到这两种框架正在吸收对方的优势，如 TensorFlow 的 eager 模式就是对动态图的一种尝试。另外，国内的深度学习框架发展也很迅猛，以百度的 PaddlePaddle 为代表的国产深度学习框架在功能上也不输 PyTorch 和 TensorFlow,而且具有更多的本土特色,很适合国内的开发者研究学习和使用。同样,还有很多其他的国产深度学习框架也值得学习,如华为的 MindSpore、旷视的 MegEngine、清华大学的 Jittor,有兴趣的读者可以深入了解。

习　　题

1. 选择题

(1) 以下选项中,(　　)不是深度学习框架。

　　A. LeNet　　　　　　B. PaddlePaddle　　　C. MXNet　　　　　　D. PyTorch

(2) PyTorch 框架支持的语言有(　　)。

　　A. C++　　　　　　　B. Python　　　　　　C. Java　　　　　　　D. 以上都支持

(3) 下列关于 PyTorch 的描述中,正确的是(　　)。

　　A. PyTorch 可以视作加入了 GPU 支持的 NumPy

　　B. PyTorch 采用静态的、命令式的编程语言

　　C. PyTorch 的网络都是有向无环图的集合,可以直接定义

　　D. PyTorch 的底层实现高度工业化,不容易看懂

(4) 下列关于 TensorFlow 的描述中,不正确的是(　　)。

　　A. TensorFlow 的计算图中每个节点代表一个操作,如加法、减法等

　　B. TensorFlow 的张量是作为非叶节点出现的

　　C. 基于梯度的机器学习算法会受益于 TensorFlow 的自动求微分能力

　　D. TensorFlow 支持 C++和 Python 程序

(5) 下列深度学习框架中,(　　)是国产深度学习框架。

　　A. LeNet　　　　　　B. PaddlePaddle　　　C. PyTorch　　　　　D. Theano

2. 判断题

(1) PyTorch 的基本工作流程:所有计算以层的形式表示,网络层所做的事情就是输入数据,然后输出计算结果。　　　　　　　　　　　　　　　　　　　　　　　　(　　)

(2) PyTorch 通过反向自动求导技术实现了神经网络的零延迟任意改变。　　(　　)

(3) TensorFlow 是一个采用数据流图用于数据计算的开源软件库。　　　　(　　)

(4) TensorFlow 中的数据流图可以形成环路。　　　　　　　　　　　　　(　　)

(5) 作为灵活性的代价,PyTorch 早期版本速度表现不如 TensorFlow。　　(　　)

3. 填空题

(1) PyTorch 通过一种_____技术,可以让用户零延迟地任意改变神经网络的行为。

(2) PyTorch 的设计遵循 tensor→variable→nn. Module 三个由低至高的抽象层次,分别代表_____,自动求导和神经网络,而且三个抽象层次之间紧密联系,可以同时进行修改和操作。

(3) 在 TensorFlow 的数据流图中,节点表示_____,线表示节点间相互联系的多维数据组(张量)。

(4) 计算图中,同级节点的操作彼此_____,可以并行运行,TensorFlow 使用这一特性

允许用户更快地执行操作。

（5）Paddle Inference 提供原生推理库，＿＿＿＿＿＿＿提供方便的服务端部署，Paddle Lite 则面向轻量级部署。

4. 问答题

（1）PyTorch 的基本工作流程是怎样的？以卷积为例，简述这一过程。

（2）请简述 PyTorch 的数据结构。

（3）TensorFlow 的核心组件包括哪些部分？它们各自负责什么工作？

（4）如何理解 TensorFlow 中的流？

（5）PyTorch、TensorFlow、PaddlePaddle 三种深度学习框架各自有什么优劣？

第 3 章

机器学习基础知识

在过往漫长的岁月和历史长河中，人们在完善对客观世界的认知和进行对客观世界的规律探索时，主要依靠不够充足的数据，如采样数据、片面的数据和局部的数据。而现如今，随着计算机、移动电话的普及、互联网应用技术的发展，人类进入了一个能够大批量生产、应用以及共享数据的时代。可应用探索存储的数据类型不再仅局限于过往的数字、字母等结构化的数据信息，像语音、图片等非结构化的数据信息也得以被存储、分析、分享和应用。现如今，在众多领域，人们可以利用通过互联网技术存储下来的全部数据，深层次地探索这些数据之间的关联，进而发现新的机会，大幅提高产业和社会的效率。那么，如何把存储在机器中的成百上千种维度的数据组合应用起来，形成对日常生产生活有价值的产出，就是机器学习所要解决的问题。

3.1 机器学习概述

在当今社会的日常生活中，机器学习已经深入各个场景。例如，打开淘宝软件，推荐页面展示着用户近期浏览却一直没有购买的符合需求的服装；进入交友网站，自动匹配的都是年龄相仿、兴趣相投的用户；打开邮箱，推荐商品等广告邮件被自动放入垃圾箱；在线付款时，支付宝的人脸识别支付和指纹支付等。

那么到底什么是机器学习呢？"机器学习"是一门致力于使用计算手段，利用过往积累的关于描述事物的数据而形成的数学模型，在新的信息数据到来时，通过上述模型得到目标信息的一门学科。为了方便理解，这里举一个实际的例子。例如，一位刚入行的二手车评估师在经历了评估转手上千台二手车后，变成了一位经验丰富的二手车评估师。在后续的工作中，每遇到一辆未定价的二手车，他都可以迅速地根据车辆当前的性能，包括里程数、车系、上牌时间、上牌地区、各功能部件检测情况等各维度数据，给出当前二手车在市场上合理的折算价格。这里，二手车评估师经过大量长期的工作经验，对过往大量的二手车的性能状态和售卖定价进行了归纳和总结，形成了一定的理论方法。未来再有车子需要进行定价评估时，评估师就可以根据过往的经验，迅速地得出车子的合理定价。那么，"过往的经验"是什么？"归纳、总结、方法"

是什么?可不可以尝试让机器,也就是计算机来实现这个过程?这就是机器学习想要研究和实现的内容。所以,机器学习本质上就是让机器模拟人脑思维学习的过程,对过往的经历或经验进行学习,进而对未来出现的类似情景做出预判,从而实现机器的"智能"。

3.1.1 关键术语

在进一步阐明各种机器学习的算法之前,这里先介绍一些基本的术语。沿用上述二手车评估师估算汽车价格的场景。表3.1展示了二手车评估师过往所经手的1000台二手车的6个维度属性及其定价结果的数据。

表3.1 二手车价格表

维度属性	品牌	车型	车款	行驶里程/km	上牌时间/年	上牌时间/月	折算价格/万元
1	奥迪	A4	2.2L MT	10 000	2013	9	3.2
2	奥迪	Q3	1.8T	30 000	2017	4	4.7
3	大众	高尔夫	15 款 1.4TSI	18 000	2020	3	5.9
				......			
1000	北京吉普	2500	05 款	75 000	2015	6	1.2

注:表中填充数据为伪数据,仅供逻辑和场景参考。

上述数据如果想要给计算机使用,让计算机模拟人脑学习归纳的逻辑过程,需要进行如下术语定义。

(1)属性维度/特征(feature):指能够描述出目标事物样貌的一些属性。二手车各个维度指标就是最终帮助评定二手车价格的特征,如品牌、车型、车款、行驶里程、上牌时间等。

(2)预测目标(target/label):基于已有的维度属性的数据值,预测出的事物的结果,可以是类别判断和数值型数字的预测。二手车的价格就是预测的目标,它预测的目标是数据型,属于回归。

(3)训练集(training set):表3.1中的1000条数据,包括维度属性和预测目标,用于训练模型并找到事物维度属性和预测目标之间的关系。

(4)模型(model):它定义了事物的属性维度和预测目标之间的关系,它是通过学习训练集中事物的特征和结果之间的关系得到的。

3.1.2 机器学习的分类

"机器学习"通常被分为"有监督学习""无监督学习"和"半监督学习"。近年来,经过众多学者的不断探索和钻研,"机器学习"领域又出现了新的重要分支,如"神经网络""深度学习"和"强化学习"等。

监督学习:在现有数据集中,监督学习既指定维度属性,又指定预测的目标结果。通过计算机,学习出能够正确预测维度属性和目标结果之间的关系的模型。对于后续只有维度属性的新样本,利用已经训练好的模型,进行目标结果的正确预判。常见的监督学习为回归和分类。回归是指通过现有数据,预测出数值型数据的目标值,通常目标值是连续型数据;分类是指通过现有数据,预测出目标样本的类别。

无监督学习:无监督学习是指现有的数据集没有做好标记,即没有给出目标结果,需要对已有维度的数据直接进行建模。无监督学习中最常见的使用就是聚类使用,把具有高度相似度的样本归纳为一类。

半监督学习和强化学习：半监督学习一般是指数据集中的部分数据有标签,在这种情况下想要获得和监督学习同样的结果而产生的算法。强化学习也称为半监督学习的一种,它模拟了生物体和环境互动的本质,当行为是正向时获得"奖励",当行为是负向时获得"惩罚",由此构造出具有反馈机制的模型。

神经网络和深度学习：神经网络,顾名思义,该模型的灵感来自中枢神经系统的神经元,它通过对输入值施加特定的激活函数,得到合理的输出结果。神经网络是一种机器学习模型,可以说是目前最常用的一种。深度神经网络就是搭建层数比较多的神经网络,深度学习就是使用了深度神经网络的机器学习。人工智能、机器学习、神经网络和深度学习之间的具体关系如图 3.1 所示。

图 3.1 人工智能、机器学习、神经网络和深度学习的关系

3.1.3 机器学习的模型构造过程

机器学习模型构造的一般思路描述如下。

(1) 找到合适的假设函数 $h_\theta(x)$,通过输入数据预测判断结果。其中,θ 为假设函数里面待求解的参数。

(2) 构造损失函数,该函数表示模型的预测结果(h)与训练数据类别 y 之间的偏差。损失函数可以是偏差绝对值和的形式或其他合理的形式,将其记为 $J(\theta)$,表示所有训练数据的预测值和实际类别之间的偏差。

(3) 显然,$J(\theta)$ 的值越小,预测函数越准确,以此为依据求解出假设函数的参数 θ。

根据以上思路,目前已经可以成熟使用的机器学习模型非常多,如 Logistic 回归、KNN 算法、线性判别分析法、决策树分类算法等。下文将详细介绍这些模型的算法原理和使用方法。

3.2 监督学习

3.1.2 节已经介绍了监督学习,它是机器学习算法中的重要组成部分,其主要分为分类和回归两种算法。其中,分类算法是通过对已知类别训练集的分析,从中发现分类规则,进而以此预测新数据的类别。目前,分类算法的应用非常广泛,包括银行中的风险评估、客户类别分类、文本检索和搜索引擎分类、安全领域中的入侵检测、软件项目中的应用,等等。下文将展开介绍相应的分类和回归算法。

3.2.1 线性回归

在机器学习中,回归是特别常用的一种算法。在统计学中,线性回归是利用线性回归方程的最小平方函数对一个或多个自变量和因变量之间关系进行建模的一种回归分析。当因变量和自变量之间高度相关时,通常可以使用线性回归对数据进行预测。在这里列举最为简单的一元线性回归,以帮助理解算法,其示意图如图 3.2 所示。

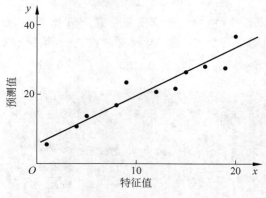

图 3.2 一元线性回归示意图

已知有样本点 $(x_1, y_1), (x_2, y_2), \cdots, (x_n, y_n)$,假设 x, y 满足一元线性回归关系,则有 $\hat{y} = ax + b$。其中,y 为真实值;$\hat{y}$ 为根据一元线性关键计算出的预测值;a, b 分别为公式中的参数。为了计算出上述参数,这里构造损失函数为残差平方和,即 $\sum_{i=1}^{n}(y - \hat{y})^2$ 最小。将已知 x, y 数据代入,求解损失函数最小即可得到参数。

案例分析:

例如,在炼钢过程中,钢水的含碳量 x 与冶炼时间 y 如表 3.2 所示。

表 3.2　钢水含碳量与冶炼时间数据表

$x/0.01\%$	104	180	190	177	147	134	150	191	204	121
y/min	100	200	210	185	155	135	170	205	235	125

假设 x 和 y 具有线性相关性,则有 $\hat{y} = ax + b$。接下来偏导求解式(3.1)中的 a, b 值:

$$\sum_{i=1}^{n}(y - \hat{y})^2 = [100 - (104a + b)]2 + \cdots + [125 - (121a + b)]^2 \tag{3.1}$$

得到 b 值约为 1.27,a 值约为 -30.5,即得到 x, y 之间的关系。

3.2.2 Logistic 回归

Logistic 回归通过 sigmoid 函数构造预测函数 $h_\theta(x)$,用于二分类问题。其中,sigmoid 函数的公式和图形分别如式(3.2)和图 3.3 所示。

$$h(\theta) = \frac{1}{1 + e^{-\theta x}} \tag{3.2}$$

通过图 3.3 可以看到,sigmoid 函数的输入区间是 $(-\infty, +\infty)$,输出区间是 $(0, 1)$,该函数可以表示预测值发生的概率。

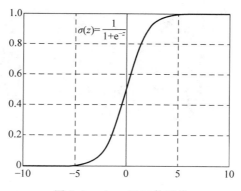

图 3.3 sigmoid 函数图像

对于线性边界的情况,边界的形式如式(3.3)所示。

$$\theta_0 + \theta_1 x_1 + \theta_2 x_2 + \cdots + \theta_n = \sum_{i=0}^{n} \theta_i x_i = \boldsymbol{\theta}^{\mathrm{T}} \boldsymbol{X} \tag{3.3}$$

构造的预测函数如式(3.4)所示。

$$h_\theta(x) = g(\boldsymbol{\theta}^{\mathrm{T}} \boldsymbol{x}) = \frac{1}{1 + \mathrm{e}^{-\boldsymbol{\theta}^{\mathrm{T}} x}} \tag{3.4}$$

$h_\theta(x)$ 函数的值具有特殊的含义,它可以表示当分类结果为类别"1"时的概率。式(3.5)和式(3.6)分别展示了当输入为 x 时通过模型公式判断出的结果类别分别为"1"和"0"的概率。

$$P(y=1 \mid x; \theta) = h_\theta(x) \tag{3.5}$$
$$P(y=0 \mid x; \theta) = 1 - h_\theta(x) \tag{3.6}$$

联立式(3.5)和式(3.6)可得

$$P(y \mid x; \theta) = (h_\theta(x))^y (1 - h_\theta(x))^{1-y} \tag{3.7}$$

通过最大似然估计构造 Cost 函数如式(3.8)和式(3.9)所示。

$$\boldsymbol{L}(\theta) = \prod_{i=1}^{m} (h_\theta(x^i))^{y^i} (1 - h_\theta(x^i))^{1-y^i} \tag{3.8}$$

$$\boldsymbol{J}(\theta) = \log \boldsymbol{L}(\theta) = \sum_{i=1}^{m} (y^i \log h_\theta(x^i) + (1 - y^i) \log(1 - h_\theta(x^i))) \tag{3.9}$$

Logistic 回归的目标是使得构造函数最小,通过梯度下降法求 $J(\theta)$,得到 θ 的更新方式如下。

$$\theta_j := \theta_j - \alpha \frac{\partial}{\partial \theta_j} \boldsymbol{J}(\theta), \; (j = 0, 1, \cdots, n) \tag{3.10}$$

对式(3.10)不断迭代,直至最后求解得到参数,进而得到预测函数。根据预测函数,进行新样本的预测。

案例分析:

这里采用最经典的鸢尾花数据集,进一步理解上述模型。鸢尾花数据集记录了如图 3.4 所示的三类鸢尾花的花萼长度(cm)、花萼宽度(cm)、花瓣长度(cm)和花瓣宽度(cm)。

鸢尾花数据集部分数据如表 3.3 所示,其采集的是鸢尾花的测量数据及其所属的类别。为方便解释,这里仅采用 Iris-setosa 和 Iris-virginica 两类,则一共有 100 个观察值,4 个输入变量和 1 个输出变量。该数据集的测量数据包括花萼长度(cm)、花萼宽度(cm)、花瓣长度(cm)和花瓣宽度(cm),进而用其建立二分类问题。

山鸢尾花（setosa）

杂色鸢尾花（versicolour）

维吉尼亚鸢尾花（viorginica）

图 3.4　鸢尾花分类图

表 3.3　鸢尾花数据集（部分）

属性	花萼长度/cm	花萼宽度/cm	花瓣长度/cm	花瓣宽度/cm	类　　别
1	5.1	3.5	1.4	0.2	Iris-setosa
2	4.9	3	1.4	0.2	Iris-setosa
3	4.7	3.2	1.3	0.2	Iris-setosa
7	5.9	3.2	5.7	2.3	Iris-virginica
8	5.6	2.8	4.9	2	Iris-virginica
······					
100	7.7	2.8	5.7	2	Iris-virginica

各维度属性的集合是 $\{\boldsymbol{X}_{维度属性}：x_{花萼长度}，x_{花萼长度}，x_{花瓣长度}，x_{花瓣宽度}\}$，待求解参数的集合是 $\{\boldsymbol{\theta}^{\mathrm{T}}：\theta_0，\theta_1，\theta_3，\theta_4\}$，则模型的线性边界如式（3.11）所示。

$$\theta_0 + \theta_1 x_{花萼长度} + \theta_2 x_{花萼宽度} + \theta_3 x_{花瓣长度} + \theta_4 x_{花瓣宽度} = \sum_{i=0}^{n} \theta_i x_i \qquad (3.11)$$

构造出的预测函数如式（3.12）所示。

$$h_\theta(x) = g(\boldsymbol{\theta}^{\mathrm{T}}\boldsymbol{x}) = \frac{1}{1 + e^{-(\theta_0 + \theta_1 x_{花萼长度} + \theta_2 x_{花萼宽度} + \theta_3 x_{花瓣长度} + \theta_4 x_{花瓣宽度})}} \qquad (3.12)$$

依据上文介绍的内容继续构造惩罚函数，求解出公式中的参数 θ 即可。预测函数的输出结果为预测待判断样本为某种类型化的概率。这里的求解方法有多种，感兴趣的读者可以通过查阅其他资料了解具体求解方法。

3.2.3　最小近邻法

最小近邻（k-Nearest Neighbor，KNN）算法是一种基于实例学（Instance-based Learning）的分类算法。KNN 算法的基本思想是，如果一个样本在特征空间中的 k 个最相似（即特征空间中最邻近）的样本大多属于某个类别，则该样本也属于这个类别。通常 k 的取值比较小，不会超过 20。图 3.5 展示了 KNN 算法的分类原理示意图。

最小近邻算法的原理如下。

（1）计算测试数据与各个训练数据之间的距离。

（2）按照距离公式计算对应数据之间的距离，将结果进行从小到大的排序。

（3）选取计算结果中最小的前 k 个点（k 值的确定会在后文具体介绍）。

（4）选择这 k 个点中出现频率次数最多的类别，将其作为

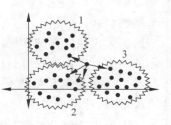

图 3.5　KNN 分类原理图

最终待判断数据的预测分类。通过这一流程可以发现，KNN 算法在计算实现其分类效果的过程中有三个重要的因素：衡量测试数据和训练数据之间的距离计算准则、k 值大小的选取准则、分类的规则。

（1）距离的选择：特征空间中的两个实例点的距离是两个实例点相似程度的反映。KNN 算法的特征空间一般是 n 维实数向量空间 $\mathbf{R}^n$，使用的距离是欧氏距离，也可以是其他距离，如更一般的 Lp 距离或 Minkowski 距离。

现设特征空间 $\mathbf{X}$ 是 n 维实数向量空间 $\mathbf{R}^n$，$\boldsymbol{x}_i, \boldsymbol{x}_j \in \mathbf{X}$，$\boldsymbol{x}_i = (x_i^{(1)}, x_i^{(2)}, \cdots, x_i^{(n)})^{\mathrm{T}}$，则 $\boldsymbol{x}_i$、$\boldsymbol{x}_j$ 的 Lp 距离定义（$p \geqslant 1$）如式（3.13）所示。

$$d(\boldsymbol{x}_i, \boldsymbol{x}_j) = \left(\sum_{l=n}^{n} \mid x_i^{(l)} - x_j^{(l)} \mid^p \right)^{\frac{1}{p}} \tag{3.13}$$

当 $p=1$ 时，曼哈顿（Manhattan）距离如式（3.14）所示。

$$d(\boldsymbol{x}, \boldsymbol{y}) = \sum_{i=1}^{n} \mid x_i - y_i \mid \tag{3.14}$$

当 $p=2$ 时，欧氏（Euclidean）距离如式（3.15）所示。

$$d(\boldsymbol{x}, \boldsymbol{y}) = \sqrt{\sum_{i=1}^{n} (x_i - y_i)^2} \tag{3.15}$$

当 $p \to \infty$ 时，切比雪夫距离如式（3.16）所示。

$$d(\boldsymbol{x}, \boldsymbol{y}) = \max \mid x_i - x_j \mid \tag{3.16}$$

（2）k 值的确定：通常情况下，k 值从 1 开始迭代，每次分类结果使用测试集来估计分类器的误差率或其他评价指标。k 值每次增加 1，即允许增加 1 个近邻（一般 k 的取值不超过 20，上限是 n 的开方，随着数据集的增大而增大）。注意，在实验结果中要选取分类器表现最好的 k 值。

案例分析：

现有某特征向量 $\boldsymbol{X} = (0.1, 0.1)$，另外 4 个数据数值和类别如表 3.4 所示。

表 3.4 数据和类别

特征向量	数据	类别
$\boldsymbol{X}_1$	(0.1,0.2)	w1
$\boldsymbol{X}_2$	(0.2,0.5)	w1
$\boldsymbol{X}_3$	(0.4,0.5)	w2
$\boldsymbol{X}_4$	(0.5,0.7)	w2

取 $k=1$，上述曼哈顿距离为衡量距离的方法，则有

$$D_{\boldsymbol{X} \to \boldsymbol{x}_1} = 0.1, \quad D_{\boldsymbol{X} \to \boldsymbol{x}_2} = 0.5, \quad D_{\boldsymbol{X} \to \boldsymbol{x}_3} = 0.7, \quad D_{\boldsymbol{X} \to \boldsymbol{x}_4} = 1.0$$

所以，此时 $\boldsymbol{X}$ 应该归为 w1 类。

3.2.4 线性判别分析法

线性判别分析（Linear Discriminatory Analysis，LDA）是机器学习中的经典算法，它既可以用来做分类，又可以进行数据的降维。线性判别分析的思想可以用一句话概括，就是"投影后类内方差最小，类间方差最大"。也就是说，要将数据在低维度上进行投影，投影后希望每一种类别数据的投影点尽可能地接近，而不同类别数据的类别中心之间的距离尽可能地大。线性判别分析的原理图如图 3.6 所示。

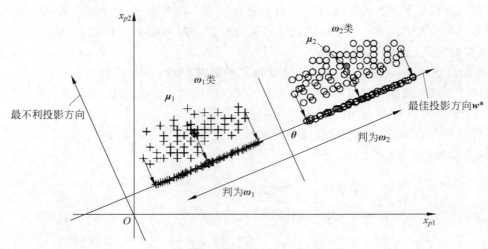

图 3.6 LDA 线性判别分析法原理图

线性判别分析算法原理和公式求解如下。

目的：找到最佳投影方向 $\boldsymbol{\omega}$，则样例 $\boldsymbol{x}$ 在方向向量 $\boldsymbol{\omega}$ 上的投影可以表示为 $y = \boldsymbol{\omega}^\mathrm{T}\boldsymbol{x}$（此处列举二分类模式）。

给定数据集 $\boldsymbol{D} = \{(x_i, y_i)\}_{i=1}^m, y_i \in \{0, 1\}$，令 $N_i, \boldsymbol{X}_i, \boldsymbol{\mu}_i, \boldsymbol{\Sigma}_i$ 分别表示 $i \in \{0, 1\}$ 类示例的样本个数、样本集合、均值向量和协方差矩阵。

$\boldsymbol{\mu}_i$ 的表达式：$\boldsymbol{\mu}_i = \dfrac{1}{N} \sum\limits_{x \in \boldsymbol{X}_i} x \ (i = 0, 1)$。

$\boldsymbol{\Sigma}_i$ 的表达式：$\boldsymbol{\Sigma}_i = \sum\limits_{x \in \boldsymbol{X}_i} (x - \boldsymbol{\mu}_i)(x - \boldsymbol{\mu}_i)^\mathrm{T} \ (i = 0, 1)$。

假设直线投影向量 $\boldsymbol{\omega}$ 有两个类别的中心点 $\boldsymbol{\mu}_0$ 和 $\boldsymbol{\mu}_1$，则直线 $\boldsymbol{\omega}$ 的投影为 $\boldsymbol{\omega}^\mathrm{T}\boldsymbol{\mu}_0$ 和 $\boldsymbol{\omega}^\mathrm{T}\boldsymbol{\mu}_1$，能够使投影后的两类样本中心点尽量分离的直线是好的直线，则其定量表示如式(3.17)所示。

$$\mathop{\mathrm{argmax}}\limits_{\boldsymbol{\omega}} \boldsymbol{J}(\boldsymbol{\omega}) = \| \boldsymbol{\omega}^\mathrm{T}\boldsymbol{\mu}_0 - \boldsymbol{\omega}^\mathrm{T}\boldsymbol{\mu}_1 \|^2 \tag{3.17}$$

此外，引入新度量值，称作散列值(scatter)，对投影后的列求散列值。

$$\bar{\boldsymbol{S}} = \sum_{x \in \boldsymbol{X}_i} (\boldsymbol{\omega}^\mathrm{T}\boldsymbol{x} - \bar{\boldsymbol{\mu}}_i)^2 \tag{3.18}$$

从式(3.18)中可以看出，在集合意义的角度上，散列值代表着样本点的密度。散列值越大，样本点越分散，密度越小；散列值越小，则样本点越密集，密度越大。

基于分类原则：不同类别的样本点越分开越好，同类的越聚集越好，也就是均值差越大越好，散列值越小越好。因此，同时考虑使用 $\boldsymbol{J}(\theta)$ 和 $\boldsymbol{S}$ 来度量，则可得到要最大化的目标。

$$\boldsymbol{J}(\theta) = \frac{\| \boldsymbol{\omega}^\mathrm{T}\boldsymbol{\mu}_0 - \boldsymbol{\omega}^\mathrm{T}\boldsymbol{\mu}_1 \|^2}{\bar{\boldsymbol{S}}_0^2 + \bar{\boldsymbol{S}}_1^2} \tag{3.19}$$

之后化简求解参数，即得分类模型参数 $\boldsymbol{\omega} = \boldsymbol{S}_{\boldsymbol{\omega}}^{-1}(\boldsymbol{m}_1 - \boldsymbol{m}_2)$，其中，$\boldsymbol{S}_{\boldsymbol{\omega}}$ 为总类内离散度。若有两类数据，则 $\boldsymbol{S}_{\boldsymbol{\omega}} = \boldsymbol{S}_1 + \boldsymbol{S}_2$，$\boldsymbol{S}_1$、$\boldsymbol{S}_2$ 分别为两个类的类内离散度，且有 $\boldsymbol{S}_i = \sum\limits_{x \in \boldsymbol{X}_i} (x - \boldsymbol{m}_i)(x - \boldsymbol{m}_i)^\mathrm{T}, i = 1, 2$。

案例分析：

已知有两类数据如下：

$\boldsymbol{\omega}_1$：$(1, 0)^\mathrm{T}, (2, 0)^\mathrm{T}, (1, 1)^\mathrm{T}$；　　$\boldsymbol{\omega}_2$：$(-1, 0)^\mathrm{T}, (0, 1)^\mathrm{T}, (-1, 1)^\mathrm{T}$

两类向量的中心点为

$$\boldsymbol{m}_1 = \left(\frac{4}{3}, \frac{1}{3}\right)^{\mathrm{T}}, \quad \boldsymbol{m}_2 = \left(-\frac{2}{3}, \frac{2}{3}\right)^{\mathrm{T}}$$

请按照上述线性判别的方法找到最优的投影方向。

（1）样本类内离散度矩阵 $\boldsymbol{S}_i$ 与总类内离散度矩阵 $\boldsymbol{S}_\omega$：

$$\boldsymbol{S}_1 = \left(-\frac{1}{3}, -\frac{1}{3}\right)^{\mathrm{T}}\left(-\frac{1}{3}, -\frac{1}{3}\right) + \left(\frac{2}{3}, -\frac{1}{3}\right)^{\mathrm{T}}\left(\frac{2}{3}, -\frac{1}{3}\right) + \left(-\frac{1}{3}, \frac{2}{3}\right)\left(\frac{1}{3}, \frac{2}{3}\right)$$

$$= \frac{1}{9}\begin{pmatrix} 1 & 1 \\ 1 & 1 \end{pmatrix} + \frac{1}{9}\begin{pmatrix} 4 & -2 \\ -2 & 1 \end{pmatrix} + \frac{1}{9}\begin{pmatrix} 1 & -2 \\ -2 & 4 \end{pmatrix}$$

$$= \frac{1}{9}\begin{pmatrix} 6 & -3 \\ -3 & 6 \end{pmatrix}$$

$$\boldsymbol{S}_2 = \frac{1}{3}\begin{pmatrix} 2 & 1 \\ 1 & 2 \end{pmatrix}$$

总类内离散度矩阵：

$$\boldsymbol{S}_\omega = \boldsymbol{S}_1 + \boldsymbol{S}_2 = \frac{1}{9}\begin{pmatrix} 12 & -2 \\ -2 & 12 \end{pmatrix}$$

（2）样本类间离散度矩阵：

$$\boldsymbol{S}_b = (\boldsymbol{m}_1 - \boldsymbol{m}_2)(\boldsymbol{m}_1 - \boldsymbol{m}_2)^{\mathrm{T}} = \frac{1}{9}\begin{pmatrix} 36 & -6 \\ -6 & 1 \end{pmatrix}$$

（3）$\boldsymbol{S}_\omega^{-1} = [0.7714, 0.1286, 0.1286, 0.7714]$。

（4）最佳投影方向：

$$\boldsymbol{\omega} = \boldsymbol{S}_\omega^{-1}(\boldsymbol{m}_1 - \boldsymbol{m}_2) = [2.7407, -0.8889]^{\mathrm{T}}$$

3.2.5 朴素贝叶斯分类算法

朴素贝叶斯(Naïve Bayes, NB)是一组非常简单快速的分类算法，通常适用于维度非常高的数据集。该算法运行速度快，而且可调参数少，因此非常适合为分类问题提供快速简单的基本方案，其理论基础如图 3.7 所示。

朴素贝叶斯算法原理和公式推导：

具体来说，若决策的目标是最小化分类错误率，贝叶斯最优分类器要对每个样本 x 进行选择，标记能使后验概率 $P(c|x)$ 最大的类别 c。在实际中，后验概率通常难以直接获得，机器学习所要实现的正是基于有限的训练样本集尽可能准确地估计出后验概率 $P(c|x)$。

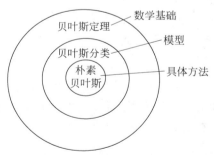

图 3.7 朴素贝叶斯算法的理论基础

为实现这一目标，综合看来有两种方法：第一种方法，即有已知数据各维度属性值 x 及其对应的类别 c，可通过直接建模 $P(c|x)$ 来预测 c，这样得到的是"判别式模型"，如决策树、BP 神经网络、支持向量机等；第二种方法，可以先对联合概率分布 $P(x,c)$ 建模，然后再由此获得 $P(c|x)$，这样得到的是"生成式模型"。对于生成式模型来说，必然考虑式(3.20)。

$$P(c \mid x) = \frac{P(x,c)}{P(x)} \tag{3.20}$$

基于贝叶斯定理，$P(c|x)$ 可以写成式(3.21)。

$$P(c \mid x) = \frac{P(c)P(x \mid c)}{P(x)} \qquad (3.21)$$

下面将求后验概率 $P(c \mid x)$ 的问题转变为求类先验概率 $P(c)$ 和条件概率 $P(x \mid c)$。每个类别的先验概率 $P(c)$ 表示各类样本在总体的样本空间所占的比例。由大数定律可知,当用于训练模型的数据集拥有足够的样本,且这些样本满足独立同分布样本时,每个类比的先验概率 $P(c)$ 可通过各个类别的样本出现的频率来进行估计。朴素贝叶斯分类器采用了"属性条件独立性假设",假设已知类别的所有属性相互独立,即假设输入数据 x 的各个维度都独立且互不干扰地影响着最终的分类结果,则有

$$P(c \mid x) = \frac{P(c)P(x \mid c)}{P(x)} = \frac{P(c)}{P(x)} \prod_{i=1}^{d} P(x_i \mid c) \qquad (3.22)$$

很明显,通过训练数据集 $\boldsymbol{D}$ 来预测类的先验概率 $P(c)$,并为每个属性估计条件概率 $P(x \mid c)$ 即为其模型训练的主要思路。由于所有类别的 $P(x)$ 均相同,因此可得

$$h_{nb}(x) = \text{argmax} \, P(c) \prod_{i=1}^{d} P(x_i \mid c) \qquad (3.23)$$

若 $\boldsymbol{D}_c$ 表示训练数据集 $\boldsymbol{D}$ 中类比为 c 的样本组成的集合,在数据充足且输入维度独立的情况下,则能够估计出类别为 c 的样本的类先验概率。

$$P(c) = \frac{|\boldsymbol{D}_c|}{|\boldsymbol{D}|} \qquad (3.24)$$

若输入维度数据为离散值,令 $\boldsymbol{D}_{c_i x_i}$ 表示类比集 $\boldsymbol{D}_c$ 中在第 i 个维度属性上取值为 x_i 的数据组成的集合,则条件概率 $P(x_i \mid c)$ 可估计为

$$P(x_i \mid c) = \frac{|\boldsymbol{D}_{c_i x_i}|}{|\boldsymbol{D}_c|} \qquad (3.25)$$

若某个属性值在训练集中没有与某个类同时出现过,则基于式(3.24)进行概率估计,再根据式(3.25)判别将出现的问题。因此,引入拉普拉斯修正如下。

$$P(c) = \frac{|\boldsymbol{D}_c|+1}{|\boldsymbol{D}|+N} \qquad (3.26)$$

$$P(x_i \mid c) = \frac{|\boldsymbol{D}_{c_i x_i}|+1}{|\boldsymbol{D}_c|+N_I} \qquad (3.27)$$

需要说明的是,当用于训练的数据集不够充足时,存在某类样本在某个维度下的概率的估计值为 0 的情况,所以这里将分母加上样本量并将分子加 1。这样修改对模型最后的结果不会有太大的干扰,因为当用于训练的数据集变大时,这种影响会越来越小,甚至可以忽略不计,此时估计值会逐渐趋向于实际的概率值。

案例分析:

表 3.5 是将用户的年龄、收入状况、身份、信用卡状态以及是否购买计算机作为分类标准,购买的标签为"是",没有购买的标签为"否"。

表 3.5 用户特征数据及分类

序号(id)	年龄(age)	收入(income)	是否为学生(student)	信用等级(credit_rating)	分类(class)
1	≤30	高	否	良好	否
2	≤30	高	否	优秀	否
3	31~40	高	否	良好	是
4	>40	中	否	良好	是

续表

序号(id)	年龄(age)	收入(income)	是否为学生(student)	信用等级(credit_rating)	分类(class)
5	>40	低	是	良好	是
6	>40	低	是	优秀	否
7	31~40	低	是	优秀	是
8	≤30	中	否	良好	否
9	≤30	低	是	良好	否
10	>40	中	是	良好	是
11	≤30	中	是	优秀	是
12	31~40	中	否	优秀	是
13	31~40	高	是	良好	是
14	>40	中	否	优秀	否

现有未知样本 $X = ($age $= ``\leqslant 30"$, income $= ``$中$"$, student $= ``$是$"$, credit_rating $= ``$良好$")$，判断其类别。

(1) 计算每个类的先验概率 $P(C_i)$，根据训练样本计算可得

$$P(\text{class} = \text{是}) = 9/14 = 0.643$$
$$P(\text{class} = \text{否}) = 5/14 = 0.357$$

(2) 假设各个属性相互独立，则有后验概率 $P(X|C)$ 为

$$P(\text{age} = ``\leqslant 30" \mid \text{class} = \text{是}) = 0.222$$
$$P(\text{age} = ``\leqslant 30" \mid \text{class} = \text{否}) = 0.600$$
$$P(\text{income} = ``中" \mid \text{class} = \text{是}) = 0.444$$
$$P(\text{income} = ``中" \mid \text{class} = \text{否}) = 0.400$$
$$P(\text{syudents} = ``是" \mid \text{class} = \text{是}) = 0.667$$
$$P(\text{syudents} = ``是" \mid \text{class} = \text{否}) = 0.200$$
$$P(\text{credit\_rating} = ``良好" \mid \text{class} = \text{是}) = 0.667$$
$$P(\text{credit\_rating} = ``良好" \mid \text{class} = \text{否}) = 0.400$$

则　$P(X|\text{class}=\text{是}) = 0.222 \times 0.444 \times 0.667 \times 0.667$
$$= 0.044$$
$$P(X|\text{class}=\text{否}) = 0.600 \times 0.400 \times 0.200 \times 0.400$$
$$= 0.019$$

(3) $P(X|\text{class}=\text{是})P(\text{class}=\text{是}) = 0.044 \times 0.643$
$$= 0.028$$
$$P(X|\text{class}=\text{否})P(\text{class}=\text{否}) = 0.019 \times 0.357$$
$$= 0.007$$

因此，对于样本 X，朴素贝叶斯分类器预测 class$=``$是$"$。

3.2.6　决策树分类算法

决策树(Decision Tree，DT)既可以用于解决分类问题，又可以用于解决回归问题。决策树算法采用树状结构，使用层层推理实现模型目标。决策树由下面几种元素构成：①根节点，包含样本的全集；②内部节点，对应特征属性的测试；③叶节点，代表决策结果。决策树模型的逻辑流程如图 3.8 所示。

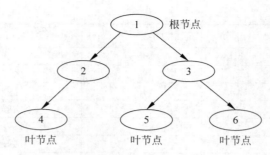

图 3.8　决策树模型

决策树的生成包含三个关键环节：特征选择、决策树生成、决策树剪枝。

特征选择：决定使用哪些特征来作树的分裂节点。在训练数据集中，每个样本的属性可能有很多个，不同属性的作用有大有小。因而特征选择的作用就是筛选出与分类结果相关性较高的特征，也就是分类能力较强的特征。在特征选择中，通常使用的准则是信息增益。

决策树生成：在选择好特征后，从根节点出发，对节点计算所有特征的信息增益，将具有最大信息增益的属性作为决策树的节点，根据该特征的不同取值建立子节点；对接下来的子节点使用相同的方式生成新的子节点，直到信息增益很小或者没有特征可以选择为止。

决策树剪枝：剪枝的主要目的是防止模型的过拟合，通过主动去掉部分分支来降低过拟合的风险。

决策树算法的原理：

决策树算法有三种非常典型的算法原理：ID3、C4.5、CART。ID3 是最早提出的决策树算法，它是利用信息增益来选择特征的。C4.5 算法是 ID3 的改进版，它不是直接使用信息增益，而是引入“信息增益比”指标作为特征的选择依据。CART(Classification and Regression Tree，分类与回归树)算法使用基尼系数取代了信息熵模型，既可以用于分类，也可以用于回归问题。

模型生成流程如下。

(1) 从根节点开始，依据决策树的各种算法的计算方式，计算作为新分裂节点的衡量指标的各个特征值，选择计算结果最优的特征作为节点的划分特征(其中，ID3 算法选用信息增益值最大的特征，C4.5 使用信息增益率，CART 选用基尼指数最小的特征)。

(2) 由划分特征的不同取值建立子节点，递归地调用以上方法构建决策树，直到结果收敛(不同算法评价指标规则不同)。

(3) 剪枝，以防止过拟合(ID3 不需要)。

案例分析：

这里以 ID3 算法为例，沿用 3.2.5 节的场景，以是否购买计算机作为区分用户的分类标准，用户的属性是年龄、收入、是否为学生和信用等级，具体数据如表 3.6 所示。

表 3.6　用户特征数据及分类

序号(id)	年龄(age)	收入(income)	是否为学生(student)	信用等级(credit_rating)	分类(class)
1	≤30	高	否	良好	否
2	≤30	高	否	优秀	否
3	31~40	高	否	良好	是
4	>40	中	否	良好	是
5	>40	低	是	良好	是

序号(id)	年龄(age)	收入(income)	是否为学生(student)	信用等级(credit_rating)	分类(class)
6	>40	低	是	优秀	否
7	31~40	低	是	优秀	是
8	≤30	中	否	良好	否
9	≤30	低	是	良好	否
10	>40	中	是	良好	是
11	≤30	中	是	优秀	是
12	31~40	中	否	优秀	是
13	31~40	高	是	良好	是
14	>40	中	否	优秀	否

根节点上的熵不纯度：

$$E(\text{root}) = -\left(\frac{9}{14}\log_2\frac{9}{14} + \frac{5}{14}\log_2\frac{5}{14}\right) = 0.940$$

当 age 作为查询的信息熵时：

（1）age=“≤30”：

$$S_{11} = 2, \quad S_{21} = 3$$

$$E(\text{root}_1) = -\left(\frac{2}{5}\log_2\frac{2}{5} + \frac{3}{5}\log_2\frac{3}{5}\right) = 0.971$$

（2）age=“31~40”：

$$S_{12} = 4, \quad S_{22} = 0$$

$$E(\text{root}_2) = 0$$

（3）age=“>40”：

$$S_{13} = 3, \quad S_{23} = 2$$

$$E(\text{root}_3) = -\left(\frac{3}{5}\log_2\frac{3}{5} + \frac{2}{5}\log_2\frac{2}{5}\right) = 0.971$$

$$E(\text{age}) = \frac{5}{14}E(\text{root}_1) + \frac{4}{14}E(\text{root}_2) + \frac{5}{14}E(\text{root}_3) = 0.694$$

所以，当 age 作为查询的信息增益时：

$$\text{Gain(age)} = E(\text{root}) - E(\text{age}) = 0.246$$

类似地，可以计算出所有属性的信息增益：

$$\text{Gain(income)} = 0.029, \quad \text{Gain(student)} = 0.151, \quad \text{Gain(credit\_rating)} = 0.048$$

age 的信息增益最大，所以选择 age 作为根节点的分叉，对训练集进行首次划分。每进入下一个节点，继续如上进行分裂指标的选择和节点的分裂，此处不再详细介绍。

3.2.7 支持向量机分类算法

支持向量机（Support Vector Machines，SVM）是一种二分类模型，其基本想法是求解能够正确划分训练数据集并且几何间隔最大的分离超平面。图 3.9 即为分离超平面，对于线性可分的数据集来说，这样的超平面有无穷多个（即感知机），但是几何间隔最大的分离超平面是唯一的。

支持向量机算法原理和公式推导：

在推导之前，先给出一些定义。假设训练集合为 $\boldsymbol{D} = \{(\boldsymbol{x}_i, y_i) \mid \boldsymbol{x}_i \in \mathbb{R}, i = 1, 2, \cdots, n\}$，其

中,x_i 为第 i 个特征向量;y_i 为 x_i 的类标记,取 $+1$ 时为正例,取 -1 时为负例。再假设训练数据集是线性可分的。

对于给定的数据集 T 和超平面 $\boldsymbol{\omega} x + b = 0$,定义超平面关于样本 (x_i, y_i) 点的几何间隔为

$$\gamma_i = y_i \left(\frac{\boldsymbol{\omega}}{||\boldsymbol{\omega}||} x_i + \frac{b}{||\boldsymbol{\omega}||} \right) \tag{3.28}$$

超平面关于所有样本点的几何间距的最小值为

$$\gamma = \min_{i=1,2,\cdots,N} \gamma_i \tag{3.29}$$

实际上,这个距离就是所谓的支持向量到超平面的距离。根据以上定义,SVM 模型的求解最大分离超平面问题可以表示为以下约束最优化问题。

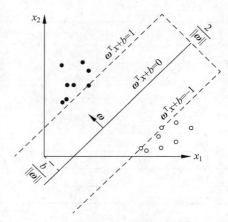

图 3.9　支持向量机原理图

$$\max_{\boldsymbol{\omega}, b} \gamma$$
$$\text{s. t.} \quad y_i \left(\frac{\boldsymbol{\omega}}{||\boldsymbol{\omega}||} x_i + \frac{b}{||\boldsymbol{\omega}||} \right) \geqslant \gamma, \quad i = 1, 2, \cdots, N \tag{3.30}$$

经过一系列化简,求解最大分离超平面问题又可以表示为以下约束最优化问题。

$$\min_{\boldsymbol{\omega}, b} \frac{1}{2} ||\boldsymbol{\omega}||^2$$
$$\text{s. t.} \quad y_i (\boldsymbol{\omega} x_i + b) \geqslant 1, \quad i = 1, 2, \cdots, N \tag{3.31}$$

式(3.31)是一个含有不等式约束的凸二次规划问题,对其使用拉格朗日乘子法可得

$$L(\boldsymbol{\omega}, b, \alpha) = \frac{1}{2} \boldsymbol{\omega}^{\mathrm{T}} \boldsymbol{\omega} + \alpha_1 h_1(x) + \cdots + \alpha_n h_n(x)$$
$$= \frac{1}{2} \boldsymbol{\omega}^{\mathrm{T}} \boldsymbol{\omega} - \sum_{i=1}^{N} \alpha_i y_i (\boldsymbol{\omega} x_i + b) + \sum_{i=1}^{N} \alpha_i \tag{3.32}$$

当数据线性可分时,对 $\boldsymbol{\omega}, b$ 求导可得

$$\boldsymbol{\omega} = \sum_{i=1}^{N} \alpha_i y_i x_i \tag{3.33}$$

$$\sum_{i=1}^{N} \alpha_i y_i = 0 \tag{3.34}$$

最终演化的表达式为

$$\min W(\alpha) = \frac{1}{2} \left(\sum_{i,j=1}^{N} \alpha_i y_i \alpha_j y_j x_i x_j \right) - \sum_{i=1}^{N} \alpha_i$$
$$\text{s. t.} \, 0 \leqslant \alpha_i \leqslant C, \quad \sum_{i=1}^{N} \alpha_i y_i = 0 \tag{3.35}$$

求解式(3.35)得到函数的参数,即可得到分类函数。

案例分析:

现有训练数据如图 3.10 所示,其中,正例点是 $x_1 = (3,3)^{\mathrm{T}}$ 和 $x_2 = (4,3)^{\mathrm{T}}$,负例点是 $x_3 = (1,1)^{\mathrm{T}}$,试求最大分离超平面。

解:按照支持向量机算法,根据训练数据集构造约束最优化问题。

$$\min_{\omega, b} \frac{1}{2} (\omega_1^2 + \omega_2^2)$$

$$\text{s.t.} \quad 3\omega_1 + 3\omega_2 + b \geqslant 1$$
$$4\omega_1 + 3\omega_2 + b \geqslant 1$$
$$-\omega_1 - 3\omega_2 - b \geqslant 1$$

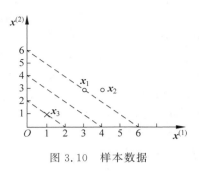

求得此最优化问题的解 $\omega_1 = \omega_2 = \dfrac{1}{2}, b = -2$。所以，

最大分离超平面为

$$\frac{1}{2}\boldsymbol{x}_1 + \frac{1}{2}\boldsymbol{x}_2 - 2 = 0$$

图 3.10　样本数据

其中，$\boldsymbol{x}_1 = (3,3)^{\mathrm{T}}$ 与 $\boldsymbol{x}_3 = (1,1)^{\mathrm{T}}$ 为支持向量。

3.3　非监督学习

聚类分析是机器学习中非监督学习的重要部分，旨在发现数据中各元素之间的关系，组内相似性越大，组间差距越大，聚类效果越好。在目前实际的互联网业务场景中，把针对特定运营目的和商业目的所挑选出的指标变量进行聚类分析，把目标群体划分成几个具有明显特征区别的细分群体，从而可以在运营活动中为这些细分群体采取精细化、个性化的运营和服务，最终提升运营的效率和商业效果。此外，聚类分析还可以应用于异常数据点的筛选检测，其应用场景十分广泛，如反欺诈场景、异常交易场景、违规刷好评场景等。聚类算法样式如图 3.11 所示。聚类分析大致分为 5 大类：基于划分方法的聚类分析、基于层次方法的聚类分析、基于密度方法的聚类分析、基于网格方法的聚类分析、基于模型方法的聚类分析。本节将对部分内容进行介绍。

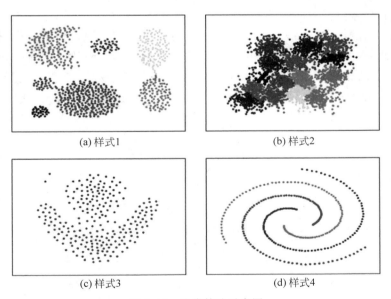

(a) 样式1　　　　　　　　　　(b) 样式2

(c) 样式3　　　　　　　　　　(d) 样式4

图 3.11　聚类算法示意图

3.3.1　划分式聚类方法

给定一个有 N 个元素的数据集，将构造 K 个分组，每个分组代表一个聚类，且 $K < N$。这 K 个分组需要满足以下两个条件：①每个分组至少包含一个数据记录；②每个数据记录属

于且仅属于一个分组(该要求在某些模糊聚类算法中可以放宽)。对于给定的 K,算法首先给出一个初始的分组方法,然后通过反复迭代的方法改变分组,使得每次改进后的分组方案都比前一次好。好的标准就是同一分组中的记录越近越好,而不同分组中的记录越远越好。使用这个基本思想的算法有 K-means 算法、K-medoids 算法和 Clarants 算法。下面以最基础的 K-means 算法为例详细展开阐述。

K-means 算法原理:

数据集 D 有 n 个样本点 $\{x_1, x_2, \cdots, x_n\}$,假设现在要将这些样本点聚集为 k 个簇,现选取 k 个簇中心为 $\{\mu_1, \mu_2, \cdots, \mu_n\}$。定义指示变量 $\gamma_{ij} \in \{0, 1\}$,如果第 i 个样本属于第 j 个簇,则有 $\gamma_{ij} = 1$,否则 $\gamma_{ij} = 0\left(\text{K-means 算法中的每个样本只能属于一个簇,所以} \sum_{j} \gamma_{ij} = 1\right)$。

K-means 的优化目标即损失函数为 $J(\gamma, \mu) = \sum_{i=1}^{n} \sum_{j=1}^{k} \gamma_{ij} \| x_i - \mu_j \|_2^2$,即所有样本点到其各自中心的欧氏距离的和最小。

K-means 算法流程如下。

(1)随机选取 k 个聚类中心为 $\{\mu_1, \mu_2, \cdots, \mu_k\}$。

(2)重复下面的过程,直到收敛。

① 按照欧氏距离最小原则,将每个点划分至其对应的簇。

② 更新每个簇的样本中心,按照样本均值更新。

注意:这里的收敛原则具体是指簇中心收敛,即其保持在一定的范围内不再变动时,停止算法。

通过上述算法流程的描述,可以看到 K-means 算法的一些缺陷。例如,簇的个数 k 值的选取和簇中心的具体位置的选取是人为设定,这样不是很准确。当然,目前有一些解决方案,如肘方法辅助 k 值的选取。另外,由于簇内中心的方法是簇内样本均值,所以其受异常点的影响非常大。此外,由于 K-means 采用欧氏距离来衡量样本之间的相似度,所以得到的都是如图 3.12 所示的凸簇聚类,不能解决其他类型的数据分布的聚类,有很大的局限性。基于上述问题,K-means 算法衍生出了 K-medians、K-medoids、K-means++等方法。

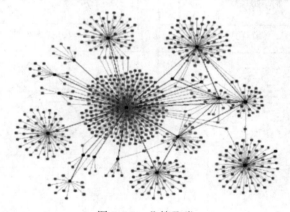

图 3.12 凸簇聚类

案例分析:

元素集合 S 共有 5 个元素,如表 3.7 所示。作为一个聚类分析的 2 维样本,现假设簇的数量为 $k = 2$。

表 3.7　元素集合 S

O	x	y
1	0	2
2	0	0
3	1.5	0
4	5	0
5	5	2

对该元素集合的分析流程如下。

（1）选择 $O_1(0,2)$，$O_2(0,0)$ 为初始的簇中心，即 $M_1=O_1=(0,2)$，$M_2=O_2=(0,0)$。

（2）对剩余的每个对象，根据其与各个簇中心的距离，将它赋予最近的簇。

对于 O_3 有 $d(M_1,O_3)=2.5$，$d(M_2,O_3)=1.5$，显然 $d(M_2,O_3)<d(M_1,O_3)$，将 O_3 分配给 C_2。同理，将 O_4 分配给 C_1，将 O_5 分配给 C_2。

此时的簇：$C_1=\{O_1,O_5\}$，$C_2=\{O_2,O_3,O_4\}$。

到簇中心的距离和：$E_1=25$，$E_2=2.25+25=27.25$，$E=52.25$。

新的簇中心：$M_1=(2.5,2)$，$M_2=(2.17,0)$。

（3）重复上述步骤，得到新簇 $C_1=\{O_1,O_5\}$，$C_2=\{O_2,O_3,O_4\}$，簇中心仍为 $M_1=(2.5,2)$，$M_2=(2.17,0)$，两者均未变。根据簇中心计算距离和，$E_1=12.5$，$E_2=13.15$，$E=E_1+E_2=25.65$。

此时，E 为 25.65，比上次 52.25 大大减小，而簇中心又未变，所以停止迭代，算法停止。

3.3.2　层次化聚类方法

层次化聚类方法将数据对象组成一棵聚类树，如图 3.13 所示。

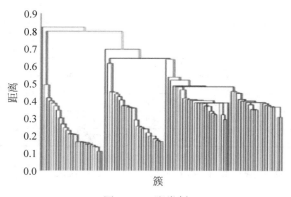

图 3.13　聚类树

根据层次的分解是自底向上（合并）还是自顶向下（分裂），层次聚类法可以进一步分为凝聚式（agglomerrative）和分裂式（divisive）。即有两种类型的层次聚类方法。

（1）凝聚式层次聚类：采用自底向上的策略，首先将每个对象作为单独的一个簇，然后按一定规则将这些小的簇合并形成一个更大的簇，直到最终所有的对象都在层次最上层的一个簇中或达到某个终止条件。Agnes 是其中的代表算法，如图 3.14 所示。

（2）分裂式层次聚类：采用自顶向下的策略，首先将所有对象置于一个簇中，然后逐渐细分为越来越小的簇，直到每个对象自成一个簇或达到终止条件。Diana 是其中的代表算法，如

图 3.14 所示。

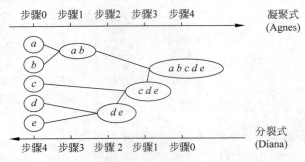

图 3.14 两种类型的层次化聚类方法

下文以 Agnes 算法为例展开阐述。

输入：n 个对象，终止条件簇的数目 k。

输出：k 个簇，达到终止条件规定的簇的数目。

算法流程如下。

(1) 将每一个元素当成一个初始簇。

(2) 循环迭代，直到达到定义的簇的数目。

① 根据两个簇中最近的数据点找到最近的两个簇。

② 合并两个簇，生成新的簇。

案例分析：

表 3.8 给出 8 个元素，分别有属性 1 和属性 2 两个维度，各个维度属性的值如表 3.8 所示。

表 3.8 元素参数

序号	属性 1	属性 2
1	1	1
2	1	2
3	2	1
4	2	2
5	3	4
6	3	5
7	4	4
8	4	5

按照 Agnes 算法层次聚类的过程如表 3.9 所示，两个簇之间的距离以两个簇间点的最小距离为度量依据。

表 3.9 更新过程

步骤	最近的簇距离	最近的两个簇	合并后的新簇
1	1	{1},{2}	{1,2},{3},{4},{5},{6},{7},{8}
2	1	{3},{4}	{1,2},{3,4},{5},{6},{7},{8}
3	1	{5},{6}	{1,2},{3,4},{5,6},{7},{8}
4	1	{7},{8}	{1,2},{3,4},{5,6},{7,8}
5	1	{1,2},{3,4}	{1,2,3,4},{5,6},{7,8}
6	1	{5,6},{7,8}	{1,2,3,4},{5,6,7,8}结束

3.3.3 基于密度的聚类方法

基于密度的聚类方法是根据样本的密度分布来进行聚类。通常情况下,密度聚类从样本密度的角度出发,考查样本之间的可连接性,并基于可连接样本不断扩展聚类簇,以获得最终的聚类结果。密度聚类后的分布形式如图 3.15 所示。最有代表性的基于密度的算法是 DBSCAN 算法,下文将对此展开介绍。

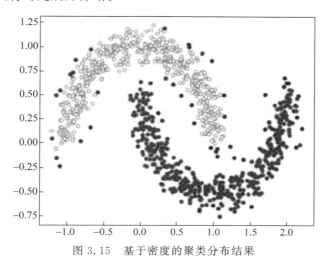

图 3.15 基于密度的聚类分布结果

DBSCAN 算法所涉及的基本术语如下。

(1) 对象的 ε-邻域:给定的对象 $x_j \in D$,在其半径 ε 内的区域中包含的样本点的集合,即 $|N_\varepsilon(x_j)| = \{x_i \in D \mid d(x_i, x_j) \leqslant \varepsilon\}$。该子样本中包含样本点的个数记为 $|N_\varepsilon(x_j)|$。

(2) 核心对象:对于任一样本 $x_j \in D$,如果其 ε-邻域对应的 $N_\varepsilon(x_j)$ 至少包含 MinPts 个样本,即 $|N_\varepsilon(x_j)| \geqslant$ MinPts,则 x_j 是核心对象。

(3) 密度直达:如果 x_i 位于 x_j 的 ε-邻域,且 x_j 为核心对象,则称 x_i 由 x_j 密度直达,注意反之不一定成立。

(4) 密度可达:对于 x_i 和 x_j,如果存在样本序列 $p_1, p_2, \cdots, p_T$,满足 $p_1 = x_i$,$p_T = x_j$,且 p_{t+1} 由 p_t 密度直达,则称 x_i 由 x_j 密度可达。

(5) 密度相连:对于 x_i 和 x_j,如果存在核心样本 x_k,使 x_i 和 x_j 均由 x_k 密度可达,则称 x_i 和 x_j 密度相连。

DBSCAN 术语示意图如图 3.16 所示,每个点都是一个对象。因为 MinPts=5,则 ε-邻域至少有 5 个样本的点是核心对象。所有核心对象密度直达的样本在以核心对象为中心的超球体内,如果不在超球体内,则不能密度直达。图中用箭头连起来的核心对象组成了密度可达的样本序列,在其 ε-邻域内所有的样本相互都是密度相连的。

有了上述 DBSCAN 聚类术语的定义,其算法流程的描述就简单多了。DBSCAN 算法流程如下。

输入:包含 n 个元素的数据集,半径 ε,最少数据 MinPts。

输出:达到密度要求的所有生成的簇。

迭代循环,直到达到收敛条件:所有的点都被处理过。

(1) 从数据集中随机选取一个未经处理过的点。

(2) 如果抽中的点是核心点,则找出所有从该点密度可达的对象,形成一个簇。

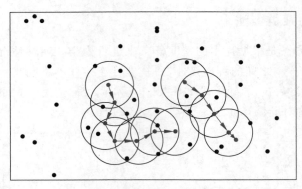

图 3.16　DBSCAN 术语示意图

（3）如果抽中的点是非核心点，则跳出本次循环，寻找下一个点。

案例分析：

表 3.10 是一个样本的数据表，表中注明了样本序号及其属性值，对其使用 DBSCAN 进行聚类，同时定义 $\varepsilon=1$，MinPts＝4。

表 3.10　DBSCAN 样本和算法实现

序号	属性1	属性2	迭代步骤	选择点的序号	在 ε 中点的个数	通过计算密度可达而形成的簇
1	2	1	1	1	2	无
2	5	1	2	2	2	无
3	1	2	3	3	3	无
4	2	2	4	4	5(核心对象)	簇1：{1,3,4,5,9,10,12}
5	3	2	5	5	5	在簇1中
6	4	2	6	6	3	无
7	5	2	7	7	5(核心对象)	簇2：{2,6,7,8,11}
8	6	2	8	8	2	在簇2中
9	1	3	9	9	3	在簇1中
10	2	3	10	10	4(核心对象)	在簇1中
11	5	3	11	11	2	在簇2中
12	2	4	12	12	2	在簇1中

通过表 3.10 中的实验步骤，即可完成基于密度的 DBSCAN 的聚类，聚类前后的样本对比如图 3.17 所示。

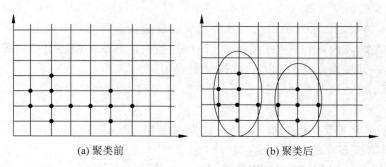

(a) 聚类前　　　　　　　　　(b) 聚类后

图 3.17　DBSCAN 聚类结果

3.4　强化学习

在人工智能的发展过程中,强化学习已经变得越来越重要,它的理论在很多应用中都取得了非常重要的突破。尤其是在 2017 年的 1 月 4 日晚,DeepMind 公司研发的 AlphaGo 升级版 Master 在战胜人类棋手时,突然发声自认:"我是 AlphaGo 的黄博士"。自此,Master 已经取得了 59 场的不败记录,将对战人类棋手的记录变为 59:0,Master 程序背后所应用的强化学习思想也受到了广泛的关注。本节将介绍机器学习领域中非常重要的一个分支——强化学习。

3.4.1　强化学习、监督学习和非监督学习

相较于上文介绍的机器学习领域中经典的监督学习和无监督学习,强化学习的设计思路主要是模仿生物体与环境交互的过程,得到正负反馈并不断地更正下次的行为,进而实现学习的目的。

这里以一个学习烹饪的人为例。一个初次下厨的人,他在第一次烹饪时因火候过大导致食物的味道不好;在下次做菜时,他就将火调小一些,食物的味道比第一次好了很多,但是可能火候过小而使得食物味道还是不够好;在下次做菜时,他又调整了自己烹饪的火候。就这样,他每次做菜都根据之前的经验去调整当前做菜的"策略",并获得本次菜肴是否足够美味的"反馈",直到掌握了烹饪菜肴的最佳方法。

强化学习模型构建的范式正是模仿上述人类学习的过程,强化学习也因此被视为实现人工智能的重要途径。

强化学习在以下几个方面明显区别于传统的监督学习和非监督学习。

(1) 强化学习没有像监督学习那样明显的"label",它有的只是每次行为过后的反馈。

(2) 当前的策略会直接影响后续接收到的整个反馈序列。

(3) 收到反馈或奖励的信号不一定是实时的,有时甚至有很长的延迟。

(4) 时间序列是一个非常重要的因素。

3.4.2　强化学习问题描述

强化学习由如图 3.18 所示的几个部分组成,这里引用的是 David Silver 在相关课程中的图片。整个过程可以描述为:在第 t 个时刻,智能体(agent)对环境(environment)有一个观测 O_t,因此它做出行动 A_t,随后智能体获得环境的反馈 R_{t+1};与此同时,环境接收智能体的行动 A_t,更新环境的信息 O_{t+1} 以便于可以在下一次行动前观察到,然后再反馈给智能体信号 R_{t+1}。其中,R_t 是环境对个体的一个反馈信号,将其称为奖励(reward)。R_t 是一个标量,它评价反映的是智能体在 t 时刻的行动的指标。因此,智能体的目标就是在这个时间序列中使得奖励的期望最大。

智能体学习的过程就是一个观测、行动、反馈不断循环的序列,将其称为历史 H_t:O_1,R_1,A_1,$O_2,R_2,A_2,\cdots,O_t,R_t,A_t$。基于历史的所有信息

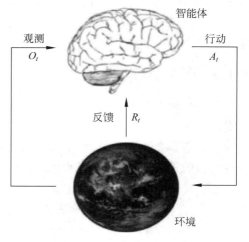

图 3.18　强化学习的组成

可以得到当前状态(state)的一个函数 $S_t = f(H_t)$,这个状态又分为环境状态、智能体状态和信息状态。状态具有马尔可夫属性,以概率的形式表示为

$$P[S_{t+1} \mid S_t] = P[S_{t+1} \mid S_1, S_2, \cdots, S_t] \tag{3.36}$$

即第 $t+1$ 时刻的信息状态基于 t 时刻就可以全部得到,而不再需要 t 时刻以前的历史数据。

基于上述描述,强化学习系统中的智能体可以由以下三个组成部分中的一个或多个组成。

(1) 策略。

策略(policy)是决定智能体行动的机制。它是从状态到行动的一个映射,可以是确定性的,也可以是不确定性的。详细来说,就是当智能体在状态 S 时所要做出行动的选择,将其定义为 π,这是强化学习中最核心的问题。如果策略是不确定性的,则根据每个行动的条件概率分布 $\pi(a \mid s)$ 选择行动;如果策略是确定性的,则直接根据状态 S 选择行动 $a = \pi(s)$。

因此有随机型策略 $\sum \pi(a \mid s) = 1$ 和确定型策略 $\pi(s): S \rightarrow A$。

(2) 价值函数。

如果反馈(reward)定义的是评判一次交互中立即回报的好坏,那么价值函数(value function)则定义的是长期平均回报的好坏。例如,在烹饪过程中,应用大量高热量的酱料虽然会使烹饪后的食物口味比较好,但如果长期吃高热量的酱料则会导致肥胖,显然使用高热量酱料的这个行动从长期看是不好的。一个状态 S 的价值函数是其长期期望 reward 的高低,因此某一策略下的价值函数可以表示为

$$v_\pi(s) = E_\pi[R_{t+1} + R_{t+2} + R_{t+3} + \cdots \mid S_t = s] \tag{3.37}$$

$$v_\pi(s) = E_\pi[R_{t+1} + \gamma R_{t+2} + \gamma^2 R_{t+3} + \cdots \mid S_t = s] \tag{3.38}$$

其中,式(3.37)代表的是回合制任务(episodic task)的价值函数,这里的回合制任务是指整个任务有一个最终结束的时间点;式(3.38)代表的是连续任务(continuing task)的价值函数,原则上这类任务可以无限制地运行下去。γ 被称为衰减率(attenuance),满足 $0 \leqslant \gamma \leqslant 1$。它可以理解为,在连续任务中,相比于更远的收益,更加偏好邻近的收益,因此对于离得较近的收益权重更高。

(3) 环境模型。

环境模型(model of environment)是智能体对环境的建模,主要体现了智能体和环境的交互机制,即在环境状态 S 下智能体采取行动 a,环境状态转到下一个状态 s' 的概率,其可以表示为 $P_{SS'}^a$。它可以解决两个问题,一个是预测下一个状态可能发生各种情况的概率,另一个是预测可能获得的即时奖励。

3.4.3　强化学习问题分类

解决强化学习问题有多种思路,根据这些思路的不同,强化学习问题大致可以分为以下三类。

(1) 基于价值函数(value function)的解决思路:智能体有对状态的价值估计函数,但是没有直接的策略函数,策略函数由价值函数间接得到。

(2) 直接基于策略(policy-based)的解决思路:智能体的行动直接由策略函数产生,智能体并不维护一个对各状态的价值估计函数。

(3) 演员-评判家形式(actor-critic)的解决思路:智能体既有价值函数,也有策略函数,两者相互结合解决问题。

案例分析：

这里以如图 3.19 所示的 3×3 的一字棋为例，三个人轮流下，直到有一个人的棋子满足一横或一竖则为赢得比赛，或者直到这个棋盘填满也没有人赢则为和棋。

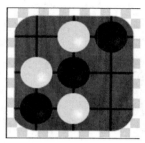

这里尝试使用强化学习的方法来训练一个智能体，使其能够在该游戏上表现出色（即智能体在任何情况下都不会输，最多平局）。由于没有外部经验，因此需要同时训练两个智能体进行上万轮的对弈来寻找最优策略。

（1）环境的状态 S。九宫格的每个格子有三种状态，即没有棋子（取值 0），有第一个选手的棋子（取值 1），有第二个选手的棋子（取值 -1）。那么这个模型的状态一共有 $3^9 = 1\,968\,339 = 19\,683$ 个。

图 3.19 一字棋

（2）个体的行动 A。由于只有 9 个格子，每次也只能下一步，所以最多只有 9 个动作选项。实际上，由于已经有棋子的格子是不能再下的，所以行动选项会更少，可以选择行动的就是那些取值为 0 的格子。

（3）环境的奖励 R。奖励一般是自己设计的。由于实验的目的是赢棋，所以如果某个行动导致的改变状态可以赢棋并结束游戏，那么奖励最高，反之则奖励最低。其余的双方下棋行动都有奖励，但奖励较少。特别地，对于先下的棋手，不会导致结束的行动奖励要比后下的棋手少。

（4）智能体的策略。策略一般是学习得到的，在每轮以较大的概率选择当前价值最高的行动，同时以较小的概率去探索新行动。

整个设计过程的逻辑思路如下。

```
REPEAT{
    if 分出胜负或平局：返回结果，break；
    else 依据 ε 概率选择 explore 或依据 1−ε 概率选择 exploit：
        if   选择 explore 模型：随机地选择落点下棋；
        else 选择 exploit 模型：
            从 value_table 中查找对应最大 value 状态的落点下棋；
            根据新状态的 value 在 value_table 中更新原状态的 value；}
```

由于一字棋的状态逻辑比较简单，使用价值函数 $V(S) = V(S) + \alpha(V(S') - V(S))$，即可。其中，$V$ 表示价值函数；S 表示当前状态；S' 表示新状态；$V(S)$ 表示 S 的价值，α 表示学习率，是可以调整的超参；ε 是就是探索率，即策略模式是以 $1-\varepsilon$ 的概率选择当前最大价值的行动，以 ε 的概率随机选择新行动。

（5）环境的状态转换模型。由于环境的下一个模型状态在每个行动后是确定的，即九宫格的每个格子是否有某个选手的棋子是确定的，因此转换的概率都是 1，不会出现在某个行动后以一定的概率到某几个新状态的情况。

3.5 神经网络和深度学习

深度学习（Deep Learning，DL）是近些年来在计算机领域中，无论是学术界还是工业界都备受关注、发展迅猛的研究领域。在许多人工智能的应用场景中，它都取得了较为重大的成功和突破，如图像识别、指纹识别、声音识别和自然语言处理等。

从本质上讲,深度学习是机器学习的一个分支,它代表了一类问题及其解决方法。人工神经网络(Artificial Neural Network,ANN),简称神经网络,由于其可以很好地解决深度学习中的贡献度分配问题,所以神经网络模型被大量地引入深度学习领域。

3.5.1 感知器模型

在神经网络中,最基本的组成成分是神经元模型,它模拟生物体的中枢神经系统。系统中的每个神经元与其他神经元相连,当它受到刺激时,神经元内部的电位就会超过一定的阈值,继而向其他神经元传递化学物质。神经元的内部结构如图 3.20 所示。

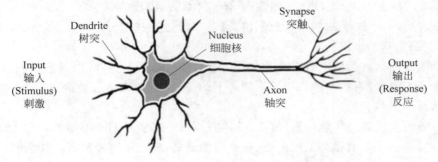

图 3.20　神经元的内部结构

神经网络中的感知器只有一个神经元,是最简单的神经网络。在这个模型中,中央的神经元接收从外界传送过来的 r 个信号,分别为 $p_1,p_2,\cdots,p_r$,这些输入信号对应的权重分别为 $w_1,w_2,\cdots,w_r$;将各个输入值与其相应的权重相乘,再另外加上偏移量 b;通过激活函数的处理产生相应的输出 a。感知器的整个处理流程如图 3.21 所示。激活函数又称为非线性映射函数,它的常用形式有

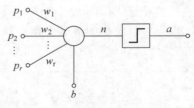

图 3.21　感知器处理流程

sigmoid 函数、阶跃函数、ReLU 函数等,用于将无限的输出区间转换到有限的输出范围内。

感知器模型用公式描述如下,其中,$f(x)$ 代表的是激活函数。

$$y = f\left(\sum_{i=1}^{r} p_i \cdot w_i + b\right) \tag{3.39}$$

从几何的角度来看,对于 n 维空间的一个超平面,$\boldsymbol{\omega}$ 可以表示为超平面的法向量,b 为超平面的截距,p 为空间中的点。当 x 位于超平面的正侧时,$\boldsymbol{\omega}x + b > 0$;当 x 位于超平面的负侧时,$\boldsymbol{\omega}x + b < 0$。因此,可以将感知器用作分类器,超平面就是其决策的分类平面。

这里给定一组训练数据 $T = (x_1,y_1),(x_2,y_2),\cdots,(x_n,y_n)$。其中,$x_i \in X = R^n$,$y_i \in y = \{+1,-1\}$,$i = 1,2,\cdots,N$。此时,学习的目的就是要找到一个能够将上述正负数据都分开的超平面,其可以通过最小化误分类点到超平面的总距离来实现。假设有 j 个误分的点,求解式(3.40)的损失函数,从而找到最优参数。

$$L(\boldsymbol{\omega},b) = -\frac{1}{\|\boldsymbol{\omega}\|} \sum_{x_i \in M}^{j} y_i(\boldsymbol{\omega}x_i + b) \tag{3.40}$$

参数求解不是本节的重点,这里不再赘述。

3.5.2 前馈神经网络

一个感知器处理的问题还是比较简单的,但当通过一定的连接方式将多个不同的神经元

模型组合起来时,就形成了神经网络,其处理问题的能力也大大地提高。这里的连接方式称为"前馈网络"。在整个神经元模型组成的网络中,信息朝着一个方向传播,没有反向的回溯。按照接收信息的顺序不同分为不同的层,当前层的神经元接收前一层神经元的输出,并将处理过的信息输出传递给下一层。本节主要介绍全连接前馈网络,它是"前馈网络"神经元模型中重要的一种。

前馈神经网络(Feedforward Neural Network,FNN)是最早出现的人工神经网络,也常被称为多层感知器。图 3.22 是一张有三个隐藏层的全连接前馈神经网络的示意图。第一层神经元被称为输入层,它所包含的神经元个数不确定,通常大于 1 即可,此处为三个。最后一层被称为输出层,它所涵盖的神经元个数可以根据具体情况来确定,图中输出层有两个神经元,根据实际情况可以有多个输出的神经元。中间层被统一称为隐藏层,隐藏的层数不确定,每层的神经元个数也可以根据实际情况进行调整。在整个网络中,信号单向逐层向后传播,可以用一个有向无环图表示。

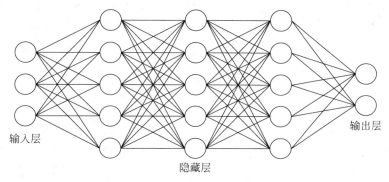

输入层　　　　　　　　　　　　　　　　　　　　　　　　　输出层

隐藏层

图 3.22　全连接前馈神经网络结构示意图

前馈神经网络的结构可以用如下记号联合表示。

(1) L:神经网络的层数。

(2) M_l:第 l 层神经元的个数。

(3) $f_l(\cdot)$:第 l 层神经元的激活函数。

(4) $W^{(l)} \in R^{M_l \times M_{l-1}}$:第 $l-1$ 层到第 l 层的权重矩阵。

(5) $b^{(l)} \in R^{M_l}$:第 $l-1$ 层到第 l 层的偏置。

(6) $z^{(l)} \in R^{M_l}$:第 l 层神经元的净输入(净活性值)。

(7) $a^{(l)} \in R^{M_l}$:第 l 层神经元的输出(活性值)。

若令 $a^{(0)}=x$,则前馈神经网络迭代的公式如下。

$$z^{(l)} = w^{(l)}a^{(l-1)} + b^{(l)} \tag{3.41}$$

$$a^{(l)} = f_l(z^{(l)}) \tag{3.42}$$

对于常见的连续非线性函数,前馈神经网络都能够进行拟合。

3.5.3　卷积神经网络

卷积神经网络(Convolutional Neural Network,CNN)是前馈神经网络的一种。当使用全连接前馈神经网络进行图像信息的处理时,参数过多会导致计算量过大,使得图像中物体局部不变的特征不能顺利提取出。生物学中的神经元在实际信息传递时会将上一层某个神经元产生的信号仅传递给下一层部分相关神经元,由此改进了全连接前馈神经网络,得到了卷积神经网络。卷积神经网络通常由以下三层交叉堆叠而组成:卷积层、池化层、全连接层。

卷积神经网络主要使用在图像分类、人脸识别、物体识别等图像和视频分析的任务中,它的使用效果非常好,远超过目前其他的一些模型。近年来,卷积神经网络在自然语言处理、语音处理,以及互联网业务场景的推荐系统中也常常被应用到。

下面以手写字体识别为例,分析卷积神经网络的工作过程,整个过程的分解流程示意图如图3.23所示。

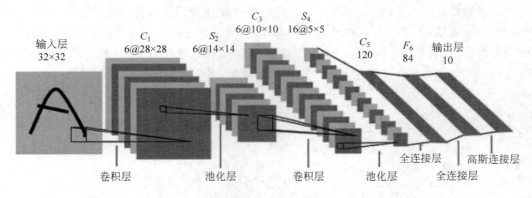

图 3.23　手写字体识别

卷积神经网络的具体工作流程如下。

(1) 将手写字体图片转换成像素矩阵(32,32),以此作为输入数据。

(2) 对像素矩阵进行第一层卷积运算,生成 6 个特征图,即图 C_1(28,28)。

(3) 对每个特征图进行池化操作,在保留特征图特征的同时缩小数据量。生成 6 个小图 S_2(14,14),这 6 个小图和上一层各自的特征图长得很像,但尺寸缩小了。

(4) 对 6 个小图进行第二层卷积运算,生成更多特征图,即图 C_3(10,10)。

(5) 对第二次卷积生成的特征图进行池化操作,生成 16 个更小的图 S_4(5,5)。

(6) 进行第一层全连接操作。

(7) 进行第二层全连接操作。

(8) 在高斯连接层输出结果。

在对卷积神经网络结构和工作过程有了初步的了解后,下面将进一步详细阐述上述工作流程中所涉及的卷积、池化的实际计算过程和作用。

1. 卷积层

卷积的作用是在原图中把符合卷积核特征的特征提取出来,进而得到特征图,这也是其本质所在。

2. 池化层

池化又叫作下采样,它的目的是在保留特征的同时压缩数据量。具体方法为用一个像素代替原图上邻近的若干像素,在保留特征图特征的同时压缩其大小。因此它的作用是防止数据爆炸,节省运算量和运算时间,同时又能防止过拟合、过学习。

3.5.4　其他类型结构的神经网络

前面已经介绍了两种前馈神经网络结构的神经网络,神经元的组成还有其他模式,如记忆网络和图网络。

1. 记忆网络

记忆网络又被称为反馈网络。相比于前馈神经网络仅接收上一层神经元传递的信息,在记忆网络中的神经元不但可以接收其他神经元的信息,还可以记忆自己在历史状态中的各种状态以获取信息。在记忆网络中,信息传播可以是单向的或双向的,其结构示意图如图 3.24 所示。

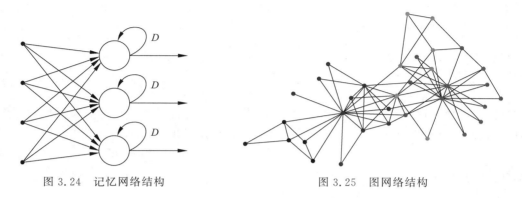

图 3.24　记忆网络结构　　　　　　　　图 3.25　图网络结构

非常经典的记忆网络包括循环神经网络、Hopfield 神经网络、玻耳兹曼机、受限玻耳兹曼机等。

2. 图网络

图网络结构类型的神经网络是前馈神经网络结构和记忆网络结构的泛化,它是定义在图结构数据上的神经网络。图中的每个节点都是由一个或一组神经元构成,节点之间的连接可以是有向的,也可以是无向的。图 3.25 是图网络结构的示意图。

比较典型的图网络结构的神经网络,包括图卷积网络、图注意力网络、消息传递神经网络等。

案例分析:

本节案例展示了一个前馈神经网络的参数更新过程。图 3.26 展示了一个多层前馈神经网络,它的学习率为 0.9,激活函数为 sigmoid 函数。训练数据的输入值为 $(1,0,1)$,结果为 1。整个网络中的初始化的参数值如表 3.11 所示。

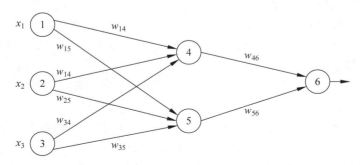

图 3.26　前馈神经网络参数更新过程

表 3.11 前馈神经网络初始化参数

参数	x_1	x_2	x_3	θ_4	θ_5	θ_6		
参数值	1	0	1	-0.4	0.2	0.1		
	w_{14}	w_{15}	w_{24}	w_{25}	w_{34}	w_{35}	w_{46}	w_{56}
	0.2	-0.3	0.4	0.1	-0.5	0.2	-0.3	-0.2

节点 4：$0.2+0-0.5-0.4=-0.7$ $\xrightarrow{\text{激活函数后}}$ $\dfrac{1}{1+\text{e}^{-(-0.7)}}=0.332$

节点 5：$-0.3+0+0.2+0.2=0.1$ $\xrightarrow{\text{激活函数后}}$ $\dfrac{1}{1+\text{e}^{-(0.1)}}=0.525$

节点 6：$-0.3\times(0.332)+(-0.2)\times(0.525)+0.1=-0.105$

$\xrightarrow{\text{激活函数后}}$ $\dfrac{1}{1+\text{e}^{-(-0.105)}}=0.474$

这样就完成了神经网络的第一次计算，下面对该网络进行更新。因为更新操作的顺序是从后往前的，所以要先对输出节点进行更新。接下来先求输出节点的误差值 Err_6。

$$\text{Err}_6=O_6(1-O_6)(T_6-O_6)=0.474\times(1-0.474)\times(1-0.474)=0.131$$

权重更新操作：

$$\omega_{46}=\omega_{46}+0.9\times\text{Err}_6\times O_4=-0.3+0.9\times0.131\times0.332=-0.261$$

$$\omega_{56}=\omega_{56}+0.9\times\text{Err}_6\times O_5=-0.2+0.9\times0.131\times0.525=-0138$$

偏置更新操作：

$$\theta_6=\theta_6+0.9\times\text{Err}_6=0.1+0.9\times0.131=0.218$$

同理，对节点 4 和节点 5 进行误差值更新操作，它们的误差计算方法与节点 6 不同。

$$\text{Err}_4=O_4(1-O_4)\sum_1\text{Err}_6\times\omega_{46}=0.332\times(1-0.332)\times0.131\times(-0.3)=-0.020\,87$$

$$\text{Err}_5=O_5(1-O_5)\sum_1\text{Err}_6\times\omega_{56}=0.525\times(1-0.525)\times0.131\times(-0.2)=-0.0065$$

权重和偏置的更新操作与节点 6 相同，这里不再赘述。至此，完成了一次对于神经网络的更新。

3.6 案例：银行贷款用户筛选

本节将介绍一个在实际工作生活场景中应用机器学习算法的案例。

借贷业务是银行资产业务的重要基础。银行拥有大量的资产规模不同的储户，如何精准有效地将存款用户转化为贷款用户，进而提高银行的收入，同时规避不合规用户带来的坏账风险，一直是银行业务部门需要研究的重要问题。为此需要通过银行后台现有收集到的用户数据，明确现有储户的潜在需求。

这里采用 Logistic 回归分类模型来解决银行可放贷用户的筛选问题。

分类筛选步骤如下。

(1) 确定特征属性及划分训练集，其中用于训练数据的数据集如表 3.12 所示。

在实际应用中，特征属性的数量很多，划分也比较细致，这里为了方便起见，选用最终计算好的复合指标，将商业信用指数和竞争等级作为模型训练的属性维度。Label 表示最终对用户贷款的结果，1 表示贷款成功，0 表示贷款失败。另外，由于实际的样本量比较大，这里只截取部分数据以供参考。

表 3.12 用户数据信息

Label	商业信用指数	竞争等级	Label	商业信用指数	竞争等级
0	125.0	-2	0	1500	-2
0	599.0	-2	0	96	0
0	100.0	-2	1	-8	0
0	160.0	-2	0	375	-2
0	415.0	-2	0	42	-1
0	80.0	-2	1	5	2
0	133.0	-2	0	172	-2
0	350.0	-1	1	-8	0
1	23.0	0	0	89	-2

（2）模型构造。

这里选用 Logistic 回归模型作为本次分类任务的分类模型。各维度属性的集合是 $\{X_{维度属性}: x_{商业信用指数}, x_{竞争等级}\}$，待求解参数的集合 $\{\theta^{\mathrm{T}}: \theta_0, \theta_1, \theta_2\}$，则模型的线性边界为

$$\theta_0 + \theta_1 x_{商业信用指数} + \theta_2 x_{竞争等级} = \sum_{i=0}^{n} \theta_i x_i$$

构造出的预测函数为

$$h_\theta(x) = g(\theta^{\mathrm{T}} x) = \frac{1}{1 + \mathrm{e}^{-(\theta_0 + \theta_1 x_{商业信用指数} + \theta_2 x_{竞争等级})}}$$

当分类结果为类别"1"时"可以贷款"，其概率为 $h_\theta(x)$；当分类结果为类别"0"时"不可以贷款"，其概率为 $1 - h_\theta(x)$。

放贷的概率：$P(y=1 \mid x; \theta) = h_\theta(x)$。

不放贷的概率：$P(y=0 \mid x; \theta) = 1 - h_\theta(x)$。

（3）预测函数的参数求解。

通过最大似然估计构造 cost 函数如下。

$$L(\theta) = \prod_{i=1}^{m} (h_\theta(x^i))^{y^i} (1 - h_\theta(x^i))^{1-y^i}$$

$$J(\theta) = \log L(\theta) = \sum_{i=1}^{m} (y^i \log h_\theta(x^i) + (1-y^i) \log(1 - h_\theta(x^i)))$$

求解的目标是使得构造函数最小，通过梯度下降法求 $J(\theta)$，得到 θ 的更新方式。

$$\theta_j = \theta_j - \alpha \frac{\partial}{\partial \theta_j} J(\theta), \quad j = 0, 1, \cdots, n$$

不断迭代，求解得到

$$\theta_0 = 115 - 1143, \quad \theta_1 = -0.4650, \quad \theta_2 = 9.3799$$

最终得到实际应用的预测公式：

$$h_\theta(x) = g(\theta^{\mathrm{T}} x) = \frac{1}{1 + \mathrm{e}^{-(115-1143-0.4650 x_{商业信用指数} + 9.3799 x_{竞争等级})}}$$

（4）用户筛选分类预测。

当有新用户时，根据客户资料计算出用户的商业信息指数和竞争等级，代入上述求解公式就可以得到用户贷款的概率，并以此决定是否给予用户贷款。

例如：

当 $x_{商业信用指数}=125,x_{竞争等级}=-2$ 时,可以得出结果 $p=\dfrac{1}{1+e^{60.7707}}=0$,则不放贷给用户。

当 $x_{商业信用指数}=50,x_{竞争等级}=1$ 时,可以得出结果 $p=\dfrac{1}{1+e^{-2.24437}}=0.9042$,则可以放贷给用户。

至此,基本完成一个机器学习模型在银行可放贷用户筛选场景中的实际应用。

小　结

本章主要介绍了传统机器学习的各种算法模型的理论基础,包括监督学习中的分类模型、非监督学习中的聚类模型、强化学习中的模型,以及神经网络模型中的一些基础模型。本章为每个模型都配备了实际的应用例子,以帮助各位读者加深对各种模型算法的认识和理解。希望读者能够通过通读这些内容,对机器学习领域的一些基础内容和模型有一定的了解。

习　题

1. 选择题

(1)"机器学习"致力于使用(　　)手段。

    A. 评估　　　　　　B. 计算　　　　　　C. 仿真　　　　　　D. 实验

(2)"机器学习"利用过往积累的关于描述事物的数据形成(　　)模型。

    A. 数学　　　　　　B. 物理　　　　　　C. 统计　　　　　　D. 网络

(3)属性维度/特征是指能够描述出目标事物(　　)的一些属性。

    A. 模型　　　　　　B. 行为　　　　　　C. 数据　　　　　　D. 样貌

(4)(　　)指现有的样本集没有做好标记,即没有给出目标结果,需要对已有维度的数据直接进行建模。

    A. 监督学习　　　　　　　　　　　B. 无监督学习

    C. 半监督学习和强化学习　　　　　D. 神经网络和深度学习

(5)朴素贝叶斯模型通常适用于维度(　　)的数据集。

    A. 较低　　　　　　B. 中等　　　　　　C. 较高　　　　　　D. 非常高

(6)决策树算法采用(　　)结构。

    A. 树状　　　　　　B. 网状　　　　　　C. 线性　　　　　　D. 环状

(7)(　　)代表决策结果。

    A. 根节点　　　　　　B. 叶节点　　　　　　C. 内部节点　　　　　　D. 外部节点

(8)(　　)是最早提出的决策树算法。

    A. ID3　　　　　　B. C4.5　　　　　　C. CART　　　　　　D. ALARP

(9)支持向量机是一种(　　)分类模型。

    A. 二　　　　　　B. 三　　　　　　C. 四　　　　　　D. 五

(10)凝聚层次聚类采用(　　)的策略。

    A. 自中心向外围　　B. 自外围向中心　　C. 自底向上　　D. 自顶向下

2. 判断题

（1）强化学习中有与监督学习中相同的明显的"label"。　　　　　　　（　　）

（2）策略是决定个体行为的机制。　　　　　　　　　　　　　　　　（　　）

（3）深度学习是机器学习的一个分支。　　　　　　　　　　　　　　（　　）

（4）前馈网络是整个神经元模型组成的网络中，信息朝着一个方向传播，同时有反向的回溯。　　　　　　　　　　　　　　　　　　　　　　　　　　　　（　　）

（5）卷积层的作用是在原图中把符合卷积核特征的特征提取出来，进而得到特征图。

　　　　　　　　　　　　　　　　　　　　　　　　　　　　　　　（　　）

（6）图网络的节点之间的连接不能是无向的。　　　　　　　　　　　（　　）

（7）聚类分析是机器学习中监督学习的重要部分。　　　　　　　　　（　　）

（8）线性判别分析的思想是"投影后类内方差最大，类间方差最小"。　（　　）

（9）机器学习的本质是让机器模拟人脑思维学习的过程。　　　　　　（　　）

（10）在神经网络中，最基本的组成成分是神经元模型。　　　　　　（　　）

3. 填空题

（1）监督学习在现有数据集中，既有指定_____，又指定_____。

（2）Logistic 回归常数被用于_____分类问题。

（3）决策树的生成包含特征选择、决策树的生成、_____这三个关键环节。

（4）支持向量机的基本想法是求解能够正确划分训练数据集并且几何间隔_____的分离超平面。

（5）Agnes 凝聚层次聚类将每一个_____当成一个初始簇。

（6）卷积神经网络通常由以下三层交叉堆叠组成：卷积层、_____、全连接层。

（7）当通过一定的连接方式将多个不同的神经元模型组合起来的时候，就变成了_____。

（8）_____是决定智能体行为的机制。

（9）基于密度的聚类算法是根据_____来进行聚类的。

（10）决策树剪枝的主要目的是防止模型的_____。

4. 问答题

（1）请简述强化学习与传统的监督学习和非监督学习的区别。

（2）为什么有人说强化学习是半监督学习的一种？

（3）请简述最小近邻算法的原理。

（4）划分式聚类方法一般会构造若干个分组，这些分组需要满足什么条件？

（5）请简述决策树模型生成的一般流程。

5. 应用题

（1）对于挂科、喝酒、逛街、学习 4 种行为，用 1 代表是，0 代表否，已知数据如表 3.13所示。

新给定一个样本，这个人没喝酒，没逛街，学习了，那么这个人挂科的概率和不挂科的概率哪个更大？（用朴素贝叶斯分类器解决问题。）

表 3.13　已知样本数据

挂科	喝酒	逛街	学习
1	1	1	0
0	0	0	1
0	1	0	1
1	1	0	0
1	0	1	0
0	0	1	1
0	0	1	0
1	0	0	0

(2) 假设有一工程项目,管理人员要根据天气状况决定开工方案。如果开工后天气好,可以给国家创收 3 万元;如果开工后天气差,将给国家带来损失 1 万元;如果不开工,将给国家带来损失 1 千元。已知开工后天气好的概率是 0.6,开工后天气差的概率是 0.4,请用决策树方案进行决策。

第 **4** 章

回 归 模 型

回归是指这样一类问题：通过统计分析一组随机变量 $x_1, x_2, \cdots, x_n$ 与另一组随机变量 $y_1, y_2, \cdots, y_n$ 之间的关系，得到一个可靠的模型，使得对于给定的 $\boldsymbol{x} = \{x_1, x_2, \cdots, x_n\}$，可以利用这个模型对 $\boldsymbol{y} = \{y_1, y_2, \cdots, y_n\}$ 进行预测。在这里，随机变量 $x_1, x_2, \cdots, x_n$ 被称为自变量，随机变量 $y_1, y_2, \cdots, y_n$ 被称为因变量。例如，在预测房价时，研究员们会选取可能对房价有影响的因素，例如，房屋面积、房屋楼层、房屋地点等作为自变量加入预测模型。研究的任务即建立一个有效的模型，能够准确表示出上述因素与房价之间的关系。

不失一般性，在本章讨论回归问题的时候，总是假设因变量只有一个。这是因为假设各因变量之间是相互独立的，因而多个因变量的问题可以分解成多个回归问题加以解决。在实际求解中，只需要使用比本章推导公式中的参数张量更高一阶的参数张量即可以很容易推广到多因变量的情况。

形式化地，在回归中有一些数据样本 $\{\langle \boldsymbol{x}^{(n)}, y^{(n)} \rangle\}_{n=1}^{N}$，通过对这些样本进行统计分析，获得一个预测模型 $f(\cdot)$，使得对于测试数据 $\boldsymbol{x} = \{x_1, x_2, \cdots, x_n\}$，可以得到一个较好的预测值：

$$y = f(\boldsymbol{x})$$

回归问题在形式上与分类问题十分相似，但是在分类问题中预测值 y 是一个离散变量，它代表着通过特征 $\boldsymbol{x}$ 所预测出来的类别；而在回归问题中，y 是一个连续变量。

在本章中，先介绍线性回归模型，然后推广到广义的线性模型，并以 Logistic 回归为例分析广义线性回归模型。

4.1 线 性 回 归

线性回归模型是指 $f(\cdot)$ 采用线性组合形式的回归模型，在线性回归问题中，因变量和自变量之间是线性关系的。对于第 i 个因变量 x_i，乘以权重系数 w_i，取 y 为因变量的线性组合：

$$y = f(\boldsymbol{x}) = w_1 x_1 + \cdots + w_n x_n + b$$

其中，b 为常数项。若令 $\boldsymbol{w} = (w_1, w_2, \cdots, w_n)$，则上式可以写成向量形式：

$$y = f(\boldsymbol{x}) = \boldsymbol{w}^{\mathrm{T}} \boldsymbol{x} + b$$

可以看到,w 和 b 决定了回归模型 $f(\cdot)$ 的行为。由数据样本得到 w 和 b 有许多方法,例如最小二乘法、梯度下降法。这里介绍最小二乘法求解线性回归中参数估计的问题。

直觉上,我们希望找到这样的 w 和 b,使得对于训练数据中每个样本点 $\langle x^{(n)}, y^{(n)} \rangle$,预测值 $f(x^{(n)})$ 与真实值 $y^{(n)}$ 尽可能接近。于是需要定义一种"接近"程度的度量,即误差函数。这里采用平均平方误差(mean square error)作为误差函数:

$$E = \sum_n \left[y^{(n)} - (w^{\mathrm{T}} x^{(n)} + b) \right]^2$$

为什么要选择这样一个误差函数呢?这是因为做出了这样的假设:给定 x,则 y 的分布服从如下高斯分布(如图 4.1 所示)。

$$p(y \mid x) \sim N(w^{\mathrm{T}} x + b, \sigma^2)$$

直观上,这意味着在自变量 x 取某个确定值的时候,数据样本点以回归模型预测的因变量 y 为中心、以 σ^2 为方差呈高斯分布。

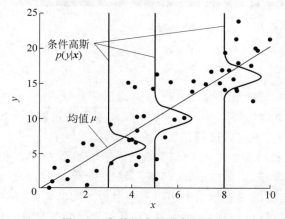

图 4.1 条件概率服从高斯分布

基于高斯分布的假设,得到条件概率 $p(y \mid x)$ 的对数似然函数:

$$L(w, b) = \log \left(\prod_n \exp \left(-\frac{1}{2\sigma^2} (y^{(n)} - w^{\mathrm{T}} x^{(n)} - b)^2 \right) \right)$$

即

$$L(w, b) = -\frac{1}{2\sigma^2} \sum_n (y^{(n)} - w^{\mathrm{T}} x^{(n)} - b)^2$$

做极大似然估计:

$$w, b = \underset{w, b}{\operatorname{argmax}} \, L(w, b)$$

由于对数似然函数中 σ 为常数,极大似然估计可以转换为

$$w, b = \underset{w, b}{\operatorname{argmin}} \sum_n (y^{(n)} - w^{\mathrm{T}} x^{(n)} - b)^2$$

这就是选择平方平均误差函数作为误差函数的概率解释。

我们的目标就是要最小化这样一个误差函数 E,具体做法可以令 E 对于参数 w 和 b 的偏导数为 0。由于问题变成了最小化平均平方误差,因此习惯上这种通过解析方法直接求解参数的做法被称为最小二乘法。

为了方便矩阵运算,将 E 表示成向量形式。令

$$Y = \begin{bmatrix} y^{(1)} \\ y^{(2)} \\ \vdots \\ y^{(n)} \end{bmatrix}$$

$$X = \begin{bmatrix} \boldsymbol{x}^{(1)} \\ \boldsymbol{x}^{(2)} \\ \vdots \\ \boldsymbol{x}^{(n)} \end{bmatrix} = \begin{bmatrix} x_1^{(1)} & \cdots & x_m^{(1)} \\ x_1^{(2)} & \cdots & x_m^{(2)} \\ & \vdots & \\ x_1^{(n)} & \cdots & x_m^{(n)} \end{bmatrix}$$

$$b = \begin{bmatrix} b_1 \\ b_2 \\ \vdots \\ b_n \end{bmatrix}, \quad b_1 = b_2 = \cdots = b_n$$

则 $\boldsymbol{E}$ 可表示为

$$E = (Y - Xw^{\mathrm{T}} - b)^{\mathrm{T}}(Y - Xw^{\mathrm{T}} - b)$$

由于 $\boldsymbol{b}$ 的表示较为烦琐,不妨更改一下 w 的表示,将 b 视为常数 1 的权重,令

$$\boldsymbol{w} = (w_1, w_2, \cdots, w_n, b)$$

相应地,对 $\boldsymbol{X}$ 做如下更改。

$$X = \begin{bmatrix} \boldsymbol{x}^{(1)}; 1 \\ \boldsymbol{x}^{(2)}; 1 \\ \vdots \\ \boldsymbol{x}^{(n)}; 1 \end{bmatrix} = \begin{bmatrix} x_1^{(1)} & \cdots & x_m^{(1)} & 1 \\ x_1^{(2)} & \cdots & x_m^{(2)} & 1 \\ & \vdots & \\ x_1^{(n)} & \cdots & x_m^{(n)} & 1 \end{bmatrix}$$

则 $\boldsymbol{E}$ 可表示为

$$E = (Y - Xw^{\mathrm{T}})^{\mathrm{T}}(Y - Xw^{\mathrm{T}})$$

对误差函数 E 求参数 w 的偏导数,得到

$$\frac{\partial E}{\partial w} = 2X^{\mathrm{T}}(Xw^{\mathrm{T}} - Y)$$

令偏导为 0,得到

$$w = (X^{\mathrm{T}}X)^{-1}X^{\mathrm{T}}Y$$

因此对于测试向量 x,根据线性回归模型预测的结果为

$$y = x((X^{\mathrm{T}}X)^{-1}X^{\mathrm{T}}Y)^{\mathrm{T}}$$

4.2 Logistic 回归

在 4.1 节中,假设随机变量 $x_1, x_2, \cdots, x_n$ 与 y 之间的关系是线性的,但在实际中,通常会遇到非线性关系,这个时候,可以使用一个非线性变换 $g(\cdot)$,使得线性回归模型 $f(\cdot)$ 实际上对 $g(y)$ 而非 y 进行拟合,即

$$y = g^{-1}(f(\boldsymbol{x}))$$

其中,$f(\cdot)$ 仍为

$$f(\boldsymbol{x}) = \boldsymbol{w}^{\mathrm{T}}\boldsymbol{x} + b$$

因此,这样的回归模型称为广义线性回归模型。

广义线性回归模型使用非常广泛。例如,在二元分类任务中,目标是拟合这样一个分离超平面 $f(\boldsymbol{x})=\boldsymbol{w}^{\mathrm{T}}\boldsymbol{x}+b$,使得目标分类 y 可表示为以下阶跃函数。

$$y=\begin{cases}0, & f(\boldsymbol{x})<0\\1, & f(\boldsymbol{x})>0\end{cases}$$

但是在分类问题中,由于 y 取离散值,这个阶跃判别函数是不可导的。不可导的性质使得许多数学方法不能使用。我们考虑使用一个函数 $\sigma(\cdot)$ 来近似这个离散的阶跃函数,通常可以使用 logistic()函数或 tanh()函数。

这里就 logistic()函数(如图 4.2 所示)的情况进行讨论。令

$$\sigma(x)=\frac{1}{1+\exp(-x)}$$

使用 logistic()函数替代阶跃函数:

$$\sigma(f(\boldsymbol{x}))=\frac{1}{1+\exp(-\boldsymbol{w}^{\mathrm{T}}\boldsymbol{x}-b)}$$

并定义条件概率:

$$p(y=1\mid\boldsymbol{x})=\sigma(f(\boldsymbol{x}))$$
$$p(y=0\mid\boldsymbol{x})=1-\sigma(f(\boldsymbol{x}))$$

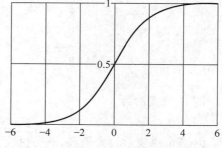
图 4.2　logistic()函数

这样就可以把离散取值的分类问题近似地表示为连续取值的回归问题,这样的回归模型称为 Logistic 回归模型。

在 logistic()函数中,$g^{-1}(x)=\sigma(x)$,若将 $g(\cdot)$ 还原为 $g(y)=\log\dfrac{y}{1-y}$ 的形式并移到等式一侧,得到

$$\log\frac{p(y=1\mid\boldsymbol{x})}{p(y=0\mid\boldsymbol{x})}=\boldsymbol{w}^{\mathrm{T}}\boldsymbol{x}+b$$

为了求得 Logistic 回归模型中的参数 $\boldsymbol{w}$ 和 b,下面对条件概率 $p(y\mid\boldsymbol{x};\boldsymbol{w},b)$ 做极大似然估计。

$p(y\mid\boldsymbol{x};\boldsymbol{w},b)$ 的对数似然函数为

$$\boldsymbol{L}(\boldsymbol{w},b)=\log\Big(\prod_n[\sigma(f(\boldsymbol{x}^{(n)}))]^{y^{(n)}}[1-\sigma(f(\boldsymbol{x}^{(n)}))]^{1-y^{(n)}}\Big)$$

即

$$\boldsymbol{L}(\boldsymbol{w},b)=\sum_n[y^{(n)}\log(\sigma(f(\boldsymbol{x}^{(n)})))+(1-y^{(n)})\log(1-\sigma(f(\boldsymbol{x}^{(n)})))]$$

这就是常用的交叉熵误差函数的二元形式。

似然函数 $\boldsymbol{L}(\boldsymbol{w},b)$ 的最大化问题直接求解比较困难,可以采用数值方法。常用的方法有牛顿迭代法、梯度下降法等。

4.3　用 PyTorch 实现 Logistic 回归

```
import torch
from torch import nn
from matplotlib import pyplot as plt
% matplotlib inline
```

4.3.1　数据准备

Logistic 回归常用于解决二分类问题,为了便于描述,分别从两个多元高斯分布 $\mathcal{N}_1(\mu_1,$ $\Sigma_1),\mathcal{N}_2(\mu_2,\Sigma_2)$ 中生成数据 X_1 和 X_2,这两个多元高斯分布分别表示两个类别,分别设置其标签为 y_1 和 y_2。

PyTorch 的 torch.distributions 提供了 MultivariateNormal 构建多元高斯分布。下面第 5～8 行设置两组不同的均值向量和协方差矩阵,μ_1 和 μ_2 是 2 维均值向量,Σ_1 和 Σ_2 是 2×2 维的协方差矩阵。在第 11、12 行,前面定义的均值向量和协方差矩阵作为参数传入 MultivariateNormal,就实例化了两个二元高斯分布 m_1 和 m_2。第 13、14 行调用 m_1 和 m_2 的 sample() 方法分别生成 100 个样本。

第 17、18 行设置样本对应的标签 y,分别用 0 和 1 表示不同高斯分布的数据,也就是正样本和负样本。第 21 行使用 cat() 函数将 x_1 和 x_2 组合在一起。第 22～24 行打乱样本和标签的顺序,将数据重新随机排列是十分重要的步骤,否则算法的每次迭代只会学习到同一个类别的信息,容易造成模型过拟合。

```
1 import numpy as np
2 from torch.distributions import MultivariateNormal
3
4 #设置两个高斯分布的均值向量和协方差矩阵
5 mu1 = -3 * torch.ones(2)
6 mu2 = 3 * torch.ones(2)
7 sigma1 = torch.eye(2) * 0.5
8 sigma2 = torch.eye(2) * 2
9
10 #从两个多元高斯分布中生成 100 个样本
11 m1 = MultivariateNormal(mu1, sigma1)
12 m2 = MultivariateNormal(mu2, sigma2)
13 x1 = m1.sample((100,))
14 x2 = m2.sample((100,))
15
16 #设置正负样本的标签
17 y = torch.zeros((200, 1))
18 y[100:] = 1
19
20 #组合、打乱样本
21 x = torch.cat([x1, x2], dim=0)
22 idx = np.random.permutation(len(x))
23 x = x[idx]
24 y = y[idx]
25
26 #绘制样本
27 plt.scatter(x1.numpy()[:,0], x1.numpy()[:,1])
28 plt.scatter(x2.numpy()[:,0], x2.numpy()[:,1])
```

上述代码的第 27、28 行将生成的样本用 plt.scatter() 绘制出来,绘制的结果如图 4.3 所示,可以很明显地看出多元高斯分布生成的样本聚成了两个簇,并且簇的中心分别处于不同的位置(多元高斯分布的均值向量决定了其位置),右上方簇的样本分布更加稀疏,而左下方簇的样本分布紧凑(多元高斯分布的协方差矩阵决定了分布形状)。读者可自行调整代码中第 5、6

行的参数,观察其变化。

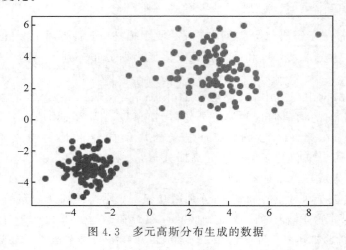

图 4.3 多元高斯分布生成的数据

4.3.2 线性方程

Logistic 回归用输入变量 X 的线性函数表示样本为正类的对数概率。torch. mm 中的 Linear 实现了 $y = x\boldsymbol{A}^\mathrm{T} + b$,可以直接调用它来实现 Logistic 回归的线性部分。

```
1 D_in, D_out = 2, 1
2 linear = nn.Linear(D_in, D_out, bias = True)
3 output = linear(x)
4
5 print(x.shape, linear.weight.shape, linear.bias.shape, output.shape)
6
7 def my_linear(x, w, b):
8    return torch.mm(x, w.t()) + b
9
10 torch.sum((output - my_linear(x, linear.weight, linear.bias)))
>>> torch.Size([200, 2]) torch.Size([1, 2]) torch.Size([1]) torch.Size([200, 1])
```

上面代码的第 1 行定义了线性模型的输入维度 D_in 和输出维度 D_out,因为前面定义的 2 维高斯分布 m_1 和 m_2 产生的变量是 2 维的,所以线性模型的输入维度应该定义为 D_in=2, 而 Logistic 回归是二分类模型,预测的是变量为正类的概率,所以输出的维度应该为 D_in= 1。第 2、3 行实例化了 nn. Linear,将线性模型应用到数据 x 上,得到计算结果 output。

Linear 的初始参数是随机设置的,可以调用 Linear. weight 和 Linear. bias 获取线性模型 的参数,第 5 行打印了输入变量 x、模型参数 weight 和 bias、计算结果 output 的维度。第 7、8 行定义了自己实现的线性模型 my_linear,第 10 行将 my_linear 的计算结果和 PyTorch 的计 算结果 output 做比较,可以发现其结果一致。

4.3.3 激活函数

前文介绍了 torch. nn. Linear 可用于实现线性模型,除此之外,它还提供了机器学习中常 用的激活函数,Logistic 回归用于二分类问题时,使用 sigmoid() 函数将线性模型的计算结果 映射到 0～1,得到的计算结果作为样本为正类的置信概率。torch. nn. Sigmoid() 提供了这一 函数的计算,在使用时,将 Sigmoid 类实例化,再将需要计算的变量作为参数传递给实例化的对象。

```
1 sigmoid = nn.Sigmoid()
2 scores = sigmoid(output)
3
4 def my_sigmoid(x):
5     x = 1 / (1 + torch.exp(-x))
6     return x
7
8 torch.sum(sigmoid(output) - sigmoid_(output))
>>> tensor(1.1190e-08, grad_fn=<SumBackward0>)
```

作为练习,第 4~6 行手工实现 sigmoid() 函数,第 8 行通过 PyTorch 验证实现结果,其结果一致。

4.3.4 损失函数

Logistic 回归使用交叉熵作为损失函数。PyTorch 的 torch.nn 提供了许多标准的损失函数,可以直接使用 torch.nn.BCELoss 计算二值交叉熵损失。下面代码中第 1、2 行调用了 BCELoss 来计算我们实现的 Logistic 回归模型的输出结果 sigmoid(output) 和数据的标签 y,同样地,在第 4~6 行自定义了二值交叉熵函数,在第 8 行将 my_loss 和 PyTorch 的 BCELoss 做比较,发现结果无差。

```
1 loss = nn.BCELoss()
2 loss(sigmoid(output), y)
3
4 def my_loss(x, y):
5     loss = - torch.mean(torch.log(x) * y + torch.log(1 - x) * (1 - y))
6     return loss
7
8 loss(sigmoid(output), y) - my_loss(sigmoid_(output), y)
>>> tensor(5.9605e-08, grad_fn=<SubBackward0>)
```

在前面的代码中,使用了 torch.nn 包中的线性模型 nn.Linear、激活函数 nn.Softmax()、损失函数 nn.BCELoss(),它们都继承于 nn.Module 类。在 PyTorch 中,通过继承 nn.Module 来构建自己的模型。接下来用 nn.Module 来实现 logistic regression。

```
1 import torch.nn as nn
2
3 class LogisticRegression(nn.Module):
4     def __init__(self, D_in):
5         super(LogisticRegression, self).__init__()
6         self.linear = nn.Linear(D_in, 1)
7         self.sigmoid = nn.Sigmoid()
8     def forward(self, x):
9         x = self.linear(x)
10        output = self.sigmoid(x)
11        return output
12
13 lr_model = LogisticRegression(2)
```

```
14 loss = nn.BCELoss()
15 loss(lr_model(x), y)
>>> tensor(0.8890, grad_fn = < BinaryCrossEntropyBackward >)
```

通过继承 nn. Module 实现自己的模型时,forward()方法是必须被子类复写的,在forward()内部应当定义每次调用模型时执行的计算。从前面的应用中可以看出,nn. Module 类的主要作用就是接收 Tensor 然后计算并返回结果。

在一个 Module 中,还可以嵌套其他的 Module,被嵌套的 Module 的属性就可以被自动获取,例如,可以调用 nn. Module. parameters()方法获取 Module 所有保留的参数,调用 nn. Module. to()方法将模型的参数放置到 GPU 上等。

```
1 class MyModel(nn.Module):
2     def __init__(self):
3         super(MyModel, self).__init__()
4         self.linear1 = nn.Linear(1, 1, bias = False)
5         self.linear2 = nn.Linear(1, 1, bias = False)
6     def forward(self):
7         pass
8
9 for param in MyModel().parameters():
10    print(param)
>>> Parameter containing:
    tensor([[0.3908]], requires_grad = True)
    Parameter containing:
    tensor([[ - 0.8967]], requires_grad = True)
```

4.3.5 优化算法

Logistic 回归通常采用梯度下降法优化目标函数。PyTorch 的 torch. optim 包实现了大多数常用的优化算法,使用起来非常简单。首先构建一个优化器,在构建时,首先需要将待学习的参数传入,然后传入优化器需要的参数,如学习率。

```
1 from torch import optim
2
3 optimizer = optim.SGD(lr_model.parameters(), lr = 0.03)
```

构建完优化器,就可以迭代地对模型进行训练。有两个步骤,其一是调用损失函数的backward()方法计算模型的梯度,然后再调用优化器的 step()方法更新模型的参数。需要注意的是,首先应当调用优化器的 zero_grad()方法清空参数的梯度。

```
1 batch_size = 10
2 iters = 10
3 # for input, target in dataset:
4 for _ in range(iters):
5     for i in range(int(len(x)/batch_size)):
6         input = x[i * batch_size:(i + 1) * batch_size]
7         target = y[i * batch_size:(i + 1) * batch_size]
```

```
8          optimizer.zero_grad()
9          output = lr_model(input)
10         l = loss(output, target)
11         l.backward()
12         optimizer.step()
>>> 模型准确率为: 1.0
```

4.3.6 模型可视化

Logistic 回归模型的判决边界在高维空间是一个超平面,而我们的数据集是 2 维的,所以判决边界只是平面内的一条直线,在线的一侧被预测为正类,另一侧则被预测为负类。下面实现了 draw_decision_boundary() 函数,它接收线性模型的参数 w 和 b,以及数据集 x,绘制判决边界的方法十分简单,如第 10 行,只需要计算一些数据在线性模型的映射值,即 $x_1 = (-b - w_0 x_0)/w_1$,然后调用 plt.plot 绘制线条即可。绘制的结果如图 4.4 所示。

```
1 pred_neg = (output <= 0.5).view(-1)
2 pred_pos = (output > 0.5).view(-1)
3 plt.scatter(x[pred_neg, 0], x[pred_neg, 1])
4 plt.scatter(x[pred_pos, 0], x[pred_pos, 1])
5
6 w = lr_model.linear.weight[0]
7 b = lr_model.linear.bias[0]
8
9 def draw_decision_boundary(w, b, x0):
10     x1 = (-b - w[0] * x0) / w[1]
11     plt.plot(x0.detach().numpy(), x1.detach().numpy(), 'r')
12
13 draw_decision_boundary(w, b, torch.linspace(x.min(), x.max(), 50))
```

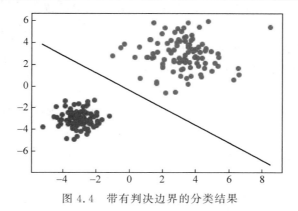

图 4.4 带有判决边界的分类结果

小 结

Logistic 回归是深度学习中最基础的非线性模型之一。作为铺垫,在介绍 Logistic 回归以前,本章首先介绍了线性回归。线性回归的预测目标是连续变量,而 Logistic 回归的预测目标是二元变量。为了应对这一差异,Logistic 回归在线性回归的基础上加入了 Sigmoid 激活函数。本章最后使用 PyTorch 实现了 Logistic 回归模型,读者可以通过这个例子进一步体会深度学习模型构建的整体流程以及框架编程的简便性。

习　题

1. 选择题

(1) 线性回归模型是指 $f(\cdot)$ 采用(　　)组合形式的回归模型,因变量和自变量的关系是(　　)。

  A. 线性,线性　　　 B. 非线性,线性　　 C. 线性,非线性　　 D. 非线性,非线性

(2) 在利用 PyTorch 实现 Logistic 回归时,采用(　　)构建多元高斯分布。

  A. torchvision1　　 B. transforms

  C. ToPILImage　　 D. MultivariateNormal

(3) Logistic 回归用于二分类问题时,使用(　　)函数将线性模型的计算结果映射到 0~1,得到的计算结果作为样本为正类的置信概率。

  A. torch.zeros　　 B. log_softmax

  C. sigmoid()　　 D. Dlog_softmax(x)

(4) Logistic 回归通常采用(　　)方法优化目标函数。

  A. 动量算法　　 B. 随机梯度下降法

  C. RMSProp　　 D. Adam 算法

(5) Logistic 回归模型的判决边界在高维空间是一个超平面,当数据集是 2 维时,判决边界是平面内的(　　)。

  A. 点　　 B. 直线　　 C. 有界平面图形　　 D. 有限线段

2. 判断题

(1) 在回归问题的实际求解中,可以使用比推导公式中参数张量更高一阶的参数张量推广到多因变量情况。(　　)

(2) Logistic 回归是二分类模型,预测的是变量为正类的概率。(　　)

(3) torch.nn 提供了机器学习当中常用的激活函数。(　　)

(4) Logsitic 回归使用交叉熵作为补偿函数。(　　)

(5) 在进行函数优化的过程中,当构建完优化器后,还不能迭代地对模型进行训练。(　　)

3. 填空题

(1) 请写出有 i 个自变量 x 的 y 线性回归方程形式:_____。

(2) torch.nn 中的_____实现了 $y=x\boldsymbol{A}^{\mathrm{T}}+b$。

(3) 在使用 sigmoid() 函数时,将 Sigmoid _____,再将需要计算的变量作为参数传递给实例化的对象。

(4) torch.nn 提供了许多标准的损失函数,可以直接使用 torch.nn.BCELoss 计算_____。

(5) 在构建函数优化器时,首先需要将学习的参数传入,然后传入优化器需要的参数,如_____。

4. 问答题

（1）请简述 Logistic 回归模型可视化的具体过程。

（2）Logistic 回归模型中，偏回归系数 β_j 的解释意义是什么？

（3）请解释什么是复相关系数。

（4）请解释什么是确定系数。

（5）请解释什么是系数比。

5. 应用题

（1）如果 label＝$\{-1,+1\}$，给出 LR 的损失函数。

（2）逻辑回归在训练的过程当中，如果有很多的特征高度相关或者说有一个特征重复了 100 遍，会造成怎样的影响？

第 **5** 章

神经网络基础

人工智能的研究者为了模拟人类的认知（cognition），提出了不同的模型。人工神经网络（Artificial Neural Network，ANN）是人工智能中非常重要的一个学派——连接主义（connectionism）最为广泛使用的模型。

传统上，基于规则的符号主义（symbolism）学派认为，人类的认知是基于信息中的模式；而这些模式可以被表示成为符号，并可以通过操作这些符号，显式地使用逻辑规则进行计算与推理。但是要用数理逻辑模拟人类的认知能力却是一件困难的事情，因为人类大脑是一个非常复杂的系统，拥有着大规模并行式、分布式的表示与计算能力、学习能力、抽象能力和适应能力。

而基于统计的连接主义的模型则从脑神经科学中获得启发，试图将认知所需的功能属性结合到模型中来，通过模拟生物神经网络的信息处理方式来构建具有认知功能的模型。类似于生物神经元与神经网络，这类模型具有以下三个特点。

（1）拥有处理信号的基础单元。

（2）处理单元之间以并行方式连接。

（3）处理单元之间的连接是有权重的。

这一类模型被称为人工神经网络，多层感知机是最为简单的一种。

5.1 基础概念

神经元：神经元（如图 5.1 所示）是基本的信息操作和处理单位。它接收一组输入，将这组输入加权求和后，由激活函数来计算该神经元的输出。

输入：一个神经元可以接收一组张量作为输入 $\boldsymbol{x} = \{x_1, x_2, \cdots, x_n\}^{\mathrm{T}}$。

连接权值：连接权值向量为一组张量 $W = \{w_1, w_2, \cdots, w_n\}$，其中，$w_i$ 对应输入 x_i 的连接权值；神经元将输入进行加权求和：

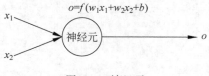

图 5.1 神经元

$$sum = \sum_i w_i x_i$$

写成向量形式：

$$sum = Wx$$

偏置：有时候加权求和时会加上一项常数项 b 作为偏置；其中，张量 b 的形状要与 Wx 的形状保持一致。

$$sum = Wx + b$$

激活函数：激活函数 $f(\cdot)$ 被施加到输入加权和 **sum** 上，产生神经元的输出；这里，若 **sum** 为大于 1 阶的张量，则 $f(\cdot)$ 被施加到 **sum** 的每一个元素上。

$$o = f(sum)$$

常用的激活函数有以下几个。

（1）softmax()（如图 5.2 所示）：适用于多元分类问题，作用是将分别代表 n 个类的 n 个标量归一化，得到这 n 个类的概率分布。

$$softmax(x_i) = \frac{\exp(x_i)}{\sum_j \exp(x_j)}$$

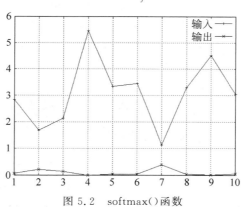

图 5.2　softmax()函数

（2）sigmoid()（如图 5.3 所示）：通常为 logistic() 函数。适用于二元分类问题，是 Softmax 的二元版本。

$$\sigma(x) = \frac{1}{1 + \exp(-x)}$$

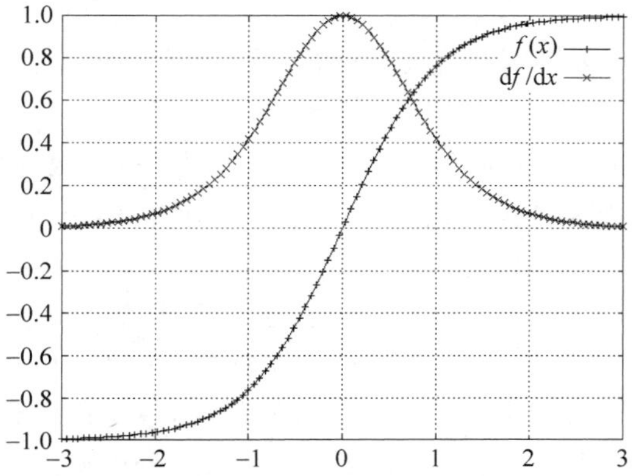

图 5.3　sigmoid()函数

(3) tanh()(如图 5.4 所示)：为 logistic()函数的变体。

$$\tanh(x) = \frac{2\sigma(x) - 1}{2\sigma^2(x) - 2\sigma(x) + 1}$$

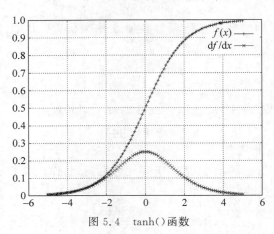

图 5.4　tanh()函数

（4）ReLU()(如图 5.5 所示)：即修正线性单元(rectified linear unit)。根据公式，ReLU 具备引导适度稀疏的能力，因为随机初始化的网络只有一半处于激活状态；并且不会像 Sigmoid 那样出现梯度消失(vanishing gradient)的问题。

$$\text{ReLU}(x) = \max(0, x)$$

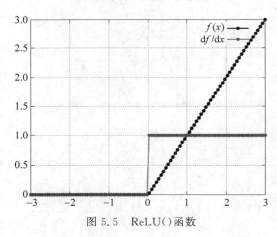

图 5.5　ReLU()函数

输出：激活函数的输出 o 即为神经元的输出。一个神经元可以有多个输出 $o_1, o_2, \cdots, o_m$ 对应于不同的激活函数 $f_1, f_2, \cdots, f_m$。

神经网络：神经网络是一个有向图，以神经元为顶点，神经元的输入为顶点的入边，神经元的输出为顶点的出边。因此神经网络实际上是一个计算图(computational graph)，直观地展示了一系列对数据进行计算操作的过程。

神经网络是一个端到端(end-to-end)的系统，这个系统接收一定形式的数据作为输入，经过系统内的一系列计算操作后，给出一定形式的数据作为输出；由于神经网络内部进行的各种操作与中间计算结果的意义通常难以进行直观的解释，系统内的运算可以被视为一个黑箱子，这与人类的认知在一定程度上具有相似性：人类总是可以接收外界的信息(视、听)，并向外界输出一些信息(言、行)，而医学界对信息输入大脑后是如何进行处理的则知之甚少。

通常地，直观起见，人们对神经网络中的各节点进行了层次划分，如图 5.6 所示。

输入层：接收来自网络外部的数据的节点，组成输入层。

输出层：向网络外部输出数据的节点，组成输出层。

隐藏层：除了输入层和输出层以外的其他层，均为隐藏层。

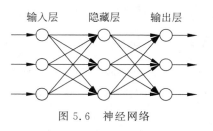

图 5.6 神经网络

训练：神经网络被预定义的部分是计算操作（computational operation），而要使得输入数据通过这些操作之后得到预期的输出，则需要根据一些实际的例子，对神经网络内部的参数进行调整与修正；这个调整与修正内部参数的过程称为训练，训练中使用的实际的例子称为**训练样例**。

监督训练：在监督训练中，训练样本包含神经网络的输入与预期输出；在监督训练中，对于一个训练样本 $\langle X, Y \rangle$，将 X 输入神经网络，得到输出 Y'；通过一定的标准计算 Y' 与 Y 之间的**训练误差**（training error），并将这种误差反馈给神经网络，以便神经网络调整连接权重及偏置。

非监督训练：在非监督训练中，训练样本仅包含神经网络的输入。

5.2 感 知 器

感知器（也称为感知机）的概念由 Rosenblatt Frank 在 1957 年提出，是一种监督训练的二元分类器。

5.2.1 单层感知器

考虑一个只包含一个神经元的神经网络。这个神经元有两个输入 x_1, x_2，权值为 w_1, w_2。其激活函数为符号函数：

$$f(x) = \mathrm{sgn}(x) = \begin{cases} -1, & x < 0 \\ 1, & x \geqslant 0 \end{cases}$$

根据**感知器训练算法**，在训练过程中，若实际输出的激活状态 o 与预期输出的激活状态 y 不一致，则权值按以下方式更新。

$$w' \leftarrow w + \alpha \cdot (y - o) \cdot x$$

其中，w' 为更新后的权值，w 为原权值，y 为预期输出，x 为输入；α 称为**学习率**，学习率可以为固定值，也可以在训练中适应地调整。

例如，设定学习率 $\alpha = 0.01$，把权值初始化为 $w_1 = -0.2, w_2 = 0.3$，若有训练样例 $x_1 = 5$，$x_2 = 2; y = 1$，则实际输出与期望输出不一致。

$$o = \mathrm{sgn}(-0.2 \times 5 + 0.3 \times 2) = -1$$

因此对权值进行调整：

$$w_1 = -0.2 + 0.01 \times 2 \times 5 = -0.1$$
$$w_2 = 0.3 + 0.01 \times 2 \times 2 = 0.34$$

直观上来说，权值更新向着损失减小的方向进行，即网络的实际输出 o 越来越接近预期的输出 y。从这个例子中看到，经过以上一次权值更新之后，这个样例输入的实际输出 $o = \mathrm{sgn}(-0.1 \times 5 + 0.34 \times 2) = 1$，已经与正确的输出一致。

只需要对所有的训练样例重复以上的步骤,直到所有样本都得到正确的输出即可。

5.2.2 多层感知器

单层感知器可以拟合一个超平面 $y=ax_1+bx_2$,适合于线性可分的问题,而对于线性不可分的问题则无能为力。考虑异或函数作为激活函数的情况:

$$f(x_1,x_2) = \begin{cases} 0, & x_1 = x_2 \\ 1, & x_1 \neq x_2 \end{cases}$$

异或函数需要两个超平面才能进行划分。由于单层感知器无法克服线性不可分的问题,人们后来又引入了多层感知器(Multi-Layer Perceptron,MLP),如图 5.7所示,实现了异或运算。

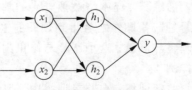

图 5.7 多层感知器

多层感知器的隐藏层神经元 h_1、h_2 相当于两个感知器,分别构造两个超平面中的一个。

5.3 BP 神经网络

在多层感知器被引入的同时,也引入了一个新的问题:由于隐藏层的预期输出并没有在训练样例中给出,隐藏层节点的误差无法像单层感知器那样直接计算得到。为了解决这个问题,后向传播(Back Propagation,BP)算法被引入,其核心思想是将误差由输出层向前层后向传播,利用后一层的误差来估计前一层的误差。后向传播算法由 Henry J. Kelley 在 1960 年和 Arthur E. Bryson 在 1961 年分别提出。使用后向传播算法训练的网络称为 BP 神经网络。

5.3.1 梯度下降

为了使得误差可以后向传播,梯度下降(gradient descent)的算法被采用,其思想是在权值空间中朝着误差下降最快的方向搜索,找到局部的最小值,如图 5.8 所示。

$$w \leftarrow w + \Delta w$$

$$\Delta w = -\alpha \nabla \mathrm{Loss}(w) = -\alpha \frac{\partial \mathrm{Loss}}{\partial w}$$

其中,w 为权值,α 为学习率,Loss(·)为**损失函数**(loss function)。损失函数的作用是计算实际输出与期望输出之间的误差。

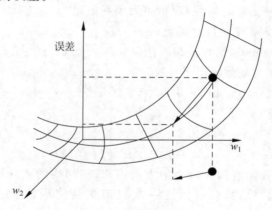

图 5.8 梯度下降

常用的损失函数有以下几个。

（1）平均平方误差（Mean Squared Error，MSE），实际输出为 o_i，预期输出为 y_i。

$$\mathrm{Loss}(o,y) = \frac{1}{n} \sum_{i=1}^{n} \mid o_i - y_i \mid^2$$

（2）交叉熵（Cross Entropy，CE）。

$$\mathrm{Loss}(x_i) = -\log\left(\frac{\exp(x_i)}{\sum_j \exp(x_j)}\right)$$

由于求偏导需要激活函数是连续的，而符号函数不满足连续的要求，因此通常使用连续可微的函数，如 sigmoid() 函数作为激活函数。特别地，sigmoid() 函数具有良好的求导性质：

$$\sigma' = \sigma(1 - \sigma)$$

使得计算偏导时较为方便，因此被广泛应用。

5.3.2　后向传播

使得误差后向传播的关键在于利用求偏导的链式法则。我们知道，神经网络是直观展示的一系列计算操作，每个节点可以用一个 $f_i(\cdot)$ 函数来表示。

如图 5.9 所示的神经网络则可表达为一个以 $w_1, w_2, \cdots, w_6$ 为参量，$i_1, i_2, \cdots, i_4$ 为变量的函数：

$$o = f_3(w_6 \cdot f_2(w_5 \cdot f_1(w_1 \cdot i_1 + w_2 \cdot i_2) + w_3 \cdot i_3) + w_4 \cdot i_4)$$

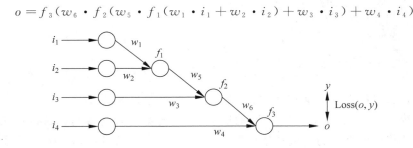

图 5.9　链式法则与后向传播

在梯度下降中，为了求得 Δw_k，需要用链式规则去求 $\dfrac{\partial \mathrm{Loss}}{\partial w_k}$。例如，求 $\dfrac{\partial \mathrm{Loss}}{\partial w_1}$：

$$\frac{\partial \mathrm{Loss}}{\partial w_1} = \frac{\partial \mathrm{Loss}}{\partial f_3} \frac{\partial f_3}{\partial f_2} \frac{\partial f_2}{\partial f_1} \frac{\partial f_1}{\partial w_1}$$

通过这种方式，误差得以后向传播到并用于更新每个连接权值，使得神经网络在整体上逼近损失函数的局部最小值，从而达到训练目的。

5.4　Dropout 正则化

Dropout 是一种正则化技术，通过防止特征的协同适应（co-adaptations），可用于减少神经网络中的过拟合。Dropout 的效果非常好，实现简单且不会降低网络速度，被广泛使用。

特征的协同适应指的是在训练模型时，共同训练的神经元为了相互弥补错误，而相互关联的现象，在神经网络中这种现象会变得尤其复杂。协同适应会转而导致模型的过度拟合，因为协同适应的现象并不会泛化未曾见过的数据。Dropout 从解决特征间的协同适应入手，有效地控制了神经网络的过拟合。

Dropout 在每次训练中,按照一定概率 p 随机地抑制一些神经元的更新,相应地,按照概率 $1-p$ 保留一些神经元的更新。当神经元被抑制时,它的前向结果被置为 0,而不管相应的权重和输入数据的数值大小。被抑制的神经元在后向传播中,也不会更新相应权重,也就是说,被抑制的神经元在前向和后向中都不起任何作用。通过随机地抑制一部分神经元,可以有效地防止特征的相互适应。

　　Dropout 的实现方法非常简单,参考如下代码,第 3 行生成了一个随机数矩阵 activations,表示神经网络中隐含层的激活值,第 4、5 行构建了一个参数 $p=0.5$ 的伯努利分布,并从中采样一个由伯努利变量组成的掩码矩阵 mask,伯努利变量是只有 0 和 1 两种取值可能性的离散变量。第 6 行将 mask 和 activations 逐元素相乘,mask 中数值为 0 的变量会将相应的激活值置为 0,从而这一激活值无论它本来的数值多大都不会参与到当前网络中更深层的计算,而mask 中数值为 1 的变量则会保留相应的激活值。

```
1 from torch.distributions import Bernoulli
2
3 activations = torch.rand((5, 5))
4 m = Bernoulli(0.5)
5 mask = m.sample(activations.shape)
6 activations *= mask
7 print(activations)
>>> tensor([[0.0000, 0.5935, 0.0975, 0.0000, 0.5066],
            [0.0000, 0.6437, 0.1462, 0.9188, 0.0000],
            [0.8829, 0.6852, 0.0000, 0.0000, 0.5704],
            [0.0000, 0.6003, 0.0000, 0.4777, 0.0000],
            [0.0000, 0.9796, 0.0000, 0.1457, 0.0000]])
```

　　因为 Dropout 对神经元的抑制是按照概率 p 随机发生的,所以使用了 Dropout 的神经网络。在每次训练中,学习的几乎都是一个新的网络。另外的一种解释是,Dropout 在训练一个共享部分参数的集成模型。为了模拟集成模型的方法,使用了 Dropout 的网络需要使用到所有的神经元,所以在测试时,Dropout 将激活值乘上一个尺度缩放系数 $1-p$ 以恢复在训练时按概率 p 随机地丢弃神经元所造成的尺度变换,其中的 p 就是在训练时抑制神经元的概率。在实践中(同时也是 PyTorch 的实现方式),通常采用 Inverted Dropout 的方式。在训练时对激活值乘上尺度缩放系数 $\dfrac{1}{1-p}$,而在测试时则什么都不需要做。

　　Dropout 会在训练和测试时做出不同的行为,PyTorch 的 torch.nn.Module 提供了 train()方法和 eval()方法,通过调用这两个方法就可以将网络设置为训练模式或测试模式,这两个方法只对 Dropout 这种训练和测试不一致的网络层起作用,而不影响其他的网络层,后面介绍的 BatchNormalization 也是训练和测试步骤不同的网络层。

　　下面通过两个实例说明 Dropout 在训练模式和测试模式下的区别,第 5~8 行执行了统计 Dropout 影响到的神经元数量,注意因为 PyTorch 的 Dropout 采用了 Inverted Dropout,所以在第 8 行对 activations 乘以 $1/(1-p)$,以对应 Dropout 的尺度变换。结果发现它大约影响了 50% 的神经元,这一数值和设置的 $p=0.5$ 基本一致,换句话说,p 的数值越高,训练中的模型就越精简。第 14~17 行统计了 Dropout 在测试时影响到的神经元数量,结果发现它并没有影响到任何神经元,也就是说,Dropout 在测试时并不改变网络的结构。

```
 1 p, count, iters, shape = 0.5, 0., 50, (5,5)
 2 dropout = nn.Dropout(p)
 3 dropout.train()
 4
 5 for _ in range(iters):
 6     activations = torch.rand(shape) + 1e-5
 7     output = dropout(activations)
 8     count += torch.sum(output == activations * (1/(1-p)))
 9
10 print("train 模式 Dropout 影响了{}的神经元".format(1 - float(count)/(activations.
   nelement() * iters)))
11
12 count = 0
13 dropout.eval()
14 for _ in range(iters):
15     activations = torch.rand(shape) + 1e-5
16     output = dropout(activations)
17     count += torch.sum(output == activations)
18 print("eval 模式 Dropout 影响了{}的神经元".format(1 - float(count)/(activations.
   nelement() * iters)))
>>> train 模式 Dropout 影响了 0.49119999999999997 的神经元
>>> eval 模式 Dropout 影响了 0.0 的神经元
```

5.5　批标准化

在训练神经网络时,往往需要标准化(normalization)输入数据,使得网络的训练更加快速和有效,然而 SGD 等学习算法会在训练中不断改变网络的参数,隐含层的激活值的分布会因此发生变化,而这一种变化就称为内协变量偏移(Internal Covariate Shift,ICS)。

为了减轻 ICS 问题,批标准化(Batch Normalization)固定激活函数的输入变量的均值和方差,使得网络的训练更快。除了加速训练这一优势,Batch Normalization 还具备其他功能:首先,应用了 Batch Normalization 的神经网络在反向传播中有非常好的梯度流,这样,神经网络对权重的初值和尺度依赖性减少,能够使用更高的学习率,却降低了不收敛的风险。不仅如此,Batch Normalization 还具有正则化的作用,Dropout 也就不再需要了。最后,Batch Normalization 让深度神经网络使用饱和非线性函数成为可能。

5.5.1　Batch Normalization 的实现方式

Batch Normalization 在训练时,用当前训练批次的数据单独地估计每一激活值 $x^{(k)}$ 的均值和方差,为了方便,接下来只关注某一个激活值 $x^{(k)}$,并将 k 省略掉,现定义当前批次为具有 m 个激活值的 β:

$$\beta = x_{1\ldots m}$$

首先,计算当前批次激活值的均值和方差:

$$\mu_\beta = \frac{1}{m}\sum_{i=1}^{m} x_i$$

$$\delta_\beta^2 = \frac{1}{m}\sum_{i=1}^{m}(x_i - \mu_\beta)^2$$

然后用计算好的均值 μ_β 和方差 δ_β^2 标准化这一批次的激活值 x_i，得到 $\hat{x_i}$，为了避免除 0，ε 被设置为一个非常小的数字，在 PyTorch 中，默认设为 1e−5。

$$\hat{x_i} = \frac{x_i - \mu_\beta}{\delta_\beta^2 + \varepsilon}$$

这样，就固定了当前批次 β 的分布，使得其服从均值为 0，方差为 1 的高斯分布。但是标准化有可能会降低模型的表达能力，因为网络中的某些隐含层很有可能就是需要输入数据是非标准化分布的。所以，Batch Normalization 对标准化的变量 x_i 加了一步仿射变换 $y_i = \gamma \hat{x_i} + \beta$，添加的两个参数 γ 和 β 用于恢复网络的表示能力，它和网络原本的权重一起训练。在 PyTorch 中，β 初始化为 0，而 γ 则从均匀分布 $u(0,1)$ 随机采样。当 $\gamma = \sqrt{\mathrm{Var}[x]}$ 且 $\beta = E[x]$ 时，标准化的激活值则完全恢复成原始值，这完全由训练中的网络自己决定。训练完毕后，γ 和 β 作为中间状态保存下来。在 PyTorch 的实现中，Batch Normalization 在训练时还会计算移动平均化的均值和方差：

running_mean = (1−momentum)×running_mean+momentum×μ_β

running_var = (1−momentum)×running_var+momentum×δ_β^2

momentum 默认为 0.1，running_mean 和 running_var 在训练完毕后保留，用于模型验证。

Batch Normalization 在训练完毕后，保留了两个参数 β 和 γ，以及两个变量 running_mean 和 running_var。在模型做验证时，做如下变换。

$$y = \frac{\gamma}{\sqrt{\mathrm{running\_var} + \varepsilon}} \cdot x + \left(\beta - \frac{\gamma}{\sqrt{\mathrm{running\_var} + \varepsilon}} \cdot \mathrm{running\_mean}\right)$$

5.5.2 Batch Normalization 的使用方法

在 PyTorch 中，torch. nn. BatchNorm1d 提供了 Batch Normalization 的实现，同样地，它也被当作神经网络中的层使用。它有两个十分关键的参数：num_features 确定特征的数量，affine 决定 Batch Normalization 是否使用仿射映射。

下面的代码第 4 行实例化了一个 BatchNorm1d 对象，它接收特征数量 num_features = 5 的数据，所以模型的两个中间变量 running_mean 和 running_var 就会被初始化为 5 维的向量，用于统计移动平均化的均值和方差。第 5、6 行打印了这两个变量的数据，可以很直观地看到它们的初始化方式。第 9～11 行从标准高斯分布采样了一些数据然后提供给 Batch Normalization 层。第 14、15 行打印了变化后的 running_mean 和 running_var，可以发现它们的数值发生了一些变化但是基本维持了标准高斯分布的均值和方差数值。第 17～24 行验证了如果将模型设置为 eval 模式，这两个变量不会发生任何变化。

```
1 import torch
2 from torch import nn
3
4 m = nn.BatchNorm1d(num_features = 5, affine = False)
5 print("BEFORE:")
6 print("running_mean:", m. running_mean)
7 print("running_var:" ,m. running_var)
```

```
 8
 9 for _ in range(100):
10     input = torch.randn(20, 5)
11     output = m(input)
12
13 print("AFTER:")
14 print("running_mean:", m.running_mean)
15 print("running_var:",m.running_var)
16
17 m.eval()
18 for _ in range(100):
19     input = torch.randn(20, 5)
20     output = m(input)
21
22 print("EVAL:")
23 print("running_mean:", m.running_mean)
24 print("running_var:",m.running_var)
>>> BEFORE:
    running_mean: tensor([0., 0., 0., 0., 0.])
    running_var: tensor([1., 1., 1., 1., 1.])
>>> AFTER:
    running_mean: tensor([-0.0226, 0.0298, 0.0348, 0.0381, -0.0318])
    running_var: tensor([1.0367, 1.0094, 1.1143, 0.9406, 1.0035])
>>> EVAL:
    running_mean: tensor([-0.0226, 0.0298, 0.0348, 0.0381, -0.0318])
    running_var: tensor([1.0367, 1.0094, 1.1143, 0.9406, 1.0035])
```

上面代码的第 4 行设置了 affine＝False，也就是不对标准化后的数据采用仿射变换，关于仿射变换的两个参数 β 和 γ 在 BatchNorm1d 中称为 weight 和 bias。下面代码的第 4、5 行打印了这两个变量，很显然，因为关闭了仿射变换，所以这两个变量被设置为 None。现在，再实例化一个 BatchNorm1d 对象 m_affine，但是这次设置 affine＝True，然后在第 9、10 行打印 m_affine.weight，m_affine.bias。可以看到，正如前面描述的那样，γ 从均匀分布 $u(0,1)$ 随机采样，而 β 被初始化为 0。另外应当注意，m_affine.weight 和 m_affine.bias 的类型均为 Parameter，也就是说，它们和线性模型的权重是一种类型，参与模型的训练，而 running_mean 和 running_var 的类型为 Tensor，这样的变量在 PyTorch 中称为 buffer。buffer 不影响模型的训练，仅作为中间变量更新和保存。

```
 1 import torch
 2 from torch import nn
 3
 4 print("no affine, gamma:", m.weight)
 5 print("no affine, beta :", m.bias)
 6
 7 m_affine = nn.BatchNorm1d(num_features = 5, affine = True)
 8 print('')
 9 print("with affine, gamma:", m_affine.weight, type(m_affine.weight))
10 print("with affine, beta:", m_affine.bias, type(m_affine.bias))
>>> no affine, gamma: None
>>> no affine, beta : None
```

```
>>>
>>> with affine, gamma: Parameter containing:
    tensor([0.5346, 0.3419, 0.2922, 0.0933, 0.6641], requires_grad = True) < class 'torch. nn.
parameter. Parameter'>
>>> with affine, beta: Parameter containing:
    tensor([0., 0., 0., 0., 0.], requires_grad = True) < class 'torch. nn. parameter. Parameter'>
```

小　结

感知器模型可以算得上是深度学习的基石。最初的单层感知器模型就是为了模拟人脑神经元提出的,但是就连异或运算都无法模拟。经过多年的研究,人们终于提出了多层感知器模型,用于拟合任意函数。结合高效的 BP 算法,神经网络终于诞生。尽管目前看来,BP 神经网络已经无法胜任许多工作,但是从发展的角度来看,BP 神经网络仍是学习深度学习不可不知的重要部分。本章的最后两节介绍了常用的训练技巧,这些技巧可以有效地提升模型表现,避免过拟合。

习　题

1. 选择题

(1) 一个神经元可以接收(　　)组张量作为输入。
　　A. 一　　　　　　　B. 二　　　　　　　C. 三　　　　　　　D. 四

(2) 加权求和时有时候会加上一项常数 b 作为偏置;其中,张量 b 的形状要与 W_x 的形状保持(　　)。
　　A. 线性关系　　　　B. 映射关系　　　　C. 一致　　　　　　D. 对称

(3) 神经网络包括输入层、(　　)、隐藏层、训练、监督训练、非监督训练。
　　A. 节点层　　　　　B. 映射层　　　　　C. 第零层　　　　　D. 输出层

(4) 异或函数需要(　　)个超平面才能进行划分。
　　A. 一　　　　　　　B. 二　　　　　　　C. 三　　　　　　　D. 四

(5) BP 算法的核心思路是将误差由输出层向(　　)后向传播,利用后一层的误差来估计前一层的误差。
　　A. 纵向层　　　　　B. 输入层　　　　　C. 前层　　　　　　D. 浅层

2. 判断题

(1) 人类大脑是一个非常复杂的系统,拥有大规模并行式、分布式的表示与计算能力、学习能力、抽象能力和适应能力。　　　　　　　　　　　　　　　　　　　　　　　　　(　　)

(2) ReLU 会出现梯度消失的问题。　　　　　　　　　　　　　　　　　　　　(　　)

(3) ReLU 具有引导适度稀疏的能力。　　　　　　　　　　　　　　　　　　　(　　)

(4) 单层感知器可以拟合一个平面 $y = ax_1 + bx_2$,这适合于线性可分问题。　　(　　)

(5) Dropout 是一种正则化技术,通过方式特征的协同适应,可用于减少神经网络中的过拟合。Dropout 的效果非常好,实现简单,但会降低网络速度。　　　　　　　　　(　　)

3. 填空题

(1) softmax()用于_____,作用是将分别代表 n 个类的 n 个标量归一化,得到 n 个类的概率分布。

(2) Tanh 为_____的变体。

(3) ReLU 即修正线性单元。根据公式具备_____的能力,因为随机初始化的网络只有一半处于激活状态。

(4) 感知器是一种监督训练的_____。

(5) 为了解决隐藏层的预期输出并没有在训练样例中给出,隐藏层节点的误差无法像单层感知器那样直接计算得到的问题,引入了_____。

4. 问答题

(1) 请简述神经网络的特点。

(2) 请简述 Dropout 正则化的原理。

(3) 请解释什么是内协变量偏移(Internal Covariate Shift,ICS)。

(4) 请简述生物神经网络与人工神经网络的区别。

5. 应用题

(1) 神经网络图如图 5.10 所示,试求偏置为 0.5,三个输入分别为 3、−4、5,权值分别为 0.2、0.5、0.3,激励函数 $f(\cdot)$ 为 sgn 函数时,神经元的输出。

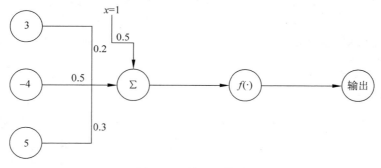

图 5.10　神经网络图

(2) 如果限制一个神经网络的总神经元数量(不考虑输入层)为 $N+1$,输入层大小为 M,输出层大小为 1,隐藏层的层数为 L,每个隐藏层的神经元数量为 N/L,试分析参数数量和隐藏层层数 L 的关系。

第 **6** 章

卷积神经网络与计算机视觉

计算机视觉是一门研究如何使用计算机识别图片的科学,也是深度学习的主要应用领域之一。在众多深度模型中,卷积神经网络独领风骚,已经成为计算机视觉的主要研究工具之一。本章首先介绍卷积神经网络的基本知识,然后讲解一些常见的卷积神经网络模型。

6.1 卷积神经网络的基本思想

卷积神经网络最初由 Yann LeCun 等人在 1989 年提出,是最初取得成功的深度神经网络之一。它的基本思想如下。

1. 局部连接

传统的 BP 神经网络,例如多层感知器,前一层的某个节点与后一层的所有节点都有连接,后一层的某一个节点与前一层的所有节点也有连接,这种连接方式称为**全局连接**(如图 6.1 所示)。如果前一层有 M 个节点,后一层有 N 个节点,就会有 $M \times N$ 个连接权值,每一轮后向传播更新权值的时候都要对这些权值进行重新计算,造成了 $O(M \times N) = O(n^2)$ 的计算与内存开销。

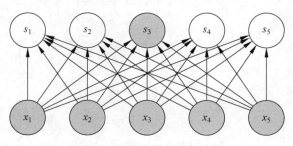

图 6.1 全局连接的神经网络

(图片来源:Goodfellow,et al. *Deep Learning*. MIT Press.)

而局部连接的思想就是使得两层之间只有相邻的节点才进行连接,即连接都是"局部"的(如图 6.2 所示)。以图像处理为例,直觉上,图像的某一个局部的像素组合在一起共同呈现一些特征,而图像中距离比较远的像素组合起来则没有什么实际意义,因此这种局部连接的方式可以在图像处理的问题上有较好的表现。如果把连接限制在空间中相邻的 c 个节点,就把连接权值降低到了 $c \times N$,计算与内存开销就降低到了 $O(c \times N) = O(n)$。

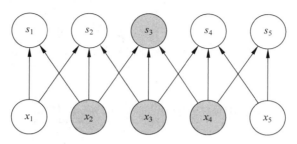

图 6.2 局部连接的神经网络

(图片来源:Goodfellow,et al. *Deep Learning*. MIT Press.)

2. 参数共享

既然在图像处理中认为图像的特征具有局部性,那么对于每个局部使用不同的特征抽取方式(即不同的连接权值)是否合理呢? 由于不同的图像在结构上相差甚远,同一个局部位置的特征并不具有共性,对于某一个局部使用特定的连接权值不能得到更好的结果。因此考虑让空间中不同位置的节点连接权值进行共享,例如在图 6.2 中,属于节点 s_2 的连接权值:

$$\boldsymbol{w} = \{w_1, w_2, w_3 \mid w_1 : x_1 \to s_2; w_2 : x_2 \to s_2; w_3 : x_3 \to s_2\}$$

可以被节点 s_3 以

$$\boldsymbol{w} = \{w_1, w_2, w_3 \mid w_1 : x_2 \to s_3; w_2 : x_3 \to s_3; w_3 : x_4 \to s_3\}$$

的方式共享。其他节点的权值共享类似。

这样一来,两层之间的连接权值就减少到 c 个;虽然在前向传播和后向传播的过程中,计算开销仍为 $O(n)$,但内存开销被减少到常数级别 $O(c)$。

6.2 卷 积 操 作

离散的卷积操作正是这样一种操作,它满足了以上局部连接、参数共享的性质。代表卷积操作的节点层称为**卷积层**。

在泛函分析中,卷积被 $f * g$ 定义为

$$(f * g)(t) = \int_{-\infty}^{\infty} f(\tau) g(t - \tau) \mathrm{d}\tau$$

则 1 维离散的卷积操作可以被定义为

$$(f * g)(x) = \sum_i f(i) g(x - i)$$

现在,假设 f 与 g 分别代表一个从向量下标到向量元素值的映射,令 f 表示输入向量,g 表示的向量称为**卷积核**(Kernel),则卷积核施加于输入向量上的操作类似于一个权值向量在

输入向量上移动,每移动一步进行一次加权求和操作;每一步移动的距离被称为**步长**(Stride)。例如,取输入向量大小为5,卷积核大小为3,步长1,则卷积操作过程如图6.3和图6.4所示。

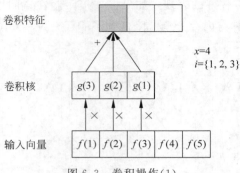

图 6.3 卷积操作(1)

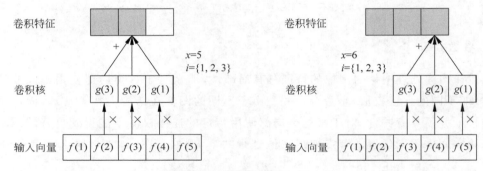

图 6.4 卷积操作(2)、(3)

卷积核从输入向量左边开始扫描,权值在第一个位置分别与对应输入值相乘求和,得到卷积特征值向量的第一个值;接下来,移动一个步长,到达第二个位置,进行相同操作;以此类推。

这样就实现了从前一层的输入向量提取特征到后一层的操作,这种操作具有局部连接(每个节点只和与其相邻的三个节点有连接)以及参数共享(所用的卷积核为同一个向量)的特性。类似地,可以拓展到2维(如图6.5所示),以及更高维度的卷积操作。

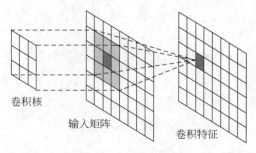

图 6.5 2维卷积操作

多个卷积核:利用一个卷积核进行卷积抽取特征是不充分的,因此在实践中,通常使用多个卷积核来提升特征提取的效果,之后将所得不同卷积核卷积所得特征张量沿第一维拼接形成更高一个维度的特征张量。

多通道卷积：在处理彩色图像时，输入的图像有 R、G、B 三个通道的数值，这时分别使用不同的卷积核对每一个通道进行卷积，然后使用线性或非线性的激活函数将相同位置的卷积特征合并为一个。

边界填充：注意到在图 6.5 中，卷积核的中心 $g(2)$ 并不是从边界 $f(1)$ 上开始扫描的。以 1 维卷积为例，大小为 m 的卷积核在大小为 n 的输入向量上进行操作后所得到的卷积特征向量大小会缩小为 $n-m+1$。当卷积层数增加时，特征向量大小就会以 $m-1$ 的速度坍缩，这使得更深的神经网络变得不可能，因为在叠加到第 $\left\lfloor \dfrac{n}{m-1} \right\rfloor$ 个卷积层之后，卷积特征将坍缩为标量。为了解决这一问题，人们通常采用在输入张量的边界上填充 0 的方式，使得卷积核的中心可以从边界上开始扫描，从而保持卷积操作输入张量和输出张量的大小不变。

6.3 池 化 层

池化（pooling，如图 6.6 所示）的目的是降低特征空间的维度，只抽取局部最显著的特征，同时这些特征出现的具体位置也被忽略。这样做是符合直觉的：以图像处理为例，通常关注的是一个特征是否出现，而不太关心它们出现在哪里，这被称为图像的静态性。通过池化降低空间维度的做法不但降低了计算开销，还使得卷积神经网络对于噪声具有健壮性。

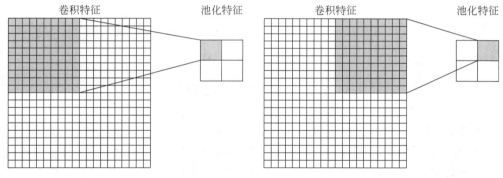

图 6.6 池化

常见的池化类型有最大池化、平均池化等。最大池化是指在池化区域中，取卷积特征值最大的作为所得池化特征值；平均池化则是指在池化区域中取所有卷积特征值的平均作为池化特征值。如图 6.6 所示，在 2 维的卷积操作之后得到一个 20×20 的卷积特征矩阵，池化区域大小为 10×10，这样得到的就是一个 4×4 的池化特征矩阵。需要注意的是，与卷积核在重叠的区域进行卷积操作不同，池化区域是互不重叠的。

6.4 卷积神经网络

一般来说，**卷积神经网络**（Convolutional Neural Network，CNN）由一个卷积层、一个池化层、一个非线性激活函数层组成，如图 6.7 所示。

在图像分类中表现良好的深度神经网络往往由许多"卷积层＋池化层"的组合堆叠而成，通常多达数十层乃至上百层，如图 6.8 所示。

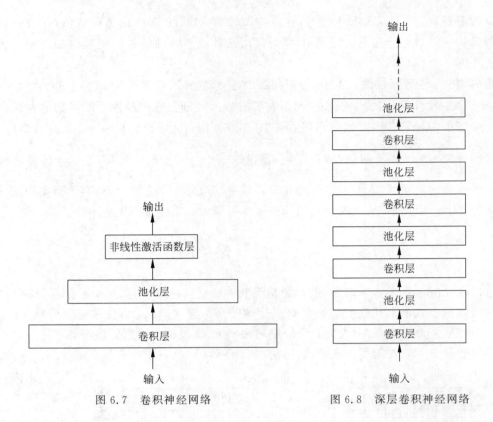

图 6.7　卷积神经网络　　　　　图 6.8　深层卷积神经网络

6.5　经典网络结构

VGG、InceptionNet、ResNet 等 CNN 是从大规模图像数据集训练的、用于图像分类的网络。ImageNet 从 2010 年起每年都举办图像分类的竞赛,为了公平,它为每位参赛者提供来自 1000 个类别的 120 万张图像。在如此巨大的数据集中训练出的深度学习模型特征具有非常良好的泛化能力,在迁移学习后,可以被用于除图像分类之外的其他任务,如目标检测、图像分割。PyTorch 的 torchvision. models 提供了大量的模型实现,以及模型的预训练权重文件,其中就包括本节介绍的 VGG、InceptionNet、ResNet。

6.5.1　VGG 网络

VGG 网络的特点是用 3×3 的卷积核代替先前网络(如 AlexNet)的大卷积核。例如,三个步长为 1 的 3×3 的卷积核和一个 7×7 大小的卷积核的感受是一致的,两个步长为 1 的 3×3 的卷积核和一个 5×5 大小的卷积核的感受也是一致的。这样,虽然感受是相同的,但是却加深了网络的深度,提升了网络的拟合能力。VGG 网络的网络结构如图 6.9 所示。

除此之外,VGG 的全 3×3 卷积核结构降低了参数量,如一个 7×7 卷积核,其参数量为 $7\times7\times C_{in}\times C_{out}$,而具有相同感受野的全 3×3 卷积核的参数量为 $3\times3\times3\times C_{in}\times C_{out}$。VGG 网络和 AlexNet 的整体结构一致,都是先用 5 层卷积层提取图像特征,再用 3 层全连接层作为分类器。不过 VGG 网络的"层"(在 VGG 中称为 Stage)是由几个 3×3 的卷积层叠加起来的,而 AlexNet 是一个大卷积层为一层。所以 AlexNet 只有 8 层,而 VGG 网络则可多达 19 层,

卷积层配置					
A	A-LRN	B	C	D	E
11 weight layers	11 weight layers	13 weight layers	16 weight layers	16 weight layers	19 weight layers
输入(224×224 RGB图像)					
conv3-64	conv3-64 **LRN**	conv3-64 **conv3-64**	conv3-64 conv3-64	conv3-64 conv3-64	conv3-64 conv3-64
最大池化					
conv3-128	conv3-128	conv3-128 **conv3-128**	conv3-128 conv3-128	conv3-128 conv3-128	conv3-128 conv3-128
最大池化					
conv3-256 conv3-256	conv3-256 conv3-256	conv3-256 conv3-256	conv3-256 conv3-256 **conv1-256**	conv3-256 conv3-256 **conv3-256**	conv3-256 conv3-256 conv3-256 **conv3-256**
最大池化					
conv3-512 conv3-512	conv3-512 conv3-512	conv3-512 conv3-512	conv3-512 conv3-512 **conv1-512**	conv3-512 conv3-512 **conv3-512**	conv3-512 conv3-512 conv3-512 **conv3-512**
最大池化					
conv3-512 conv3-512	conv3-512 conv3-512	conv3-512 conv3-512	conv3-512 conv3-512 **conv1-512**	conv3-512 conv3-512 **conv3-512**	conv3-512 conv3-512 conv3-512 **conv3-512**
最大池化					
FC-4096					
FC-4096					
FC-1000					
soft-max					

图 6.9 VGG 网络结构

VGG 网络在 ImageNet 的 Top5 准确率达到了 92.3%。VGG 网络的主要问题是最后的三层全连接层的参数量过于庞大。

6.5.2 InceptionNet

InceptionNet(GoogLeNet)主要是由多个称为 Inception 的模块实现的。InceptionNet 结构如图 6.10 所示,它是一个分支结构,一共有 4 个分支,第一个分支是 1×1 卷积核;第二个分支是先进行 1×1 卷积,然后再 3×3 卷积;第三个分支同样先 1×1 卷积,然后再接一层 5×5 卷积;第 4 个分支先是 3×3 的最大池化层,然后再用 1×1 卷积。最后,4 个通道计算过的特征映射用沿通道维度拼接的方式组合到一起。

图 6.10 中有 6 个卷积核和 1 个最大池化层,其中,输入过滤器连接操作的前三个 1×1,3×3 和 5×5 的卷积核主要用于提取特征。不同大小的卷积核拼接到一起,使这一结构具有多尺度的表达能力。3×3 最大池化层的使用是因为实验表明池化层往往具有比较好的效果。而剩下的三个 1×1 卷积核则用于特征降维,可以减少计算量。在 InceptionNet 中,使用全局平均池化层和单层的全连接层替换掉了 VGG 的三层全连接层。

最后,InceptionNet 达到了 22 层,为了让深度如此大的网络能够稳定地训练,Inception 在网络中间添加了额外的两个分类损失函数,在训练中这些损失函数相加为一个最终的损失,在验证过程中这两个额外的损失函数不再使用。InceptionNet 在 ImageNet 的 Top5 准确率为 93.3%,不仅准确率高于 VGG 网络,推断速度也更胜一筹。

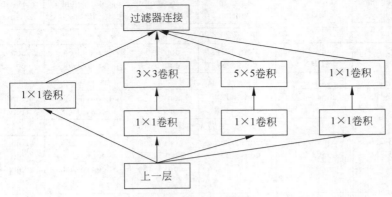

图 6.10　InceptionNet 结构

6.5.3　ResNet

神经网络越深,对复杂特征的表示能力就越强。但是单纯地提升网络的深度会导致反向传播算法在传递梯度时,发生梯度消失现象,导致网络的训练无效。通过一些权重初始化方法和批标准化(Batch Normalization)可以解决这一问题。但是即便使用了这些方法,网络在达到一定深度之后,模型训练的准确率也不会再提升,甚至会开始下降,这种现象称为训练准确率的退化(degradation)问题。退化问题表明,深层模型的训练是非常困难的。ResNet 提出了残差学习的方法,用于解决深度学习模型的退化问题。

假设输入数据是 x,常规的神经网络是通过几个堆叠的层去学习一个映射 $H(x)$,而 ResNet 学习的是映射和输入的残差 $F(x):=H(x)-x$。相应地,原有的表示就变成 $H(x)=F(x)+x$。尽管两种表示是等价的,而实验表明,残差学习更容易训练。ResNet 是由几个堆叠的残差模块表示的,可以将残差结构形式化为

$$y=F(x,\{w_i\})+x$$

其中,$F(x,\{w_i\})$ 表示要学习的残差映射,残差模块的基本结构如图 6.11 所示。在图 6.11 中残差映射一共有两层,可表示为 $y=w_2\delta(w_1x+b_1)+b_2$,其中,$\delta$ 表示 ReLU 激活函数。ResNet 的实现中大量采用了两层或三层的残差结构,而实际中这个数量并没有限制,当它仅为一层时,残差结构就相当于一个线性层,所以就没有必要采用单层的残差结构了。

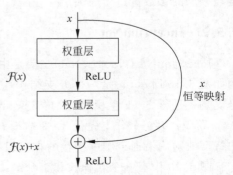

图 6.11　ResNet 结构

$F(x)+x$ 在 ResNet 中用 shortcut 连接和逐元素相加实现,相加后的结果为下一个 ReLU 激活函数的输入。shortcut 连接相当于对输入 x 做了一个恒等映射(identity map),在非常极端的情况下,残差 $F(x)$ 会等于 0,而使得整个残差模块仅做了一次恒等映射,这完全是由网络自主决定的,只要它自身认为这是更好的选择。如果 $F(x)$ 和 x 的维度并不相同,那么可以采用如下结构使得其维度相同:

$$y = F(x, \{w_i\}) + \{w_s\}x$$

但是,ResNet 的实验表明,使用恒等映射就能够很好地解决退化问题,并且足够简单,计算量足够小。ResNet 的残差结构解决了深度学习模型的退化问题,在 ImageNet 的数据集上,最深的 ResNet 模型达到了 152 层,其 Top5 准确率达到了 95.51%。

6.6　用 PyTorch 进行手写数字识别

torch. utils. data. Datasets 是 PyTorch 用来表示数据集的类,本节使用 torchvision. datasets. MNIST 构建手写数字数据集。下面代码中第5行实例化了 Datasets 对象,datasets. MNIST 能够自动下载数据保存到本地磁盘,参数 train 默认为 True,用于控制加载的数据集是训练集还是测试集。注意在第7行使用了 len(mnist),这里调用了 __len__() 方法,第8行使用了 mnist[j],调用的是 __getitem__() 方法,在自己建立数据集时,需要继承 Dataset,并且覆写 __item__() 和 __len__() 这两个方法。第9、10 行绘制了 MNIST 手写数字数据集,如图 6.12 所示。

```
1 from torchvision. datasets import MNIST
2 from matplotlib import pyplot as plt
3 % matplotlib inline
4
5 mnist = datasets.MNIST(root = '~', train = True, download = True)
6
7 for i, j in enumerate(np. random. randint(0, len(mnist), (10,))):
8     data, label = mnist[j]
9     plt. subplot(2,5, i + 1)
10    plt. imshow(data)
```

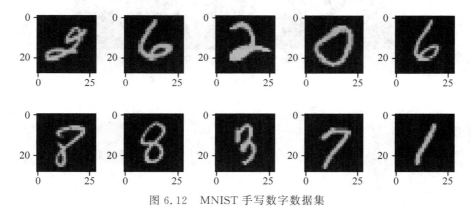

图 6.12　MNIST 手写数字数据集

数据预处理是非常重要的步骤,PyTorch 提供了 torchvision. transforms 用于处理数据及数据增强。在这里使用了 torchvision. transforms. ToTensor,它将 PIL Image 或者 numpy. ndarray 类型的数据转换为 Tensor,并且它会将数据从 [0,255] 映射到 [0,1]。torchvision. transforms. Normalize 会将数据标准化,将训练数据标准化会加速模型在训练中的收敛速率。在使用中,可以利用 torchvision. transforms. Compose 将多个 transforms 组合到一起,被包含的 transforms 会顺序执行。

```
1 trans = transforms.Compose([
2     transforms.ToTensor(),
3     transforms.Normalize((0.1307,), (0.3081,))])
4
5 normalized = trans(mnist[0][0])
1 from torchvision import transforms
2
3 mnist = datasets.MNIST(root = '~', train = True, download = True, transform = trans)
```

准备好处理数据的流程后，就可以读取用于训练的数据了，torch.utils.data.DataLoader 提供了迭代数据、随机抽取数据、批量化数据、使用 multiprocessing 并行化读取数据的功能。下面定义了 imshow() 函数，第 2 行将数据从标准化的数据中恢复出来，第 3 行将 Tensor 类型转换为 ndarray，这样才可以用 matplotlib 绘制出来，绘制的结果如图 6.13 所示，第 4 行将矩阵的维度从 $(C，W，H)$ 转换为 $(W，H，C)$。

```
1 def imshow(img):
2     img = img * 0.3081 + 0.1307
3     npimg = img.numpy()
4     plt.imshow(np.transpose(npimg, (1, 2, 0)))
5
6 dataloader = DataLoader(mnist, batch_size = 4, shuffle = True, num_workers = 4)
7 images, labels = next(iter(dataloader))
8
9 imshow(torchvision.utils.make_grid(images))
```

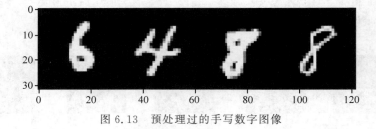
图 6.13　预处理过的手写数字图像

前面展示了使用 PyTorch 加载数据、处理数据的方法。下面构建用于识别手写数字的神经网络模型。

```
1 class MLP(nn.Module):
2     def __init__(self):
3         super(MLP, self).__init__()
4
5         self.inputlayer = nn.Sequential(nn.Linear(28 * 28, 256), nn.ReLU(), nn.Dropout(0.2))
6         self.hiddenlayer = nn.Sequential(nn.Linear(256, 256), nn.ReLU(), nn.Dropout(0.2))
7         self.outlayer = nn.Sequential(nn.Linear(256, 10))
8
9
10
11     def forward(self, x):
12         # 将输入图像拉伸为 1 维向量
13         x = x.view(x.size(0), -1)
```

```
14
15          x = self.inputlayer(x)
16          x = self.hiddenlayer(x)
17          x = self.outlayer(x)
18          return x
```

可以直接通过打印 nn.Module 的对象看到其网络结构。

```
print(MLP())
>>> MLP(
    (inputlayer): Sequential(
        (0): Linear(in_features = 784, out_features = 256, bias = True)
        (1): ReLU()
        (2): Dropout(p = 0.2)
    )
    (hiddenlayer): Sequential(
        (0): Linear(in_features = 256, out_features = 256, bias = True)
        (1): ReLU()
        (2): Dropout(p = 0.2)
    )
    (outlayer): Sequential(
        (0): Linear(in_features = 256, out_features = 10, bias = True)
    )
)
```

在准备好数据和模型后，就可以训练模型了。下面分别定义了数据处理和加载流程、模型、优化器、损失函数以及用准确率评估模型能力。第 33 行将训练数据迭代 10 轮，并将训练和验证的准确率和损失记录下来。

```
1 from torch import optim
2 from tqdm import tqdm
3 # 数据处理和加载
4 trans = transforms.Compose([
5 transforms.ToTensor(),
6 transforms.Normalize((0.1307,), (0.3081,))])
7 mnist_train = datasets.MNIST(root = '~', train = True, download = True, transform = trans)
8 mnist_val = datasets.MNIST(root = '~', train = False, download = True, transform = trans)
9
10 trainloader = DataLoader(mnist_train, batch_size = 16, shuffle = True, num_workers = 4)
11 valloader = DataLoader(mnist_val, batch_size = 16, shuffle = True, num_workers = 4)
12
13 # 模型
14 model = MLP()
15
16 # 优化器
17 optimizer = optim.SGD(model.parameters(), lr = 0.01, momentum = 0.9)
18
19 # 损失函数
20 celoss = nn.CrossEntropyLoss()
21 best_acc = 0
22
```

```
23 #计算准确率
24 def accuracy(pred, target):
25     pred_label = torch.argmax(pred, 1)
26     correct = sum(pred_label == target).to(torch.float)
27     #acc = correct / float(len(pred))
28     return correct, len(pred)
29
30 acc = {'train': [], "val": []}
31 loss_all = {'train': [], "val": []}
32
33 for epoch in tqdm(range(10)):
34     #设置为验证模式
35     model.eval()
36     numer_val, denumer_val, loss_tr = 0., 0., 0.
37     with torch.no_grad():
38         for data, target in valloader:
39             output = model(data)
40             loss = celoss(output, target)
41             loss_tr += loss.data
42
43             num, denum = accuracy(output, target)
44             numer_val += num
45             denumer_val += denum
46     #设置为训练模式
47     model.train()
48     numer_tr, denumer_tr, loss_val = 0., 0., 0.
49     for data, target in trainloader:
50         optimizer.zero_grad()
51         output = model(data)
52         loss = celoss(output, target)
53         loss_val += loss.data
54         loss.backward()
55         optimizer.step()
56         num, denum = accuracy(output, target)
57         numer_tr += num
58         denumer_tr += denum
59     loss_all['train'].append(loss_tr/len(trainloader))
60     loss_all['val'].append(loss_val/len(valloader))
61     acc['train'].append(numer_tr/denumer_tr)
62     acc['val'].append(numer_val/denumer_val)
```

运行结果如下：

```
>>>   0%|              | 0/10 [00:00 <?, ?it/s]
>>>  10%|█           | 1/10 [00:16 < 02:28, 16.47s/it]
>>>  20%|██          | 2/10 [00:31 < 02:07, 15.92s/it]
>>>  30%|███         | 3/10 [00:46 < 01:49, 15.68s/it]
>>>  40%|████        | 4/10 [01:01 < 01:32, 15.45s/it]
>>>  50%|█████       | 5/10 [01:15 < 01:15, 15.17s/it]
>>>  60%|██████      | 6/10 [01:30 < 01:00, 15.19s/it]
>>>  70%|███████     | 7/10 [01:45 < 00:44, 14.99s/it]
>>>  80%|████████    | 8/10 [01:59 < 00:29, 14.86s/it]
>>>  90%|█████████   | 9/10 [02:15 < 00:14, 14.97s/it]
>>> 100%|██████████| 10/10 [02:30 < 00:00, 14.99s/it]
```

模型训练迭代过程的损失图像如图 6.14 所示。

```
plt.plot(loss_all['train'])
plt.plot(loss_all['val'])
```

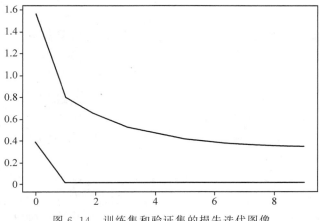

图 6.14　训练集和验证集的损失迭代图像

模型训练迭代过程的准确率图像如图 6.15 所示。

```
plt.plot(acc['train'])
plt.plot(acc['val'])
```

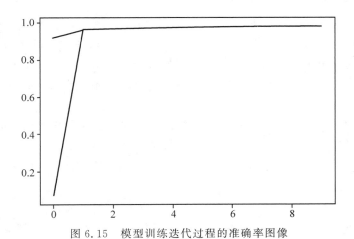

图 6.15　模型训练迭代过程的准确率图像

小　　结

本章介绍了卷积神经网络与计算机视觉的相关概念。视觉作为人类感受世界的主要途径之一,其重要性在机器智能方面不言而喻。但是在很长一段时间里,计算机只能通过基本的图像处理和几何分析方法观察世界,这无疑限制了其他领域智能的发展。卷积神经网络的出现扭转了这样的局面。通过卷积和池化等运算,卷积层能够高效地提取图像和视频特征,为后续任务提供坚实的基础。本章实现的手写数字识别只是当下计算机视觉中最简单的应用之一,更为先进的卷积神经网络模型甚至能够在上百万张图片中完成分类任务,而且精度超过人类。

习　题

1. 选择题

(1) 通过池化降低空间维度的做法不但降低了计算开销,而且使得卷积神经网络对于噪声具有(　　)。

　　A. 健壮性　　　　　　B. 静态性　　　　　　C. 局部性　　　　　　D. 准确性

(2) 下列选项中,(　　)的主要问题是最后的三层全连接层的参数量过于庞大。

　　A. InceptionNet　　B. VCG 网络　　　　C. ResNet　　　　　D. AlexNet

(3) 下列选项中,(　　)的残差结构解决了深度学习模型的退化问题,在 ImageNet 的数据集上,其 Top5 准确率达到了 95.51%。

　　A. InceptionNet　　B. VCG 网络　　　　C. ResNet　　　　　D. AlexNet

(4) 在 InceptionNet 中,使用(　　)和单层的全连接层替换掉了 VCG 的三层全连接层。

　　A. 全局最大池化层　　　　　　　　　　B. 全局最小池化层

　　C. 卷积层　　　　　　　　　　　　　　D. 全局平均池化层

(5) 如果前一层有 M 个节点,后一层有 N 个节点,通过参数共享,两层之间的连接权值减少为 c 个,前向传播和后向传播过程中,计算开销与内存开销分别为(　　)。

　　A. $O(n)$ 和 $O(c)$　　B. $O(c)$ 和 $O(n)$　　C. $O(n)$ 和 $O(n)$　　D. $O(c)$ 和 $O(c)$

2. 判断题

(1) 人们通常采用在输出张量边界上填充 0 的方式,使得卷积核的中心可以从边界上开始扫描,从而保持卷积操作输入张量和输出张量大小不变。　　　　　　　　　　　　(　　)

(2) VCG 网络在 ImageNet 的 Top5 准确率为 93.3%,不仅准确率高于 InceptionNet,推断速度也更胜一筹。　　　　　　　　　　　　　　　　　　　　　　　　　　　　(　　)

(3) 最大池化是指在池化区域中,取卷积特征值最大的作为所得池化特征值。　　(　　)

(4) 神经网络越深,对复杂特征的表示能力就越强。　　　　　　　　　　　　　(　　)

(5) 两个步长为 1 的 3×3 的卷积核和一个 7×7 大小的卷积核的感受是一致的。(　　)

3. 填空题

(1) 传统 BP 神经网络,以全局连接方式,前一层有 M 个节点,后一层有 N 个节点,就会有 $M×N$ 个连接权值,每一轮后向传播更新权值的时候都要对这些权值进行重新计算,造成了 $O(M×N)=$_____的计算与内存开销。

(2) 局部连接方式把连接限制在空间中相邻的 c 个节点,把连接权值降到了 $c×N$,计算内存与开销就降低到了 $O(c×N)=$_____。

(3) 离散的卷积操作满足了局部连接和_____的性质。

(4) 网络在达到一定深度后,模型训练的准确率也不会再提升,甚至会开始下降,这种现象称为训练准确率的_____问题。

(5) ResNet 提出了_____学习的方法,用于解决深度学习模型的退化问题。

4．简答题

（1）画出一个最基本的卷积神经网络。

（2）局部连接与全局变量的区别是什么？

（3）池化的作用是什么？

（4）简述卷积操作。

（5）比较 AlexNet 与 VCG 网络。

5．应用题

（1）下面为输入的 3 维张量，请你给出其经过一个大小为 2×2，步幅为 2，无填充的平均池化层后的结果。

输入层：

1	2	3
4	5	6
7	8	9

卷积层：

1	0
0	1

（2）LeNet 是一个十分经典的卷积神经网络，图 6.16 给出了 LeNet 的简化版本，请在图 6.16 相应层之后写出每一层的输出形状，其中，卷积层的输出格式为 (a,b,c)，其中，a 为输出的通道数，b 和 c 为图片的长和宽；全连接层的输出格式为 (a,b)，其中，a 为输出通道数，b 为输出向量的长度。图 6.16 中括号内的数字为输出的通道数，卷积层除特殊说明外，步幅为 1、无填充，池化层无填充，最后一个池化层和全连接层之间有一个展平层图中没有体现不需要给出计算结果。

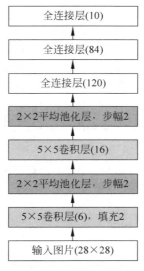

图 6.16　网络结构图

第 **7** 章

神经网络与自然语言处理

随着梯度反向传播算法的提出,神经网络在计算机视觉领域取得了巨大的成功,神经网络第一次真正地超越传统方法,成为在学术界乃至工业界实用的模型。

这时在自然语言处理领域,统计方法仍然是主流的方法,例如,n-gram 语言模型、统计机器翻译的 IBM 模型,就已经发展出许多非常成熟而精巧的变种。由于自然语言处理中所要处理的对象都是离散的符号,例如,词、n-gram,以及其他的离散特征,自然语言处理与连续型浮点值计算的神经网络有着天然的隔阂。

然而有一群坚定地信奉连接主义的科学家们,一直坚持不懈地对把神经网络引入计算语言学领域进行探索。从最简单的多层感知机网络,到循环神经网络,再到 Transformer 架构,序列建模与自然语言处理成为神经网络应用最为广泛的领域之一。本章将对自然语言处理领域的神经网络架构发展做全面的梳理,并从 4 篇最经典的标志性论文展开,详细剖析这些网络架构设计背后的语言学意义。

7.1 语 言 建 模

自然语言处理中,最根本的问题就是语言建模。机器翻译可以被看作一种条件语言模型。我们观察到,自然语言处理领域中每一次网络架构的重大创新都出现在语言建模上。因此,在这里对语言建模做必要的简单介绍。

人类使用的自然语言都是以序列的形式出现的,尽管这个序列的基本单元应该选择什么是一个开放性的问题(是词,还是音节,还是字符等)。假设词是基本单元,那么一个句子就是一个由词组成的序列。一门语言能产生的句子是无穷多的,这其中有些句子出现得多,有些出现得少,有些不符合语法的句子出现的概率就非常低。一个概率学的语言模型,就是要对这些句子进行建模。

形式化地,将含有 n 个词的一个句子表示为

$$Y = \{y_1, y_2, \cdots, y_n\}$$

其中,y_i 为来自这门语言词汇表中的词。语言模型就是要对句子 Y 输出它在这门语言中出现的概率:

$$P(\mathbf{Y}) = P(y_1, y_2, \cdots, y_n)$$

对于一门语言,所有句子的概率是要归一化的。

$$\sum_Y P(\mathbf{Y}) = 1$$

由于一门语言中的句子是无穷无尽的,可想而知这个概率模型的参数是非常难以估计的。于是,人们把这个模型进行了分解:

$$P(y_1, y_2, \cdots, y_n) = P(y_1)P(y_2 \mid y_1)P(y_3 \mid y_1, y_2) \cdots P(y_n \mid y_1, y_2, \cdots, y_{n-1})$$

这样,就可以转而对 $P(y_t \mid y_1, y_2, \cdots, y_{t-1})$ 进行建模了。这个概率模型具有直观的语言学意义:给定一句话的前半部分,预测下一个词是什么。这种"下一个词预测"是非常自然和符合人类认知的,因为人们说话的时候都是按顺序从第一个词说到最后一个词,而后面的词是什么,在一定程度上取决于前面已经说出的词。

翻译,是将一门语言转换成另一门语言。在机器翻译中,被转换的语言称为源语言,转换后的语言称为目标语言。机器翻译模型在本质上也是一个概率学的语言模型。来观察一下上面建立的语言模型:

$$P(\mathbf{Y}) = P(y_1, y_2, \cdots, y_n)$$

假设 $\mathbf{Y}$ 是目标语言的一个句子,如果加入一个源语言的句子 $\mathbf{X}$ 作为条件,就会得到这样一个条件语言模型:

$$P(\mathbf{Y} \mid \mathbf{X}) = P(y_1, y_2, \cdots, y_n \mid \mathbf{X})$$

当然,这个概率模型也是不容易估计参数的。因此通常使用类似的方法进行分解:

$$P(y_1, y_2, \cdots, y_n \mid \mathbf{X}) = P(y_1 \mid \mathbf{X})P(y_2 \mid y_1, \mathbf{X})P(y_3 \mid y_1, y_2, \mathbf{X}) \cdots$$
$$P(y_n \mid y_1, y_2, \cdots, y_{n-1}, \mathbf{X})$$

于是,所得到的模型 $P(y_n \mid y_1, y_2, \cdots, y_{n-1}, \mathbf{X})$ 就又具有了易于理解的"下一个词预测"语言学意义:给定源语言的一句话,以及目标语言已经翻译出来的前半句话,预测下一个翻译出来的词。

以上提到的这些语言模型,对于长短不一的句子要统一处理,在早期不是一件容易的事情。为了简化模型和便于计算,人们提出了一些假设。尽管这些假设并不都十分符合人类的自然认知,但在当时看来确实能够有效地在建模效果和计算难度之间取得了微妙的平衡。

在这些假设当中,最为常用就是马尔可夫假设。在这个假设之下,"下一个词预测"只依赖于前面 n 个词,而不再依赖于整个长度不确定的前半句。假设 $n=3$,那么语言模型就将变成

$$P(y_1, y_2, \cdots, y_t) = P(y_1)P(y_2 \mid y_1)P(y_3 \mid y_1, y_2) \cdots P(y_t \mid y_{t-2}, y_{t-1})$$

这就是著名的 n-gram 模型。

这种通过一定的假设来简化计算的方法,在神经网络的方法中仍然有所应用。例如,当神经网络的输入只能是固定长度的时候,就只能选取一个固定大小的窗口中的词来作为输入了。

其他一些传统统计学方法中的思想,在神经网络方法中也有所体现,本书不一一赘述。

7.2　基于多层感知器的架构

在梯度反向传播算法提出之后,多层感知器得以被有效训练。这种今天看来相当简单的由全连接层组成的网络,相比于传统的需要特征工程的统计方法却非常有效。在计算机视觉领域,由于图像可以被表示成为 RGB 或灰度的数值,输入神经网络的特征都具有良好的数学性质。而在自然语言方面,如何表示一个词就成了难题。人们在早期使用 0-1 向量表示词,例如,词汇表中有 30 000 个词,一个词就表示为一个维度为 30 000 的向量,其中,表示第 k 个词的向量的第 k 个维度是 1,其余全部是 0。可想而知,这样的稀疏特征输入神经网络中是很难

训练的。神经网络方法在自然语言处理领域停滞不前。曙光出现在 2000 年 NIPS 的一篇论文中,第一作者是日后深度学习三巨头之一的 Bengio。在这篇论文中,Bengio 提出了分布式的词向量表示,有效地解决了词的稀疏特征问题,为后来神经网络方法在计算语言学中的应用奠定了第一块基石。这篇论文就是今天每位 NLP 入门学习者必读的 *A Neural Probabilistic Language Model*,尽管今天大多数人读到的都是它的 JMLR 版本。

根据论文的标题可知,Bengio 所要构建的是一个语言模型。假设还是沿用传统的基于马尔可夫假设的 n-gram 语言模型,怎样建立一个合适的神经网络架构来体现 $P(y_t|y_{t-n},\cdots,y_{t-1})$ 这样一个概率模型呢?神经网络究其本质,只不过是一个带参函数,假设以 $g(\cdot)$ 表示,那么这个概率模型就可以表示成

$$P(y_t \mid y_{t-n},\cdots,y_{t-1}) = g(y_{t-n},\cdots,y_{t-1};\boldsymbol{\theta})$$

既然是这样,那么词向量也可以是神经网络参数的一部分,与整个神经网络一起进行训练,这样就可以使用一些低维度的、具有良好数学性质的词向量表示了。

在这篇论文中有一个词向量矩阵的概念。词向量矩阵 $\boldsymbol{C}$ 是与其他权值矩阵一样的神经网络中的一个可训练的组成部分。假设有 $|V|$ 个词,每个词的维度是 d,d 远远小于 $|V|$。那么这个词向量矩阵 $\boldsymbol{C}$ 的大小就是 $|V| \times d$。其中,第 k 行 $\boldsymbol{C}(k)$ 是一个维度是 d 的向量,用于表示第 k 个词。这种特征不像 0-1 向量那么稀疏,对于神经网络比较友好。

在 Bengio 的设计中,$y_{t-n},\cdots,y_{t-1}$ 的信息是以词向量拼接的形式输入神经网络的,即

$$x = [\boldsymbol{C}(y_{t-n});\cdots;\boldsymbol{C}(y_{t-1})]$$

而神经网络 $g(\cdot)$ 则采取了这样的形式:

$$g(x) = \text{softmax}(b_1 + Wx + U\tanh(b_2 + Hx))$$

神经网络的架构中包括线性 $b_1 + Wx$ 和非线性 $U\tanh(b_2 + Hx)$ 两个部分,使得线性部分可以在有必要的时候提供直接的连接。这种早期的设计有着今天残差连接和门限机制的影子。

这个神经网络架构(如图 7.1 所示)的语言学意义也非常直观:它实际上是模拟了 n-gram 的条件概率,给定一个固定大小窗口的上下文信息,预测下一个词的概率。这种自回

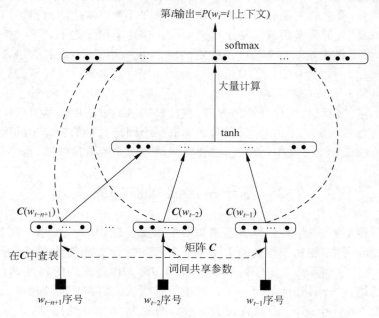

图 7.1 神经网络架构

归的"下一个词预测"从统计自然语言处理中被带到了神经网络方法中,并且一直是当今神经网络概率模型中最基本的假设。

7.3　基于循环神经网络的架构

早期的神经网络都有固定大小的输入,以及固定大小的输出。这在传统的分类问题上(特征向量维度固定)以及图像处理上(固定大小的图像)可以满足人们的需求。但是在自然语言处理中,句子是一个变长的序列,传统上固定输入的神经网络就无能为力了。7.2节中的方法,就是牺牲了远距离的上下文信息,而只取固定大小窗口中的词。这无疑给更加准确的模型带来了限制。

为了处理这种变长序列的问题,神经网络就必须采取一种适合的架构,使得输入序列和输出序列的长度可以动态地变化,而又不改变神经网络中参数的个数(否则训练无法进行)。基于参数共享的思想,可以在时间线上共享参数。在这里,时间是一个抽象的概念,通常表示为时步(timestep)。例如,若一个以单词为单位的句子是一个时间序列,那么句子中第一个单词就是第一个时步,第二个单词就是第二个时步,以此类推。共享参数的作用不仅在于使得输入长度可以动态变化,还在于将一个序列各时步的信息关联起来,沿时间线向前传递。

这种神经网络架构,就是循环神经网络。本节将先阐述循环神经网络中的基本概念,然后介绍语言建模中循环神经网络的使用。

7.3.1　循环单元

沿时间线共享参数的一个很有效的方式就是使用循环,使得时间线递归地展开。形式化地可以表示如下。

$$h_t = f(h_{t-1}; \boldsymbol{\theta})$$

其中,$f(\cdot)$为循环单元(Recurrent Unit),$\boldsymbol{\theta}$为参数。为了在循环的每一时步都输入待处理序列中的一个元素,对循环单元做如下更改。

$$h_t = f(x_t, h_{t-1}; \boldsymbol{\theta})$$

h_t一般不直接作为网络的输出,而是作为隐藏层的节点,被称为隐单元。隐单元在时步t的具体取值称为在时步t的隐状态。隐状态通过线性或非线性的变换生成同样为长度可变的输出序列:

$$y_t = g(h_t)$$

这样的具有循环单元的神经网络被称为循环神经网络(Recurrent Neural Network,RNN)。将以上计算步骤画成计算图(如图7.2所示),可以看到,隐藏层节点有一条指向自己的箭头,代表循环单元。

将图7.2的循环展开(如图7.3所示),可以清楚地看到循环神经网络是如何以一个变长的序列$x_1, x_2, \cdots, x_n$为输入,并输出一个变长的序列$y_1, y_2, \cdots, y_n$。

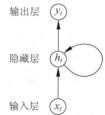

图 7.2　循环神经网络

7.3.2　通过时间后向传播

在7.3.1节中,循环单元$f(\cdot)$可以采取许多形式。其中最简单的形式就是使用线性变换:

$$h_t = \boldsymbol{W}_{xh} x_t + \boldsymbol{W}_{hh} h_{t-1} + b$$

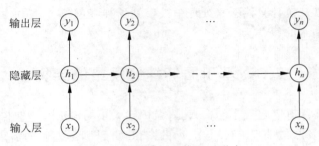

图 7.3　循环神经网络展开形式

其中, $\boldsymbol{W}_{xh}$ 是从输入 x_t 到隐状态 h_t 的权值矩阵, $\boldsymbol{W}_{hh}$ 是从前一个时步的隐状态 h_{t-1} 到当前时步隐状态 h_t 的权值矩阵, b 是偏置。采用这种形式循环单元的循环神经网络被称为**平凡循环神经网络**(vanilla RNN)。

在实际中很少使用平凡循环神经网络,这是由于它在误差后向传播的时候会出现梯度消失或梯度爆炸的问题。为了理解什么是梯度消失和梯度爆炸,先来看一下平凡循环神经网络的误差后向传播过程。

在图 7.4 中, E_t 表示时步 t 的输出 y_t 以某种损失函数计算出来的误差, s_t 表示时步 t 的隐状态。若需要计算 E_t 对 $\boldsymbol{W}_{hh}$ 的梯度,需要对每次循环展开时产生的隐状态应用链式法则,并把这些偏导数逐步相乘起来,这个过程(如图 7.4 所示)被称为通过时间后向传播(Backpropagation Through Time,BPTT)。形式化地, E_t 对 $\boldsymbol{W}_{hh}$ 的梯度计算如下。

$$\frac{\partial E_t}{\partial \boldsymbol{W}_{hh}} = \sum_{k=0}^{t} \frac{\partial E_t}{\partial y_t} \frac{\partial y_t}{\partial s_t} \left(\prod_{i=k}^{t-1} \frac{\partial s_{i+1}}{\partial s_i} \right) \frac{\partial s_k}{\partial \boldsymbol{W}_{hh}}$$

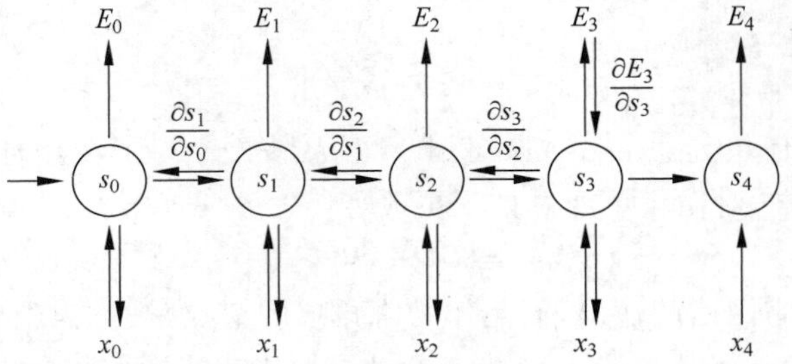

图 7.4　通过时间后向传播(BPTT)

(图片来源:详见前言二维码)

注意到式中有一项连乘,这意味着当序列较长的时候相乘的偏导数个数将变得非常多。有些时候,一旦所有的偏导数都小于 1,那么相乘之后梯度将会趋向 0,这被称为梯度消失(vanishing gradient);一旦所有偏导数都大于 1,那么相乘之后梯度将会趋向无穷,这被称为梯度爆炸(exploding gradient)。

梯度消失与梯度爆炸的问题解决一般有两类办法:一是改进优化(optimization)过程,如引入缩放梯度(clipping gradient),属于优化问题,本章不予讨论;二是使用带有门限的循环单元,在 7.3.3 节中将介绍这种方法。

7.3.3　带有门限的循环单元

在循环单元中引入门限,除了解决梯度消失和梯度爆炸的问题以外,最重要的是为了解决长距离信息传递的问题。设想要把一个句子编码到循环神经网络的最后一个隐状态里,如果没有特别的机制,离句末越远的单词信息损失一定是最大的。为了保留必要的信息,可以在循环神经网络中引入门限。门限相当于一种可变的短路机制,使得有用的信息可以"跳过"一些时步,直接传到后面的隐状态;同时由于这种短路机制的存在,误差后向传播的时候得以直接通过短路传回来,避免了在传播过程中爆炸或消失。

LSTM 最早出现的门限机制是 Hochreiter 等人于 1997 年提出的长短时记忆(Long Short-Term Memory,LSTM)。LSTM 中显式地在每一时步 t 引入了记忆 c_t,并使用输入门限 i、遗忘门限 f、输出门限 o 来控制信息的传递。LSTM 循环单元 $h_t = \text{LSTM}(h_{t-1}, c_{t-1}, x_t; \boldsymbol{\theta})$ 表示如下。

$$h_t = o \odot \tanh(c_t)$$
$$c_t = i \odot g + f \odot c_{t-1}$$

其中,$\odot$ 表示逐元素相乘。输入门限 i、遗忘门限 f、输出门限 o、候选记忆 g 分别为

$$i = \sigma(W_I h_{t-1} + U_I x_t)$$
$$f = \sigma(W_F h_{t-1} + U_F x_t)$$
$$o = \sigma(W_O h_{t-1} + U_O x_t)$$
$$g = \tanh(W_G h_{t-1} + U_G x_t)$$

直觉上,这些门限可以控制向新的隐状态中添加多少新的信息,以及遗忘多少旧隐状态的信息,使得重要的信息得以传播到最后一个隐状态。

GRU Cho 等人在 2014 年提出了一种新的循环单元,其思想是不再显式地保留一个记忆,而是使用线性插值的办法自动调整添加多少新信息和遗忘多少旧信息。这种循环单元称为**门限循环单元**(Gated Recurrent Unit,GRU)。$h_t = \text{GRU}(h_{t-1}, x_t; \boldsymbol{\theta})$ 表示如下。

$$h_t = (1 - z_t) \odot h_{t-1} + z_t \odot \tilde{h}_t$$

其中,更新门限 z_t 和候选状态 $\tilde{h}_t$ 的计算如下。

$$z_t = \sigma(W_Z x_t + U_Z h_{t-1})$$
$$\tilde{h}_t = \tanh(W_H x_t + U_H(r \odot h_{t-1}))$$

其中,r 为重置门限,计算如下。

$$r = \sigma(W_R x_t + U_R h_{t-1})$$

GRU 达到了与 LSTM 类似的效果,但是由于不需要保存记忆,因此稍微节省内存空间,但总的来说,GRU 与 LSTM 在实践中并无实质性差别。

7.3.4　循环神经网络语言模型

由于循环神经网络能够处理变长的序列,所以它非常适合处理语言建模的问题。Mikolov 等人在 2010 年提出了基于循环神经网络的语言模型 RNNLM,这就是本章要介绍的第二篇经典论文 *Recurrent neural network based language model*。

在 RNNLM 中,核心的网络架构是一个平凡循环神经网络。其输入层 $\boldsymbol{x}(t)$ 为当前词词向量 $\boldsymbol{w}(t)$ 与隐藏层的前一时步隐状态 $s(t-1)$ 的拼接:

$$\boldsymbol{x}(t) = [\boldsymbol{w}(t); s(t-1)]$$

隐状态的更新是通过将输入向量 $\boldsymbol{x}(t)$ 与权值矩阵相乘,然后进行非线性转换完成的。

$$s(t) = f(\boldsymbol{x}(t) \cdot \boldsymbol{u})$$

实际上,将多个输入向量进行拼接然后乘以权值矩阵等效于将多个输入向量分别与小的权值矩阵相乘,因此这里的循环单元仍是 7.3.2 节中介绍的平凡循环单元。

更新了隐状态之后,就可以将这个隐状态再次做非线性变换,输出一个在词汇表上归一化的分布。例如,词汇表的大小为 k,隐状态的维度为 h,那么可以使用一个大小为 $h \times k$ 的矩阵 $\boldsymbol{v}$ 乘以隐状态做线性变换,使其维度变为 k,然后使用 softmax() 函数使得这个 k 维的向量归一化:

$$y(t) = \mathrm{softmax}(s(t) \cdot \boldsymbol{v})$$

这样,词汇表中的第 i 个词是下一个词的概率就是

$$P(w_t = i \mid w_1, w_2, \cdots, w_{t-1}) = y_i(t)$$

在这个概率模型的条件里,包含整个前半句同上式中的所有上下文信息。这克服了之前由马尔可夫假设所带来的限制,因此该模型带来了较大的提升。而相比于模型效果上的提升,更为重要的是循环神经网络在语言模型上的成功应用,让人们看到了神经网络在计算语言学中的曙光,从此之后,计算语言学的学术会议以惊人的速度被神经网络方法占领。

7.3.5 神经机器翻译

循环神经网络在语言建模上的成功应用,启发着人们探索将循环神经网络应用于其他任务的可能性。在众多自然语言处理任务中,与语言建模最相似的就是机器翻译。而将一个语言模型改造为机器翻译模型,人们需要解决的一个问题就是如何将来自源语言的条件概率体现在神经网络架构中。

当时主流的统计机器翻译中的噪声通道模型也许给了研究者们一些启发:如果用一个基于循环神经网络的语言模型给源语言编码,然后用另一个基于循环神经网络的目标端语言模型进行解码,是否可以将这种条件概率表现出来呢?然而如何设计才能将源端编码的信息加入目标端语言模型的条件,答案并不显而易见。我们无从得知神经机器翻译的经典编码器-解码器模型是如何设计得如此自然、简洁而又效果突出,但这背后一定离不开无数次对各种模型架构的尝试。

2014 年的 EMNLP 上出现了一篇论文 *Learning Phrase Representations using RNN Encoder-Decoder for Statistical Machine Translation*,是经典的 RNNSearch 模型架构的前身。在这篇论文中,源语言端和目标语言端的两个循环神经网络是由一个"上下文向量"$\boldsymbol{c}$ 联系起来的。

还记得 7.3.4 节中提到的循环神经网络语言模型吗?如果将所有权值矩阵和向量简略为 $\boldsymbol{\theta}$,所有线性及非线性变换简略为 $g(\cdot)$,那么它就具有这样的形式:

$$P(y_t \mid y_1, y_2, \cdots, y_{t-1}) = g(y_{t-1}, s_t; \boldsymbol{\theta})$$

如果在条件概率中加入源语言句子成为翻译模型 $P(y_t \mid y_1, y_2, \cdots, y_{t-1} \mid x_1, x_2, \cdots, x_n)$,神经网络中对应地就应该加入代表 $x_1, x_2, \cdots, x_n$ 的信息。这种信息如果用一个定长向量 $\boldsymbol{c}$ 表示的话,模型就变成了 $g(y_{t-1}, s_{t-1}, \boldsymbol{c}; \boldsymbol{\theta})$,这样就可以把源语言的信息在网络架构中表达出来了。

可是一个定长的向量 $\boldsymbol{c}$ 又怎么才能包含源语言一个句子的所有信息呢?循环神经网络天然地提供了这样的机制:这个句子如果像语言模型一样逐词输入循环神经网络中,就会不断更新隐状态,隐状态中实际上就包含所有输入过的词的信息。到整个句子输入完成,得到的最后一个隐状态就可以用于表示整个句子。

基于这个思想,Cho 等人设计出了最基本的编码器-解码器模型(如图 7.5 所示)。所谓编码器,就是一个将源语言句子编码的循环神经网络:

$$h_t = f(x_t, h_{t-1})$$

其中,$f(\cdot)$ 是 7.3.3 节中介绍的门限循环神经网络,x_t 是源语言的当前词,h_{t-1} 是编码器的前

一个隐状态。当整个长度为 m 的句子结束,就将得到的最后一个隐状态作为上下文向量:

$$c = h_m$$

解码器一端也是一个类似的网络:

$$s_t = g(y_{t-1}, s_{t-1})$$

其中,$g(\cdot)$ 是与 $f(\cdot)$ 具有相同形式的门限循环神经网络,y_{t-1} 是前一个目标语言的词,s_{t-1} 是前一个解码器隐状态。更新解码器的隐状态之后,就可以预测目标语言句子的下一个词:

$$P(y = y_t \mid y_1, y_2, \cdots, y_{t-1}) = \mathrm{softmax}(y_t, s_t, c)$$

这种方法打开了双语/多语任务上神经网络架构的新思路,但是其局限也是非常突出的:一个句子不管多长,都被强行压缩到一个固定不变的向量上。可想而知,源语言句子越

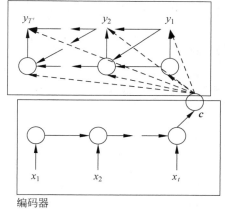

图 7.5　编码器-解码器架构

图片来源:*Learning Phrase Representations using RNN Encoder-Decoder for Statistical Machine Translation*)

长,压缩过程丢失的信息就越多。事实上,当这个模型处理 20 词以上的句子时,模型效果就迅速退化。此外,越靠近句子末端的词,进入上下文向量的信息就越多,而越前面的词,其信息就越加被模糊和淡化。这是不合理的,因为在产生目标语言句子的不同部分时,需要来自源语言句子不同部分的信息,而并不是只盯着源语言句子最后几个词看。

这时候,人们想起了统计机器翻译中一个非常重要的概念——词对齐模型。能不能在神经机器翻译中也引入类似的词对齐的机制呢? 如果可以,在翻译的时候就可以选择性地加入只包含某一部分词信息的上下文向量,这样一来就避免了将整句话压缩到一个向量的信息损失,而且可以动态地调整所需要的源语言信息。

统计机器翻译中的词对齐是一个二元的、离散的概念,即源语言词与目标语言词要么对齐,要么不对齐(尽管这种对齐是多对多的关系)。但是正如本章开头提到的那样,神经网络是一个处理连续浮点值的函数,词对齐需要经过一定的变通才能结合到神经网络中。

2014 年刚在 EMNLP 发表编码器-解码器论文的 Cho 和 Bengio,和当时 MILA 实验室的博士生 Bahdanau 紧接着就提出了一个至今看来让人叹为观止的精巧设计——软性词对齐模型,并给了它一个日后人们耳熟能详的名字——注意力机制。

这篇描述加入了注意力机制的编码器-解码器神经网络机器翻译的论文以 *Neural Machine Translation by Jointly Learning to Align and Translate* 的标题发表在 2015 年 ICLR 上,成为一篇划时代的论文——统计机器翻译的时代宣告结束,此后尽是神经机器翻译的天下。这就是本章所要介绍的第三篇经典论文。

相对于 EMNLP 的编码器-解码器架构,这篇论文对模型最关键的更改在于上下文向量。它不再是一个解码时每一步都相同的向量 c,而是每一步都根据注意力机制来调整的动态上下文向量 c_t。

注意力机制,顾名思义,就是一个目标语言词对于一个源语言词的注意力。这个注意力是用一个浮点数值来量化的,并且是归一化的,也就是说,对于源语言句子的所有词的注意力加起来等于 1。

那么在解码进行到第 t 个词的时候,怎么来计算目标语言词 y_t 对源语言句子第 k 个词的注意力呢? 方法很多,可以用点积、线性组合,等等。以线性组合为例:

$$Ws_{t-1}+Uh_k$$

加上一些变换,就得到一个注意力分数:

$$e_{t,k}=\boldsymbol{v}\tanh(Ws_{t-1}+Uh_k)$$

然后通过 softmax() 函数将这个注意力分数归一化:

$$a_t=\text{softmax}(e_t)$$

于是,这个归一化的注意力分数就可以作为权值,将编码器的隐状态加权求和,得到第 t 时步的动态上下文向量:

$$\boldsymbol{c}_t=\sum_k a_{t,k}h_k$$

这样,注意力机制就自然地被结合到了解码器中:

$$P(y=y_t\mid y_1,y_2,\cdots,y_{t-1})=\text{softmax}(y_t,s_t,c_t)$$

之所以说这是一种软性的词对齐模型,是因为可以认为目标语言的词不再是 100% 或 0% 对齐到某个源语言词上,而是以一定的比例,例如 60% 对齐到这个词上,40% 对齐到那个词上,这个比例就是所说的归一化的注意力分数。

这个基于注意力机制的编码器-解码器模型(如图 7.6 所示),不只适用于机器翻译任务,还普遍地适用于从一个序列到另一个序列的转换任务。例如,在文本摘要中,可以认为是把一段文字"翻译"成较短的摘要,诸如此类。因此,作者给它起的本名 RNNSearch 在机器翻译以外的领域并不广为人知,而是被称为 Seq2Seq(Sequence-to-Sequence,序列到序列)。

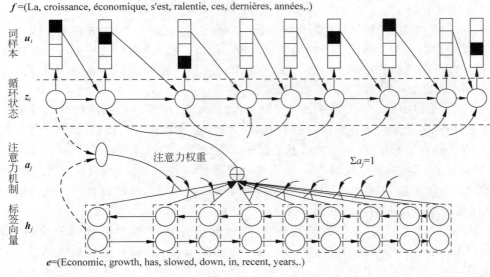

图 7.6　RNNSearch 中的注意力机制

(图片来源:网址详见前言二维码)

7.4　基于卷积神经网络的架构

虽然卷积神经网络一直没能成为自然语言处理领域的主流网络架构,但一些基于卷积神经网络的架构也曾经被探索和关注过。这里简单地介绍一个例子——卷积序列到序列(ConvSeq2Seq)。

很长一段时间里,循环神经网络都是自然语言处理领域的主流框架:它自然地符合了序列处理的特点,而且积累了多年以来探索的训练技巧,使得总体效果不错。但它的弱点也是显而易见的:循环神经网络中,下一时步的隐状态总是取决于上一时步的隐状态,这就使得计算无法并行化,而只能逐时步地按顺序计算。

在这样的背景之下,人们提出了使用卷积神经网络来替代编码器-解码器架构中的循环单元,使得整个序列可以同时被计算。但是,这样的方案也有它固有的问题:首先,卷积神经网络只能捕捉到固定大小窗口的上下文信息,这与想要捕捉序列中长距离依赖关系的初衷背道而驰;其次,循环依赖被取消后,如何在建模中捕捉词与词之间的顺序关系也是一个不能绕开的问题。

在 *Convolutional Sequence to Sequence Learning* 一文中,作者通过网络架构上巧妙的设计,缓解了上述两个问题。首先,在词向量的基础上加入一个位置向量,以此让网络知道词与词之间的顺序关系。对于固定窗口的限制,作者指出,如果把多个卷积层叠加在一起,那么有效的上下文窗口就会大大增加——例如,原本的左右两边的上下文窗口都是 5,如果两层卷积叠加到一起,第 2 个卷积层第 t 个位置的隐状态就可以通过卷积接收到来自第 1 个卷积层第 $t+5$ 个位置隐状态的信息,而第 1 个卷积层第 $t+5$ 个位置的隐状态又可以通过卷积接收到来自输入层第 $t+10$ 个位置的词向量信息。这样当多个卷积层叠加起来之后,有效的上下文窗口就不再局限于一定的范围了。网络结构如图 7.7 所示。

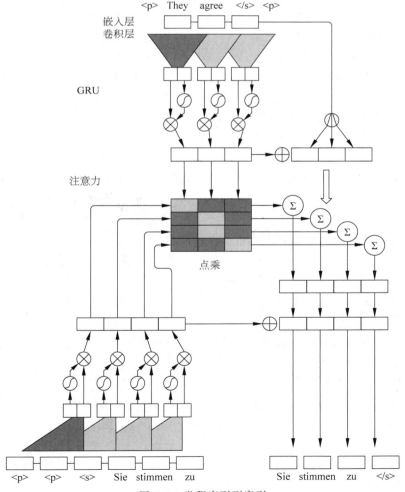

图 7.7 卷积序列到序列

(图片来源:*Convolutional Sequence to Sequence Learning*)

整体网络架构仍旧采用带有注意力机制的编码器-解码器架构。

输入：网络的输入为词向量与位置向量的逐元素相加。在这里，词向量与位置向量都是网络中可训练的参数。

卷积与非线性变换单元：在编码器和解码器中，卷积层与非线性变换组成的单元多层叠加。在一个单元中，卷积首先将上一层的输入投射成为维度两倍于输入的特征，然后将这个特征矩阵切分成两份 $Y=[AB]$。B 被用于计算门限，以控制 A 流向下一层的信息：

$$v([AB]) = A \odot \sigma(B)$$

其中，$\odot$ 表示逐元素相乘。

多步注意力：与 RNNSearch 的注意力稍有不同，这里的多步注意力计算的是解码器状态对于编码器状态＋输入向量的注意力（而不仅是对编码器状态的注意力）。这使得来自底层的输入信息可以直接被注意力获得。

7.5 基于 Transformer 的架构

2014—2017 年，基于循环神经网络的 Seq2Seq 在机器翻译以及其他序列任务上占据了绝对的主导地位，编码器-解码器架构以及注意力机制的各种变体被研究者反复探索。尽管循环神经网络不能并行计算是一个固有的限制，但似乎一些对于可以并行计算的网络架构的探索并没有取得在模型效果上特别显著的提升（例如 7.4 节所提及的 ConvSeq2Seq）。

卷积神经网络在效果上总体比不过循环神经网络是有原因的：不管怎样设计卷积单元，它所吸收的信息永远是来自一个固定大小的窗口。这就使得研究者陷入了两难的尴尬境地：循环神经网络缺乏并行能力，卷积神经网络不能很好地处理变长的序列。

回到最初的多层感知机时代：多层感知机对于各神经元是并行计算的。但是那个时候，多层感知机对句子进行编码效果不理想的原因如下。

（1）如果所有的词向量都共享一个权值矩阵，那么就无从知道词之间的位置关系。

（2）如果给每个位置的词向量使用不同的权值矩阵，由于全连接的神经网络只能接受固定长度的输入，这就导致了 7.2 节中所提到的语言模型只能取固定大小窗口里的词作为输入。

（3）全连接层的矩阵相乘计算开销非常大。

（4）全连接层有梯度消失/梯度爆炸的问题，使得网络难以训练，在深层网络中抽取特征的效果也不理想。

（5）随着深度神经网络火速发展了几年，各种方法和技巧都被开发和探索出来，使得上述问题被逐一解决。

ConvSeq2Seq 中的位置向量为表示词的位置关系提供了可并行化的可能性：从前只能依赖于循环神经网络按顺序展开的时步来捕捉词的顺序，现在由于有了不依赖于前一个时步的位置向量，就可以并行地计算所有时步的表示而不丢失位置信息；注意力机制的出现，使得变长的序列可以根据注意力权重来对序列中的元素加权平均，得到一个定长的向量；而这样的加权平均又比简单的算术平均能保留更多的信息，最大程度上避免了压缩所带来的信息损失。

由于一个序列通过注意力机制可以被有效地压缩成为一个向量，在进行线性变换的时候，矩阵相乘的计算量就大大减少了。

在横向（沿时步展开的方向）上，循环单元中的门限机制有效地缓解了梯度消失以及梯度爆炸的问题；在纵向(隐藏层叠加的方向)上，计算机视觉中的残差连接网络提供了非常好的解决思路，使得深层网络叠加后的训练成为可能。

于是，在 2017 年年中的时候，Google 在 NIPS 上发表的一篇思路大胆、效果突出的论文，翻开了自然语言处理的新一页。这篇论文就是本章要介绍的最后一篇划时代的经典论文 *Attention is All You Need*。这篇文章发表后不到一年时间里，曾经如日中天的各种循环神经网络模型悄然淡出，基于 Transformer 架构的模型横扫各项自然语言处理任务。

在这篇论文中，作者提出了一种全新的神经机器翻译网络架构——Transformer。它仍然沿袭了 RNNSearch 中的编码器-解码器框架。只是这一次，所有的循环单元都被取消了，取而代之的是可以并行的 Transformer 编码器单元/解码器单元。

这样一来，模型中就没有了循环连接，每一个单元的计算就不需要依赖于前一个时步的单元，于是代表这个句子中每一个词的编码器/解码器单元理论上都可以同时计算。可想而知，这个模型在计算效率上能比循环神经网络快一个数量级。

但是需要特别说明的是，由于机器翻译这个概率模型仍是自回归的，即翻译出来的下一个词还是取决于前面翻译出来的词：

$$P(y_t \mid y_1, y_2, \cdots, y_{t-1})$$

因此，虽然编码器在训练、解码的阶段，以及解码器在训练阶段可以并行计算，解码器在解码阶段的计算仍然要逐词进行解码。但即便是这样，计算的速度已经大大增加。

下面将先详细介绍 Transformer 各部件的组成及设计，然后讲解组装起来后的 Transformer 如何工作。

7.5.1　多头注意力

正如这篇论文的名字所体现的，注意力在整个 Transformer 架构中处于核心地位。

在 7.3.5 节中，注意力一开始被引入神经机器翻译是以软性词对齐机制的形式。对于注意力机制一个比较直观的解释是：某个目标语言词对于每一个源语言词具有多少注意力。如果把这种注意力的思想抽象一下，就会发现其实可以把这个注意力的计算过程当成一个查询的过程：假设有一个由一些键-值对组成的映射，给出一个查询，根据这个查询与每个键的关系，得到每个值应得到的权重，然后把这些值加权平均。在 RNNSearch 的注意力机制中，查询就是这个目标词，键和值是相同的，是源语言句子中的词。

如果查询、键、值都相同呢？直观地说，就是一个句子中的词对于句子中其他词的注意力都相同。在 Transformer 中，这就是自注意力机制。这种自注意力可以用来对源语言句子进行编码，由于每个位置的词作为查询时，查到的结果是这个句子中所有词的加权平均结果，因此这个结果向量中不仅包含它本身的信息，还含有它与其他词的关系信息。这样就具有了和循环神经网络类似的效果——捕捉句子中词的依赖关系。它甚至比循环神经网络在捕捉长距离依赖关系中做得更好，因为句中的每一个词都有和其他所有词直接连接的机会，而循环神经网络中距离远的两个词之间只能隔着许多时步传递信号，每一个时步都会减弱这个信号。

形式化地，如果用 Q 表示查询，K 表示键，V 表示值，那么注意力机制无非就是关于它们的一个函数：

$$\text{Attention}(Q, K, V)$$

在 RNNSearch 中，这个函数具有的形式是

$$\text{Attention}(Q, K, V) = \text{softmax}([\boldsymbol{v}\tanh(WQ + UK)]^{\mathrm{T}}V)$$

也就是说,查询与键中的信息以线性组合的形式进行了互动。

那么其他的形式是否会有更好的效果呢? 在实验中,研究人员发现简单的点积比线性组合更为有效,即

$$QK^{\mathrm{T}}$$

不仅如此,矩阵乘法可以在实现上更容易优化,使得计算可以加速,并且也更加节省空间。但是点积带来了新的问题: 由于隐藏层的向量维度 d_k 很高,点积会得到比较大的数字,这使得 softmax() 函数的梯度变得非常小。在实验中,研究人员把点积进行放缩,乘以一个因子 $\frac{1}{\sqrt{d_k}}$,有效地缓解了这个问题:

$$\mathrm{Attention}(Q,K,V)=\mathrm{softmax}()$$

到目前为止,注意力机制计算出来的只有一组权重。可是语言是一种高度抽象的表达系统,包含着各种不同层次和不同方面的信息,同一个词也许在不同层次上就应该具有不同的权重。怎样来抽取这种不同层次的信息呢? Transformer 有一个非常精巧的设计——多头注意力,其结构如图 7.8 所示。

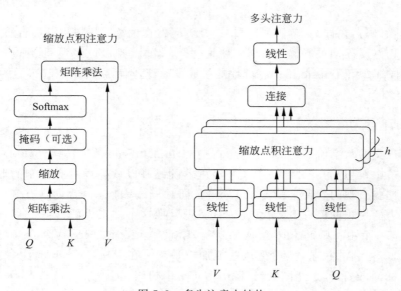

图 7.8　多头注意力结构

(图片来源: *Attention is All You Need*)

多头注意力首先使用 n 个权值矩阵把查询、键、值分别进行线性变换,得到 n 套这样的键值查询系统,然后分别进行查询。由于权值矩阵是不同的,每一套键值查询系统计算出来的注意力权重就不同,这就是所谓的多个"注意力头"。最后,在每套系统中分别进行加权平均,然后在每个词的位置上把所有注意力头得到的加权平均向量拼接起来,得到总的查询结果。

在 Transformer 的架构中,编码器单元和解码器单元各有一个基于多头注意力的自注意力层,用于捕捉一种语言的句子内部词与词之间的关系。如前文所述,这种自注意力中查询、键、值是相同的。在目标语言一端,由于解码是逐词进行的,自注意力不可能注意到当前词之后的词,因此解码器端的注意力只注意当前词之前的词,这在训练阶段是通过掩码机制实现的。

而在解码器单元中,由于是目标语言端,它需要来自源语言端的信息,因此还有一个解码器对编码器的注意力层,其作用类似于 RNNSearch 中的注意力机制。

7.5.2 非参位置编码

在 ConvSeq2Seq 中,作者引入了位置向量来捕捉词与词之间的位置关系。这种位置向量与词向量类似,都是网络中的参数,是在训练中得到的。

但是这种将位置向量参数化的做法的短处也非常明显。句子都是长短不一的,假设大部分句子至少有 5 个词以上,只有少部分句子超过 50 个词,那么第 1~5 个位置的位置向量训练样例就非常多,第 51 个词之后的位置向量可能在整个语料库中都见不到几个训练样例。这也就是说,越往后的位置有词的概率越低,训练就越不充分。由于位置向量本身是参数,数量是有限的,因此超出最后一个位置的词无法获得位置向量。例如训练的时候,最长句子长度设置为 100,那么就只有 100 个位置向量,如果在翻译中遇到长度是 100 以上的句子就只能截断了。

在 Transformer 中,作者使用了一种非参的位置编码。没有参数,位置信息是怎么编码到向量中的呢?这种位置编码借助于正弦函数和余弦函数天然含有的时间信息。这样一来,位置编码本身不需要有可调整的参数,而是上层的网络参数在训练中调整适应于位置编码,所以就避免了越往后位置向量训练样本越少的困境。同时,任何长度的句子都可以被很好地处理。另外,由于正弦函数和余弦函数都是周期循环的,位置编码实际上捕捉到的是一种相对位置信息,而非绝对位置信息,这与自然语言的特点非常契合。

Transformer 的第 p 个位置的位置编码是一个这样的函数:

$$\mathrm{PE}(p, 2i) = \sin(p/10\,000^{2i/d})$$
$$\mathrm{PE}(p, 2i+1) = \cos(p/10\,000^{2i/d})$$

其中,$2i$ 和 $2i+1$ 分别是位置编码的第奇数个维度和第偶数个维度,d 是词向量的维度,这个维度等同于位置编码的维度,这样位置编码就可以和词向量直接相加。

7.5.3 编码器单元与解码器单元

在 Transformer 中,每个词都会被堆叠起来的一些编码器单元所编码。Transformer 的结构如图 7.9 所示,一个编码器单元中有两层,第一层是多头的自注意力层,第二层是全连接层,每一层都加上了残差连接和层归一化。这是一个非常精巧的设计,注意力+全连接的组合给特征抽取提供了足够的自由度,而残差连接和层归一化又让网络参数更加容易训练。

编码器就是由许许多多这样相同的编码器单元所组成:每个位置都有一个编码器单元栈,编码器单元栈中都是多个编码器单元堆叠而成。在训练和解码的时候,所有位置上编码器单元栈并行计算,相比于循环神经网络而言大大提高了编码的速度。

解码器单元也具有与编码器单元类似的结构。所不同的是,解码器单元比编码器单元多了一个解码器对编码器注意力层。另一个不同之处是解码器单元中的自注意力层加入了掩码机制,使得前面的位置不能注意后面的位置。

与编码器相同,解码器也是由包含堆叠的解码器单元栈所组成。训练的时候所有的解码器单元栈都可以并行计算,而解码的时候则按照位置顺序执行。

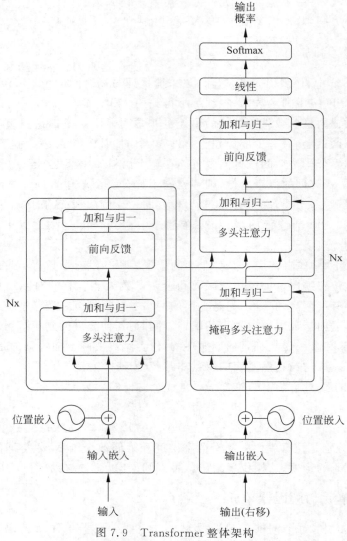

图 7.9 Transformer 整体架构

(图片来源：*Attention is All You Need*)

7.6 表示学习与预训练技术

在计算机视觉领域，一个常用的提升训练数据效率的方法就是通过把一些在 ImageNet 或其他任务上预训练好的神经网络层共享应用到目标任务上，这些被共享的网络层被称为 backbone。使用预训练的好处在于，如果某项任务的数据非常少，但它和其他任务有相似之处，就可以利用在其他任务中学习到的知识，从而减少对某一任务专用标注数据的需求。这种共享的知识往往是某种通用的常识，例如，在计算机视觉的网络模型中，研究者们从可视化的各层共享网络中分别发现了不同的特征表示，这是因为不管是什么任务，要处理的对象总是图像，总是有非常多可以共享的特征表示。

研究者们也想把这种预训练的思想应用在自然语言处理中。自然语言中也有许多可以共享的特征表示。例如，无论用哪个领域训练的语料，一些基础词汇的含义总是相似的，语法结构总是大多相同的,那么目标领域的模型就只需要在预训练好的特征表示的基础上针对目标任务或目标领域进行少量数据训练,即可达到良好效果。这种抽取可共享特征表示的机器学习算法被称为表示学习。由于神经网络本身就是一个强大的特征抽取工具,因此不管是在自然语言还是在视觉领域,神经网络都是进行表示学习的有效工具。本节将简要介绍基于自然语言处理中基于前面提到的各种网络架构所进行的表示学习与预训练技术。

7.6.1　词向量

自然语言中,一个比较直观的、规模适合计算机处理的语言单位就是词。因此非常自然地,如果词的语言特征能在各任务上共享,这将是一个通用的特征表示。因此词嵌入(Word Embedding)至今都是一个在自然处理领域中重要的概念。

在早期的研究中,词向量往往是通过在大规模单语语料上预训练一些语言模型得到的;而这些预训练好的词向量通常被用来初始化一些数据稀少的任务的模型中的词向量,这种利用预训练词向量初始化的做法在词性标注、语法分析,乃至句子分类中都有着明显的效果提升作用。

早期的一个典型的预训练词向量代表就是 Word2Vec。Word2Vec 的网络架构是 7.2 节中介绍的基于多层感知机的架构,本质上都是通过一个上下文窗口的词来预测某一个位置的词,它们的特点是局限于全连接网络的固定维度限制,只能得到固定大小的上下文。

Word2Vec 的预训练方法主要依赖于语言模型。它的预训练主要基于两种思想:第一种是通过上下文(例如,句子中某个位置前几个词和后几个词)来预测当前位置的词,这种方法被称为 Contiuous Bag-of-Words(CBOW),其结构如图 7.10 所示;第二种方法是通过当前词来预测上下文,被称为 Skip-gram,其结构如图 7.11 所示。

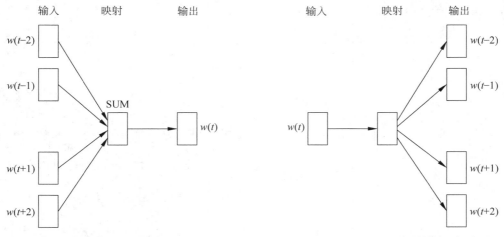

图 7.10　CBOW 结构示意图　　　　图 7.11　Skip-gram 结构示意图

这种预训练技术被证明是有效的:一方面,使用 Word2Vec 作为其他语言任务的词嵌入初始化成为一项通用的技巧;另一方面,Word2Vec 词向量的可视化结果表明,它确实学习到了某种层次的语义(例如,图 7.12 中的国家-首都关系)。

下面来看一个使用 Word2Vec 来计算不同词语之间相似度的简单例子。首先需要使用 pip 命令来安装 genism 库。

```
pip install genism = = 4.3.0
```

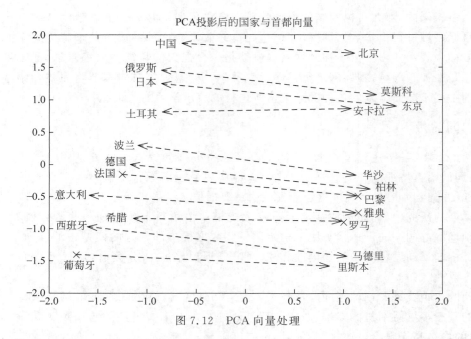

图 7.12 PCA 向量处理

这里需要注意的是，不同的 genism 版本的 API 可能不同。然后需要定义语料库，用 jieba 库对语料库进行分词，使用 Word2Vec 进行训练并保存模型。最后可以导入训练好的模型，并计算两个词语的相似度。具体的实现和相应注释如下。

```
1    from gensim.models import Word2Vec
2    import jieba
3
4    #定义停用词、标点符号
5    punctuation = [" ", "、", "，", "。", "：", "；", "．", "'", '"', "'", "?", "/", "-", "+", "&",
     "(", ")"]
6    sentences = [
7        '包子和馒头的区别有很多,比如外形和口感不一样。',
8        '包子吃起来有馅,外形上看有褶,而馒头没有馅,更没有褶,只是圆圆的一块面。',
9        '包子和馒头的制作,都是需要经过发酵的,只有发酵的面团才能制作成包子或馒头。',
10       '包子和馒头都是主食,早上的时候,可以吃些包子,喝一些豆浆,当作早餐食用即可。',
11       '馒头可以在中午或者晚上的时候吃,搭配一些素菜吃最好,当然,也能搭配一些肉类的食物。',
12       '馒头和包子都是发酵出来的食物,对身体没有什么坏处,可以经常食用。',
13       '如果早上只吃包子的话,会使营养过于单调,因为包子里面主要成分是淀粉,蛋白质含量比较
         低。',
14       '建议增加牛奶或豆浆、蔬菜、水果、鸡蛋等食物获取蛋白质和维生素,保证早餐的营养均衡。',
15       '包子和馒头里面都可以添加一些酵母粉,这种物质对身体没有害处,反而很健康。',
16       '发面的过程中,如果使用了酵母粉,可以增加面的营养价值,供人的吸收和食用,对人体有许
         多好处。'
17   ]
18   sentences = [jieba.lcut(sen) for sen in sentences]
19   #进行分词
20   tokenized = []
21   for sentence in sentences:
22       words = []
23       for word in sentence:
```

```
24          if word not in punctuation:
25              words.append(word)
26      tokenized.append(words)
27  #模型训练
28  model = Word2Vec(tokenized, sg = 1, window = 5, min_count = 2, negative = 1, sample = 0.001,
    hs = 1, workers = 4)
29  #保存模型
30  model.save('./word2vec.model')
31  #导入模型
32  model = Word2Vec.load('./word2vec.model')
33  #相似度比较
34  print(model.wv.similarity('馒头', '包子'))
```

Word2Vec 类进行初始化时的参数如下所示。

- sg＝1 代表 skip-gram 算法,对低频词敏感;默认 sg＝0,为 CBOW 算法。
- window 是句子中当前词与目标词之间的最大距离,3 表示在目标词前看 3-b 个词,后面看 b 个词(b 在 0～3 随机)。
- min_count 是对词进行过滤,频率小于 min-count 的单词则会被忽视,默认值为 5。
- negative 和 sample 可根据训练结果进行微调,sample 表示更高频率的词被随机下采样到所设置的阈值,默认值为 1e-3。
- hs＝1 表示层级 softmax 将会被使用;默认 hs＝0 且 negative 不为 0,则负采样将会被选择使用。

在代码的最后,结果输出的相似度为 0.06998911。这个结果跟人们主观的认知还是有些差距,主要是由于语料库内容过少。不过这个例子也展示了 Word2Vec 使用的整个流程,更为深入的应用有待各位读者进行探索。

7.6.2 加入上下文信息的特征表示

7.6.1 节中的特征表示有两个明显的不足:首先,它局限于某个词的有限大小窗口中的上下文,这限制了它捕捉长距离依赖关系的能力;其次,它的每个词向量都是在预训练之后就被冻结了的,而不会根据使用时的上下文改变,而自然语言一个非常常见的特征就是多义词。

7.3 节中提到,加入长距离上下文信息的一个有效办法就是基于循环神经网络的架构;如果利用这个架构在下游任务中根据上下文实时生成特征表示,那么就可以在相当程度上缓解多义词的局限。在这种思想下利用循环神经网络来获得动态上下文的工作不少,例如 CoVe、Context2Vec、ULMFiT 等。其中较为简捷有效而又具有代表性的就是 ElMo。

循环神经网络使用的一个常见技巧就是双向循环单元,包括 ElMo 在内的这些模型都采取了双向的循环神经网络(BiLSTM 或 BiGRU),通过将一个位置的正向和反向的循环单元状态拼接起来,可以得到这个位置的词的带有上下文的词向量(Context-aware)。ElMo 的结构如图 7.13 所示。循环神经网络使用的另一个常见技巧就是网络层叠加,下一层的网络输出作为上一层的网络输入,或者所有下层网络的输出作为上一层网络的输入,这样做可以使重要的下层特征易于传到上层。

除了把双向多层循环神经网络利用到极致以外,ElMo 相比于早期的词向量方法还有其他关键改进。

首先,它除了在大规模单语语料上训练语言模型的任务以外,还加入了其他的训练任务用

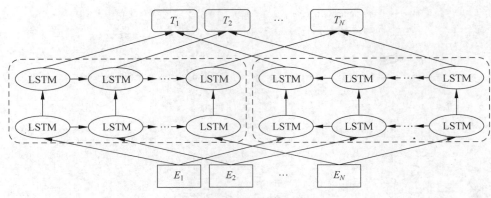

图 7.13　ElMo 结构示意图

于调优(fine-tuning)。这使得预训练中捕捉到的语言特征更为全面,层次更为丰富。

　　其次,相比于 Word2Vec 的静态词向量,它采取了动态生成的办法:下游任务的序列先拿到预训练好的 ElMo 中跑一遍,然后取到 ElMo 里各层循环神经网络的状态拼接在一起,最后才喂给下游任务的网络架构。这样虽然开销大,但下游任务得到的输入就是带有丰富的动态上下文的词特征表示,而不再是静态的词向量。

7.6.3　网络预训练

　　前面所介绍的预训练技术主要思想还是特征抽取(Feature Extraction),通过使用更为合理和强大的特征抽取器,尽可能使抽取到的每个词的特征变深(多层次的信息)和变宽(长距离依赖信息),然后将这些特征作为下游任务的输入。

　　那么是否可以像计算机视觉中的“backbone”那样,不仅局限于抽取特征,还将抽取特征的“backbone”网络层整体应用于下游任务呢? 答案是肯定的。7.5 节中介绍的 Transformer 网络架构的诞生,使得各种不同任务都可以非常灵活地被一个通用的架构建模:可以把所有自然语言处理任务的输入都看成序列。如图 7.14 所示,只要在序列的特定位置加入特殊符号,由于 Transformer 具有等长序列到序列的特点,并且经过多层叠加之后序列中各位置信息可以充分交换和推理,特殊符号处的顶层输出可以被看作包含整个序列(或多个序列)的特征,用于各项任务。例如句子分类,就只需要在句首加入一个特殊符号“cls”,经过多层 Transformer 叠加之后,句子的分类信息收集到句首“cls”对应的特征向量中,这个特征向量就可以通过仿射变换然后正则化,得到分类概率。多句分类、序列标注也是类似的方法。

　　Transformer 这种灵活的结构使得它除了顶层的激活层网络以外,下层所有网络可以被多种不同的下游任务共用。举一个也许不太恰当的比喻,它就像图像任务中的 ResNet 等“backbone”一样,作为语言任务的“backbone”在大规模高质量的语料上训练好之后,或通过 fine-tune,或通过 adapter 方法,直接被下游任务所使用。这种网络预训练的方法,被最近非常受欢迎的 GPT 和 BERT 所采用。

　　GPT(Generative Pretrained Transformer),如其名称所指,如图 7.15 所示,其本质是生成式语言模型(Generative Language Model)。由于生成式语言模型的自回归特点(auto-regressive),GPT 是我们非常熟悉的传统的单向语言模型“预测下一个词”。GPT 在语言模型任务上训练好之后,就可以针对下游任务进行调优了。由于前面提到 Transformer 架构灵活,GPT 几乎可以适应任意的下游任务。对于句子分类来说,输入序列是原句加上首尾特殊符号;对于阅读理解来说,输入序列是“特殊符号＋原文＋分隔符＋问题＋特殊符号”;以此类

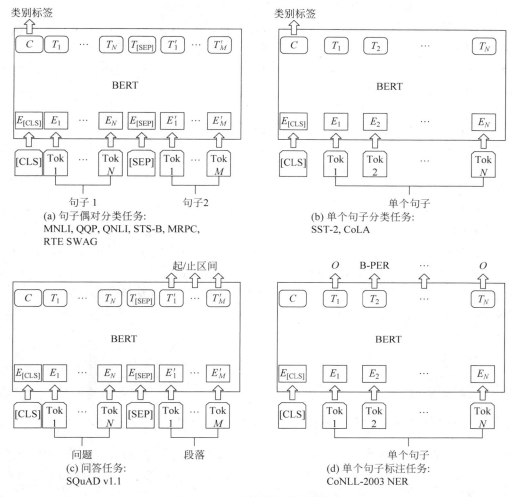

图 7.14 Transformer 通过在序列中加入特殊符号将所有自然语言任务的输入用序列表示

(图片来源：*Bi-directional Encoder Representations from Transformer*)

推。因而 GPT 不需要太大的架构改变，就可以方便地针对各项主流语言任务进行调优，刷新了许多纪录。

BERT（Bi-directional Encoder Representations from Transformer），如其名称所指，如图 7.16 所示，是一个双向的语言模型。这里指的双向语言模型，并不是像 ElMo 那样把正向和反向两个自回归生成式结构叠加，而是利用了 Transformer 的等长序列到序列的特点，把某些位置的词掩盖，然后让模型通过序列未被掩盖的上下文来预测被掩盖的部分。这种掩码语言模型（Masked Language Model）的思想非常巧妙，突破了从 n-gram 语言模型到 RNN 语言模型再到 GPT 的自回归生成式模型的思维，同时又在某种程度上和 Word2Vec 中的 CBOW 的思想不谋而合。

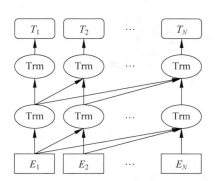

图 7.15 OpenAI GPT 生成式语言模型

(图片来源：*Bi-directional Encoder Repr-esentations from Transformer*)

很自然地，掩码语言模型非常适合作为 BERT 的预训练任务。这种利用大规模单语语料,节省人工标注成本的预训练任务还有一种:"下一个句子预测"。读者应当非常熟悉,之前所有的经典语言模型,都可以看作"下一个词预测",而"下一个句子预测"就是在模型的长距离依赖关系捕捉能力和算力都大大增强的情况下,很自然地发展出来的方法。

BERT 预训练好之后,应用于下游任务的方式与 GPT 类似,也是通过加入特殊符号来针对不同类别的任务构造输入序列。

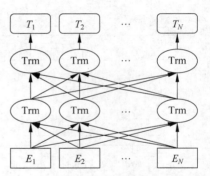

图 7.16 BERT 双向语言模型
(图片来源: *Bi-directional Encoder Repr-esentations from Transformer*)

以 Transformer 为基础架构,尤其是采取 BERT 类似预训练方法的各种模型变体,在学术界和工业界成为最前沿的模型,不少相关的研究都围绕着基于 BERT 及其变种的表示学习与预训练展开。例如,共享的网络层参数应该是预训练好就予以固定(freeze),然后用 adapter 方法在固定参数的网络层基础上增加针对各项任务的结构? 还是应该让共享网络层参数也可以根据各项任务调节(fine-tune)? 如果是后一种方法,哪些网络层应该解冻(defreeze)调优? 解冻的顺序应该是怎样的? 等预训练技术变种,都是当前大热的研究课题。

下面来看一个生成诗歌的简单的例子。

首先,用 pip 安装 transformers 库。

```
pip install transformers = = 4.26.0
```

然后,加载从互联网上找到的预训练好的模型,并生成诗歌。具体代码如下所示。

```
1  from transformers import GPT2LMHeadModel, BertTokenizerFast, pipeline
2
3  #自动下载 vocab.txt
4  tokenizer = BertTokenizerFast.from_pretrained("gaochangkuan/model_dir")
5  #自动下载模型
6  model = GPT2LMHeadModel.from_pretrained('gaochangkuan/model_dir', pad_token_id = tokenizer.
   eos_token_id)
7
8  nlp_gen = pipeline('text - generation', model = model, tokenizer = tokenizer)
9  print(nlp_gen('思念故乡'))
```

结果如下。

```
1  [{'generated_text': '思念故乡 耕秋风瑟瑟动征鞍,万里关河感慨难。千里关山劳梦寐,十年戎马忆长安。关河落日边烽火,塞雁西风塞草寒。回首故园归未得,不堪回首泪沾冠。'}]
```

小　　结

本章介绍了深度学习在自然语言处理中的应用。在神经网络问世以前,自然语言处理已经被许多研究者关注,并提出了一系列传统模型。但是由于语言本身的多样性和复杂性,这些模型的效果并不如人意。为了使用深度神经网络对语言建模,研究者提出了循环神经网络以及一系列改进,包括 LSTM、GRU 等。这些模型虽然达到了较高的精度,但是也遇到了训练上的许多问题。Transformer 的提出为自然语言研究者们提供了一种新的思路。本章最后介绍了表示学习和预训练技术,这些知识并不局限于自然语言处理,而是深度学习的通用技巧,读者可以尝试在计算机视觉应用中使用预训练模型加速训练。

习　　题

1. 选择题

(1) 平凡循环神经网络采用如(　　)这种形式的循环单元。

A. $h_t = W_{xh}x_t + W_{hh}h_{t-1} + b$
B. $h_t = W_{xh}x_{t-1} + W_{hh}h_t + b$

C. $h_t = W_{xh}x_{t-1} + W_{hh}h_t$
D. $h_t = W_{xh}x_t + W_{hh}h_{t-1}$

(2) 下列选项中(　　)是自然语言处理领域的主流网络架构。

A. 卷积神经网络　　B. 循环神经网络　　C. 深度神经网络　　D. BERT

(3) ConvSeq2Seq 中的位置向量为表示词的位置关系提供了(　　)的可能性。

A. 可并行性　　　B. 可串行性　　　C. 可继承性　　　D. 可跟随性

(4) 下列选项中,(　　)在整个 Transformer 架构中处于核心地位。

A. 注意力　　　B. 可靠性　　　C. 执行速度　　　D. 准确性

(5) 谷歌在 NIPS 上发表的(　　)翻开了自然语言处理的新一页。

A. *Parsing Universal Dependencies without Training*

B. *A Maximum Entropy Approach to Natural Language Processing*

C. *Minimum Error Rate Training for Statistical Machine Translation*

D. *Attention is All You Need*

2. 判断题

(1) 统计方法在自然语言处理领域中仍然是主流的方法。　　　　　　　　　(　　)

(2) RNNLM 中,核心的网络架构是一个 n-gram 语言模型。　　　　　　　(　　)

(3) 机器翻译可以被看作一种条件语言模型。　　　　　　　　　　　　　(　　)

(4) 人类使用的自然语言不全是以序列的形式出现的。　　　　　　　　　(　　)

(5) 神经网络究其本质,是一个带参函数。　　　　　　　　　　　　　　(　　)

3. 填空题

(1) 自然语言处理中,最根本的问题就是_____。

(2) 多层感知机对于各神经元是_____计算的。

(3) 循环神经网络展开可以分为输出层、隐藏层和_____。

(4) 梯度消失和梯度爆炸的问题一般有_____和使用带有门限的循环单元两类办法。

(5) Transformer 中一个编码器单元有多头的自注意层和_____两层。

4. 简答题

(1) ElMo 相比于早期的词向量方法有哪些改进?

（2）画出循环神经网络的展开形式。

（3）简述基于多层感知器的神经网络架构的语言学意义。

（4）画出简单的编码器-解码器架构。

（5）循环神经网络的弱点是什么？

5．应用题

（1）利用 jieba 库对给定文本词条化后的词条(token)进行打印。文本内容为：自然语言处理是一种机器学习技术，使计算机能够解读、处理和理解人类语言。

（2）使用 Huggingface 的 transformers 库直接对文本进行词条化处理，不需要分词。文本内容为：对公司品牌进行负面舆情实时监测，事件演变趋势预测，预警实时触达，帮助公司市场及品牌部门第一时间发现负面舆情，及时应对危机公关，控制舆论走向，防止品牌受损。

第二部分 实 验

　　第二部分实验篇通过 7 个实验介绍人工智能技术的实现方式,分别针对目前人工智能的基础框架 PyTorch、TensorFlow、PaddlePaddle 以及热门研究领域,包括计算机视觉、自然语言处理、强化学习以及可视化技术。其中,基础框架部分分别介绍 PyTorch 和 TensorFlow、PaddlePaddle 的安装和基本使用方法。热门研究领域代码多使用 PaddlePaddle 2.0 实现,可视化技术中会涉及 TensorFlow 和 PyTorch 框架的代码。本章实验大部分代码可在百度 AI Studio 运行,读者可以使用 AI Studio 提供的免费或付费 GPU 算力加速代码运行。其余代码对算力的要求不高,读者可以在本地运行。

第 **8** 章

操 作 实 践

本章讲述 PyTorch、TensorFlow 和 PaddlePaddle 三个框架的安装、基本使用方法和工作原理。

8.1　PyTorch 操作实践

本节主要介绍 PyTorch 框架的安装、基本使用方法和工作原理。Tensor 的中文名为张量，本质上是一个多维矩阵。通过后文的介绍读者将会很自然地理解 Tensor 在深度学习计算中的重要地位，因此本章讲述的 Tensor 基本操作需要重点掌握。另一方面，PyTorch 的动态图计算依赖于强大的自动微分功能。理解自动微分不会帮助读者提升编程技能，但是可以使读者更容易理解 PyTorch 的底层计算过程，从而理解梯度的反向传播等操作。

8.1.1　PyTorch 安装

PyTorch 支持在 GPU 和 CPU 上运行，而深度学习由于数据量大和模型复杂，基本上都需要使用类似 GPU 这样的高并发的设备来进行运算急速加速，所以先完成 TensorFlow 的 GPU 版本安装。

首先需要安装 GPU 的驱动，如果是使用百度 AI Studio，则可以免去 GPU 驱动的安装。此处介绍的是更为常用的 NVIDIA 的显卡驱动安装。首先，访问 NVIDIA 官方网站来选择需要下载的驱动版本并下载，展示了选择显卡驱动的一些参数。

需要选择的包括显卡型号、操作系统、驱动类型。本书选择的是 GeForce RTX 3070 的笔记本版本。操作系统是 64 位的 Windows 10。Download Type 包含两个版本，其中，Game Ready 版本是为优先支持最新游戏、补丁的游戏玩家提供的；Studio 版本是为优先考虑视频编辑、动画、摄影、平面设计和直播等创意工作流程的稳定性和质量的内容创作者所提供的。这里选择的是 Game Ready 版本。单击 SEARCH 按钮后，可以跳到如图 8.1 所示的下载页面。单击 DOWNLOAD 按钮后即可进行下载。

深度学习(微课视频版)

在完成下载后就可以进行安装。由于 Windows 版本的驱动安装较为简单,只需要按照安装指引即可,这里就来介绍一下 Linux 版本的 NVIDIA 驱动的安装,以 64 位 Ubuntu 18.04 系统为例。首先按 Ctrl+Alt+F1 组合键到控制台,关闭图形界面。命令如下。

GEFORCE GAME READY DRIVER

Version:	516.59 WHQL
Release Date:	2022.6.28
Operating System:	Windows 10 64-bit, Windows 11
Language:	English (US)
File Size:	784.7 MB

DOWNLOAD

图 8.1　NVIDIA 显卡驱动下载

```
sudo service lightdm stop
```

卸载可能存在的旧版本 NVIDIA 显卡驱动,对应命令如下。

```
sudo apt-get remove --purge nvidia
```

安装驱动可能需要的依赖,对应命令如下。

```
sudo apt-get update
sudo apt-get install dkms build-essential linux-headers-generic
```

把 nouveau 驱动加入黑名单并禁用 nouveau 内核模块,对应命令如下。

```
sudo nano /etc/modprobe.d/blacklist-nouveau.conf
```

在文件 blacklist-nouveau.conf 中加入如下内容,对应命令如下。

```
blacklist nouveau
options nouveau modeset = 0
```

保存退出,执行命令如下。

```
sudo update-initramfs -u
```

然后重启系统,对应命令如下。

```
reboot
```

重启后再次进入字符终端界面(Ctrl+Alt+F1),并关闭图形界面,对应命令如下。

```
sudo service lightdm stop
```

进入之前 NVIDIA 驱动文件下载目录,安装驱动,对应命令如下。

```
sudo chmod u+x NVIDIA-Linux-x86_64-xxx.xx.run
sudo ./NVIDIA-Linux-x86_64-xxx.xx.run -no-opengl-files
```

-no-opengl-files 表示只安装驱动文件,不安装 OpenGL 文件。这个参数不可忽略,否则可能会导致登录界面死循环。xxx.xx 是指显卡驱动的版本号。

最后重新启动图形环境,对应命令如下。

```
sudo service lightdm start
```

通过以下命令确认驱动是否正确安装,对应命令如下。

```
cat /proc/driver/nvidia/version
```

至此,NVIDIA 显卡驱动安装成功。然后,安装 PyTorch。PyTorch 官方网站提供了如图 8.2 所示的安装方式,只需要选择一些参数就可以获取安装命令。

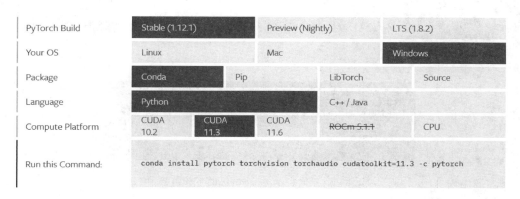

图 8.2　PyTorch 官网提供安装命令获取界面

如果已经安装了 CUDA,使用 pip 安装相对比较方便。使用 pip 安装最新稳定版的 PyTorch 的命令如下。

```
pip3 install torchtorchvision torchaudio cudatoolkit = 11.3 - c pytorch
```

如果没有安装 CUDA,则可以选择使用 Anaconda 来安装。Anaconda 是当前最流行的 Python 包管理工具,因其功能的便捷性和高效性,同时支持多种开源的深度学习框架安装,受到许多从事深度学习的科研工作者以及老师学生的青睐。Anaconda 拥有图形化界面,直接单击按钮就可以自动安装自己环境所需要的各种工具包,如深度学习的各种框架 TensorFlow、PyTorch 等。Anaconda 通过管理工具包、开发环境、Python 版本,大大简化了工作流程。不仅可以方便地安装、更新、卸载工具包,而且安装时能自动安装相应的依赖包,同时还能使用不同的虚拟环境隔离不同要求的项目。Anaconda 附带了一大批常用数据科学包,如 Conda、Python 和 150 多个科学包及其依赖项。因此可以立即开始处理数据。

访问 Anaconda 官方网站按照步骤下载即可。图 8.3 展示的是不同操作系统的 Anaconda 安装包链接。而且下方给出了旧版本以及精简版 Miniconda 的安装链接。

下载完成后,安装相对简单,但是由于网速原因,在使用 Anaconda 前,需要配置一下 Conda 源。清华大学开源软件镜像站提供了 Anaconda 仓库与第三方源(conda-forge、msys2、PyTorch 等,查看完整列表)的镜像,各系统都可以修改用户目录下的 .condarc 文件。Windows 用户无法直接创建名为 .condarc 的文件,可先执行 conda config --set show_channel_urls yes 生成该文件之后再修改。修改.condarc 文件的内容代码如下。

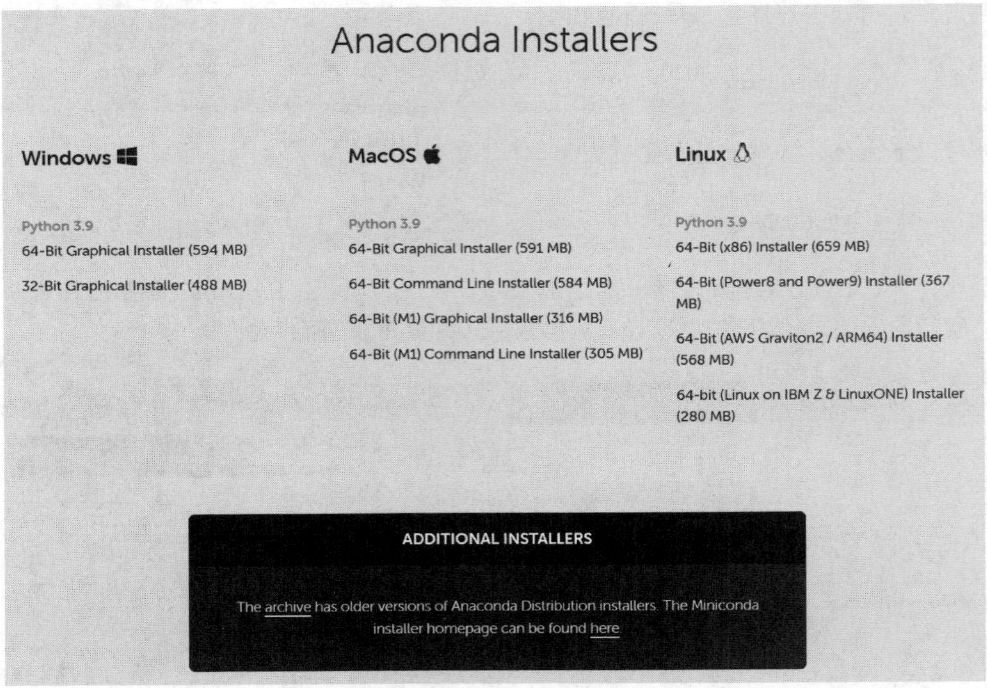

图 8.3　不同版本 Anaconda 的下载链接

```
1  channels:
2    - defaults
3  show_channel_urls: true
4  default_channels:
5    - https://mirrors.tuna.tsinghua.edu.cn/anaconda/pkgs/main
6    - https://mirrors.tuna.tsinghua.edu.cn/anaconda/pkgs/r
7    - https://mirrors.tuna.tsinghua.edu.cn/anaconda/pkgs/msys2
8  custom_channels:
9    conda-forge: https://mirrors.tuna.tsinghua.edu.cn/anaconda/cloud
10   msys2: https://mirrors.tuna.tsinghua.edu.cn/anaconda/cloud
11   bioconda: https://mirrors.tuna.tsinghua.edu.cn/anaconda/cloud
12   menpo: https://mirrors.tuna.tsinghua.edu.cn/anaconda/cloud
13   PyTorch: https://mirrors.tuna.tsinghua.edu.cn/anaconda/cloud
14   PyTorch-lts: https://mirrors.tuna.tsinghua.edu.cn/anaconda/cloud
15   simpleitk: https://mirrors.tuna.tsinghua.edu.cn/anaconda/cloud
```

　　这里需要注意,具体配置的内容可能会因为网站的更新而变更,具体请参考清华大学开源软件镜像站的“Anaconda 镜像使用帮助”部分说明。

　　然后,运行 conda clean -i 命令来清除索引缓存,保证用的是镜像站提供的索引。接下来,就可以使用 conda 命令直接安装 PyTorch 了。

```
conda install PyTorchtorchvision torchaudio cudatoolkit = 11.3 - c PyTorch
```

　　在安装完 PyTorch 之后,可以使用以下命令来测试是否安装成功。

```
import torch
print(torch.cuda.is_available())
```

如果安装成功,torch.cuda.is_available()的输出结果为 True。

8.1.2 Tensor 对象及其运算

Tensor 对象是一个维度任意的矩阵,但是一个 Tensor 中所有元素的数据类型必须一致。PyTorch 包含的数据类型和大部分编程语言中的数据类型类似,包含浮点型、有符号整型和无符号整型,这些类型既可以定义在 CPU 上,也可以定义在 GPU 上。在使用 Tensor 数据类型时,可以通过 dtype 属性指定它的数据类型,device 指定它的设备(CPU 或者 GPU)。

```
1 # torch.tensor
2 print('torch.Tensor 默认为:{}'.format(torch.Tensor(1).dtype))
3 print('torch.tensor 默认为:{}'.format(torch.tensor(1).dtype))
4 # 可以用 list 构建
5 a = torch.tensor([[1,2],[3,4]], dtype = torch.float64)
6 # 也可以用 ndarray 构建
7 b = torch.tensor(np.array([[1,2],[3,4]]), dtype = torch.uint8)
8 print(a)
9 print(b)
10
11 # 通过 device 指定设备
12 cuda0 = torch.device('cuda:0')
13 c = torch.ones((2,2), device = cuda0)
14 print(c)
>>> torch.Tensor 默认为:torch.float32
>>> torch.tensor 默认为:torch.int64
>>> tensor([[1., 2.],
            [3., 4.]], dtype = torch.float64)
>>> tensor([[1, 2],
            [3, 4]], dtype = torch.uint8)
>>> tensor([[1., 1.],
            [1., 1.]], device = 'cuda:0')
```

通过 device 指定在 GPU 上定义变量后,可以在终端上通过 nvidia-smi 命令查看显存占用。torch 还支持在 CPU 和 GPU 之间复制变量。

```
1 c = c.to('cpu', torch.double)
2 print(c.device)
3 b = b.to(cuda0, torch.float)
4 print(b.device)
>>> cpu
>>> cpu:0
```

对 Tensor 执行算术运算符的运算时,是两个矩阵对应元素的运算。torch.mm 执行矩阵乘法的计算。

```
1 a = torch.tensor([[1,2],[3,4]])
2 b = torch.tensor([[1,2],[3,4]])
3 c = a * b
4 print("逐元素相乘:", c)
5 c = torch.mm(a, b)
6 print("矩阵乘法: ", c)
```

```
>>> 逐元素相乘: tensor([[ 1,  4],
        [ 9, 16]])
>>> 矩阵乘法: tensor([[ 7, 10],
        [15, 22]])
```

此外,还有一些具有特定功能的函数,这里列举一部分。torch. clamp 起的是分段函数的作用,可用于去掉矩阵中过小或者过大的元素;torch. round 将小数部分化整;torch. tanh 计算双曲正切函数,该函数将数值映射到(0,1)。

```
1 a =  torch. tensor([[1,2],[3,4]])
2 torch. clamp(a, min = 2, max = 3)
>>> tensor([[2, 2],
          [3, 3]])
1 a =  torch. tensor([ - 1.1, 0.5, 0.501, 0.99])
2 torch. round(a)
>>> tensor([ - 1, 0., 1., 1.])
1 a =  torch. Tensor([ - 3, - 2, - 1, - 0.5,0,0.5,1,2,3])
2 torch. tanh(a)
>>> tensor([ - 0.9951, - 0.9640, - 0.7616, - 0.4621, 0.0000, 0.4621, 0.7616, 0.9640,
          0.9951])
```

除了直接从 ndarray 或 list 类型的数据中创建 Tensor 外,PyTorch 还提供了一些函数可直接创建数据,这类函数往往需要提供矩阵的维度。torch. arange 和 Python 内置的 range 的使用方法基本相同,其第 3 个参数是步长。torch. linspace 第 3 个参数指定返回的个数。torch. ones 返回全 0,torch. zeros 返回全 0 矩阵。

```
1 print(torch. arange(5))
2 print(torch. arange(1,5,2))
3 print(torch. linspace(0,5,10))
>>> tensor([0, 1, 2, 3, 4])
>>> tensor([1, 3])
>>> tensor([0.0000, 0.5556, 1.1111, 1.6667, 2.2222, 2.7778, 3.3333, 3.8889, 4.4444,
          5.0000])
1 print(torch. ones(3,3))
2 print(torch. zeros(3,3))
>>> tensor([[1., 1., 1.],
          [1., 1., 1.],
          [1., 1., 1.]])
>>> tensor([[0., 0., 0.],
          [0., 0., 0.],
          [0., 0., 0.]])
```

torch. rand 返回从[0,1]的均匀分布采样的元素所组成的矩阵,torch. randn 返回从正态分布采样的元素所组成的矩阵。torch. randint 返回指定区间的均匀分布采样的随机整数所组成的矩阵。

```
1 torch. rand(3,3)
>>> tensor([[0.0388, 0.6819, 0.3144],
          [0.7826, 0.0966, 0.4319],
          [0.6758, 0.2630, 0.9727]])
```

```
1 torch.randn(3,3)
>>> tensor([[-0.6956, 0.6792, 0.8957],
            [ 0.2271, 0.9885, -0.7817],
            [-0.2658, 1.5465, -0.2519]])
>>>
1 torch.randint(0, 9, (3,3))
>>> tensor([[5, 2, 7],
            [8, 4, 8],
            [2, 1, 4]])
```

8.1.3　Tensor 的索引和切片

Tensor 支持基本的索引和切片操作,不仅如此,它还支持 ndarray 中的高级索引(整数索引和布尔索引)操作。

```
1 a = torch.arange(9).view(3,3)
2 #基本索引
3 a[2,2]
>>> tensor(8)
1 #切片
2 a[1:, :-1]
>>> tensor([[3, 4],
            [6, 7]])
1 #带步长的切片(PyTorch 现在不支持负步长)
2 a[::2]
>>> tensor([[0, 1, 2],
            [6, 7, 8]])
1 #整数索引
2 rows = [0, 1]
3 cols = [2, 2]
4 a[rows, cols]
>>> tensor([2, 5])
1 #布尔索引
2 index = a > 4
3 print(index)
4 print(a[index])
>>> tensor([[0, 0, 0],
            [0, 0, 1],
            [1, 1, 1]], dtype = torch.uint8)
>>> tensor([5, 6, 7, 8])
torch.nonzero 用于返回非零值的索引矩阵.
1 a = torch.arange(9).view(3, 3)
2 index = torch.nonzero(a >= 8)
3 print(index)
>>> tensor([[2, 2]])
1 a = torch.randint(0, 2, (3,3))
2 print(a)
3 index = torch.nonzero(a)
4 print(index)
```

```
>>> tensor([[0, 0, 1],
            [0, 0, 1],
            [1, 1, 0]])
>>> tensor([[0, 2],
            [1, 2],
            [2, 0],
            [2, 1]])
```

torch. where(condition，*x*，*y*)判断 condition 的条件是否满足,当某个元素满足时,则返回对应矩阵 *x* 相同位置的元素,否则返回矩阵 *y* 的元素。

```
1 x = torch.randn(3, 2)
2 y = torch.ones(3, 2)
3 print(x)
4 print(torch.where(x > 0, x, y))
>>> tensor([[ 0.0914, - 0.8913],
            [ - 0.0046, 0.0617],
            [ 1.0744, - 1.2068]])
>>> tensor([[0.0914, 1.0000],
            [1.0000, 0.0617],
            [1.0744, 1.0000]])
```

8.1.4 Tensor 的变换、拼接和拆分

PyTorch 提供了大量的对 Tensor 进行操作的函数或方法,这些函数内部使用指针实现对矩阵的形状变换、拼接、拆分等操作,使得人们无须关心 Tensor 在内存中的物理结构或者管理指针就可以方便且快速地执行这些操作。 Tensor. nelement()、Tensor. ndimension()、ndimension. size()可分别用来查看矩阵元素的个数、轴的个数以及维度,属性 Tensor. shape 也可以用来查看 Tensor 的维度。

```
1 a = torch.rand(1,2,3,4,5)
2 print("元素个数", a.nelement())
3 print("轴的个数", a.ndimension())
4 print("矩阵维度", a.size(), a.shape)
>>> 元素个数 120
>>> 轴的个数 5
>>> 矩阵维度 torch.Size([1, 2, 3, 4, 5]) torch.Size([1, 2, 3, 4, 5])
```

在 PyTorch 中,Tensor. reshape 和 Tensor. view 都能被用来更改 Tensor 的维度。它们的区别在于,Tensor. view 要求 Tensor 的物理存储必须是连续的,否则将报错,而 Tensor. reshape 则没有这种要求。但是,Tensor. view 返回的一定是一个索引,更改返回值,则原始值同样被更改,Tensor. reshape 返回的是引用还是复制是不确定的。它们的相同之处是都接收要输出的维度作为参数,且输出的矩阵元素个数不能改变,可以在维度中输入-1,PyTorch 会自动推断它的数值。

```
1 b = a.view(2 * 3,4 * 5)
2 print(b.shape)
```

```
3 c = a.reshape(-1)
4 print(c.shape)
5 d = a.reshape(2 * 3, -1)
6 print(d.shape)
>>> torch.Size([6, 20])
>>> torch.Size([120])
>>> torch.Size([6, 20])
```

torch.squeeze 和 torch.unsqueeze 用来给 Tensor 去掉和添加轴。torch.squeeze 去掉维度为 1 的轴,而 torch.unsqueeze 用于给 Tensor 的指定位置添加一个维度为 1 的轴。

```
1 b = torch.squeeze(a)
2 b.shape
>>> torch.Size([2, 3, 4, 5])
1 torch.unsqueeze(b, 0).shape
```

torch.t 和 torch.transpose 用于转置 2 维矩阵。这两个函数只接收 2 维 Tensor,torch.t 是 torch.transpose 的简化版。

```
1 a = torch.tensor([[2]])
2 b = torch.tensor([[2, 3]])
3 print(torch.transpose(a, 1, 0,))
4 print(torch.t(a))
5 print(torch.transpose(b, 1, 0,))
6 print(torch.t(b))
>>> tensor([[2]])
>>> tensor([[2]])
>>> tensor([[2],
            [3]])
>>> tensor([[2],
            [3]])
```

对于高维度 Tensor,可以使用 permute()方法来变换维度。

```
1 a = torch.rand((1, 224, 224, 3))
2 print(a.shape)
3 b = a.permute(0, 3, 1, 2)
4 print(b.shape)
>>> torch.Size([1, 224, 224, 3])
>>> torch.Size([1, 3, 224, 224])
```

PyTorch 提供了 torch.cat 和 torch.stack 用于**拼接**矩阵,不同的是,torch.cat 在已有的轴 dim 上拼接矩阵,给定轴的维度可以不同,而其他轴的维度必须相同。torch.stack 在新的轴上拼接,它要求被拼接的矩阵所有维度都相同。下面的例子可以很清楚地表明它们的使用方式和区别。

```
1 a = torch.randn(2, 3)
2 b = torch.randn(3, 3)
3
```

```
4 #默认维度为 dim = 0
5 c = torch.cat((a, b))
6 d = torch.cat((b, b, b), dim = 1)
7
8 print(c.shape)
9 print(d.shape)
>>> torch.Size([5, 3])
>>> torch.Size([3, 9])
1 c = torch.stack((b, b), dim = 1)
2 d = torch.stack((b, b), dim = 0)
3 print(c.shape)
4 print(d.shape)
>>> torch.Size([3, 2, 3])
>>> torch.Size([2, 3, 3])
```

除了拼接矩阵,PyTorch 还提供了 torch.split 和 torch.chunk 用于**拆分**矩阵。它们的不同之处在于,torch.split 传入的是拆分后每个矩阵的大小,可以传入 list,也可以传入整数,而 torch.chunk 传入的是拆分的矩阵个数。

```
1 a = torch.randn(10, 3)
2 for x in torch.split(a, [1,2,3,4], dim = 0):
3     print(x.shape)
>>> torch.Size([1, 3])
>>> torch.Size([2, 3])
>>> torch.Size([3, 3])
>>> torch.Size([4, 3])
1 for x in torch.split(a, 4, dim = 0):
2     print(x.shape)
>>> torch.Size([4, 3])
>>> torch.Size([4, 3])
>>> torch.Size([2, 3])
1 for x in torch.chunk(a, 4, dim = 0):
2     print(x.shape)
>>> torch.Size([3, 3])
>>> torch.Size([3, 3])
>>> torch.Size([3, 3])
>>> torch.Size([1, 3])
```

8.1.5 PyTorch 的 Reduction 操作

Reduction 运算的特点是它往往对一个 Tensor 内的元素做归约操作,如 torch.max 找极大值,torch.cumsum 计算累加,它还提供了 dim 参数来指定沿矩阵的哪个维度执行操作。

```
1 #默认求取全局最大值
2 a = torch.tensor([[1,2],[3,4]])
3 print("全局最大值: ", torch.max(a))
4 #指定维度 dim 后,返回最大值及其索引
5 torch.max(a, dim = 0)
>>> 全局最大值: tensor(4)
>>> (tensor([3, 4]), tensor([1, 1]))
```

```
1 a = torch.tensor([[1,2],[3,4]])
2 print("沿着横轴计算每一列的累加：")
3 print(torch.cumsum(a, dim = 0))
4 print("沿着纵轴计算每一行的累乘：")
5 print(torch.cumprod(a, dim = 1))
>>> 沿着横轴计算每一列的累加：
>>> tensor([[1, 2],
            [4, 6]])
>>> 沿着纵轴计算每一行的累乘：
>>> tensor([[ 1, 2],
            [ 3, 12]])
1 #计算矩阵的均值、中值、协方差
2 a = torch.Tensor([[1,2],[3,4]])
3 a.mean(), a.median(), a.std()
>>> (tensor(2.5000), tensor(2.), tensor(1.2910))
1 #torch.unique 用来找出矩阵中出现了哪些元素
2 a = torch.randint(0, 3, (3, 3))
3 print(a)
4 print(torch.unique(a))
>>> tensor([[0, 0, 0],
            [2, 0, 2],
            [0, 0, 1]])
>>> tensor([1, 2, 0])
```

8.1.6　PyTorch 的自动微分

将 Tensor 的 requires_grad 属性设置为 True 时，PyTorch 的 torch.autograd 会自动地追踪它的计算轨迹，当需要计算微分的时候，只需要对最终计算结果的 Tensor 调用 backward() 方法，中间所有计算节点的微分就会被保存在 grad 属性中了。

```
1 x = torch.arange(9).view(3,3)
2 x.requires_grad
>>> False
1 x = torch.rand(3, 3, requires_grad = True)
2 print(x)
>>> tensor([[0.0018, 0.3481, 0.6948],
            [0.4811, 0.8106, 0.5855],
            [0.4229, 0.7706, 0.4321]], requires_grad = True)
1 w = torch.ones(3, 3, requires_grad = True)
2 y = torch.sum(torch.mm(w, x))
3 y
>>> tensor(13.6424, grad_fn = < SumBackward0 >)
1 y.backward()
2 print(y.grad)
3 print(x.grad)
4 print(w.grad)
>> None
>>> tensor([[3., 3., 3.],
            [3., 3., 3.],
            [3., 3., 3.]])
```

```
>>> tensor([[1.1877, 0.9406, 1.6424],
            [1.1877, 0.9406, 1.6424],
            [1.1877, 0.9406, 1.6424]])
# Tensor.detach 会将 Tensor 从计算图中剥离出去,不再计算它的微分
1 x = torch.rand(3, 3, requires_grad = True)
2 w = torch.ones(3, 3, requires_grad = True)
3 print(x)
4 print(w)
5 yy = torch.mm(w, x)
6
7 detached_yy = yy.detach()
8 y = torch.mean(yy)
9 y.backward()
10
11 print(yy.grad)

12 print(detached_yy)
13 print(w.grad)
14 print(x.grad)
>>> tensor([[0.3030, 0.6487, 0.6878],
            [0.4371, 0.9960, 0.6529],
            [0.4750, 0.4995, 0.7988]], requires_grad = True)
>>> tensor([[1., 1., 1.],
            [1., 1., 1.],
            [1., 1., 1.]], requires_grad = True)
>>> None
>>> tensor([[1.2151, 2.1442, 2.1395],
            [1.2151, 2.1442, 2.1395],
            [1.2151, 2.1442, 2.1395]])
>>> tensor([[0.1822, 0.2318, 0.1970],
            [0.1822, 0.2318, 0.1970],
            [0.1822, 0.2318, 0.1970]])
>>> tensor([[0.3333, 0.3333, 0.3333],
            [0.3333, 0.3333, 0.3333],
            [0.3333, 0.3333, 0.3333]])
# with torch.no_grad():包括的代码段不会计算微分
1 y = torch.sum(torch.mm(w, x))
2 print(y.requires_grad)
3
4 with torch.no_grad():
5   y = torch.sum(torch.mm(w, x))
6   print(y.requires_grad)
>>> True
>>> False
```

8.2 TensorFlow 操作实践

本节主要介绍 TensorFlow 框架的安装、基本使用方法和工作原理。Tensor 的中文名为张量,本质上是一个多维矩阵。通过后文的介绍读者将会很自然地理解 Tensor 在深度学习计算中的重要地位,因此本章讲述的 Tensor 基本操作需要重点掌握。另一方面,TensorFlow 的

计算依赖于强大的自动微分功能。理解自动微分虽然不会帮助读者提升编程技能,但是可以使读者更容易理解 TensorFlow 的底层计算过程,从而理解梯度的反向传播等操作。

8.2.1 TensorFlow 安装

PyTorch 支持在 GPU 和 CPU 上运行,而深度学习由于数据量大和模型复杂,基本上都需要使用类似 GPU 这样的高并发的设备来进行运算急速加速,所以先完成 TensorFlow 的 GPU 版本安装。

TensorFlow 的安装和 PyTorch 的安装类似,也是需要先安装显卡驱动,然后安装 CUDA 和 TensorFlow。TensorFlow 官网给出的安装方式是使用 pip 工具。如果已经安装了 CUDA,使用 pip 安装相对比较方便。使用 pip 安装最新、稳定的 TensorFlow 的命令如下。

```
pip install tensorflow
```

如果没有安装 CUDA,则可以尝试使用 Anaconda 工具来进行安装。安装命令如下。

```
conda install tensorflow
```

8.2.2 Tensor 对象及其运算

Tensor 对象是一个维度任意的矩阵,但 Tensor 中所有元素的数据类型必须一致。TensorFlow 包含的数据类型与大部分编程语言的数据类型类似,包含浮点型、有符号整型和无符号整型,这些类型既可以定义在 CPU 上,也可以定义在 GPU 上。在使用 Tensor 数据类型时,可通过 dtype 属性指定数据类型,通过 device 指定设备(CPU 或者 GPU)。Tensor 分为常量和变量,区别在于变量可以在计算图中重新被赋值。

```
 1 # tf.Tensor
 2 print('tf.Tensor 默认为:{}'.format(tf.constant(1).dtype))
 3
 4 # 可以用 list 构建
 5 a = tf.constant([[1, 2], [3, 4]], dtype = tf.float64)
 6 # 可以用 ndarray 构建
 7 b = tf.constant(np.array([[1, 2], [3, 4]]), dtype = tf.uint8)
 8 print(a)
 9 print(b)
10
11 # 通过 device 指定设备
12 with tf.device('/gpu:0'):
13     c = tf.ones((2, 2))
14     print(c, c.device)
>>> tf.Tensor 默认为:< dtype: 'int32'>
>>> tf.Tensor(
    [[1. 2.]
     [3. 4.]], shape = (2, 2), dtype = float64)
>>> tf.Tensor(
    [[1 2]
     [3 4]], shape = (2, 2), dtype = uint8)
```

```
>>> tf.Tensor(
    [[1. 1.]
     [1. 1.]], shape = (2, 2), dtype = float32) /job:localhost/replica:0/task:0/device:GPU:0
```

通过 device 指定在 GPU 上定义变量后,可在终端通过 nvidia-smi 命令查看显存占用。

对 Tensor 执行算术运算符的运算时,是两个矩阵对应元素的运算。tf.matmul()函数执行矩阵乘法计算的代码如下。

```
1 a = tf.constant([[1, 2], [3, 4]])
2 b = tf.constant([[1, 2], [3, 4]])
3 c = a * b
4 print("逐元素相乘:", c)
5 c = tf.matmul(a, b)
6 print("矩阵乘法:", c)
>>> 逐元素相乘: tf.Tensor(
    [[ 1 4]
     [ 9 16]], shape = (2, 2), dtype = int32)
>>> 矩阵乘法: tf.Tensor(
    [[ 7 10]
     [15 22]], shape = (2, 2), dtype = int32)
```

此外,还有一些具有特定功能的函数,如 tf.clip_by_value()函数起的是分段函数的作用,可用于去掉矩阵中过小或者过大的元素;tf.round()函数可以将小数部分化整;tf.tanh()函数用来计算双曲正切函数,该函数可以将数值映射到(0,1)。其代码如下。

```
1 a = tf.constant([[1, 2], [3, 4]])
2 tf.clip_by_value(a, clip_value_min = 2, clip_value_max = 3)
3 a = tf.constant([ - 2.1, 0.5, 0.501, 0.99])
4 tf.round(a)
5 a = tf.constant([ - 3, - 2, - 1, - 0.5, 0, 0.5, 1, 2, 3])
6 tf.tanh(a)
>>> tf.Tensor([[2 2]
    [3 3]], shape = (2, 2), dtype = int32)
>>> tf.Tensor([ - 2. 0. 1. 1.], shape = (4,), dtype = float32)
>>> tf.Tensor(
    [ - 0.9950547   - 0.9640276   - 0.7615942
      - 0.46211717  0.           0.46211717
        0.7615942   0.9640276    0.9950547 ], shape = (9,),
dtype = float32)
```

除了直接从 ndarray 或 list 类型的数据中创建 Tensor 外,TensorFlow 还提供了一些函数可直接创建数据(这类函数往往需要提供矩阵的维度)。tf.range()函数与 Python 内置的 range()函数的使用方法基本相同,其第 3 个参数是步长。tf.linspace()函数第 3 个参数指定返回的个数,tf.ones()函数返回全 1 矩阵、tf.zeros()函数返回全 0 矩阵。其代码如下。

```
1 print(tf.range(5))
2 print(tf.range(1, 5, 2))
3 print(tf.linspace(0, 5, 10))
4 print(tf.ones((3, 3)))
```

```
5 print(tf.zeros((3, 3)))
>>> tf.Tensor([0 1 2 3 4], shape = (5,), dtype = int32)
>>> tf.Tensor([1 3], shape = (2,), dtype = int32)
>>> tf.Tensor(
    [0.          0.55555556 1.11111111 1.66666667 2.22222222 2.77777778
     3.33333333 3.88888889 4.44444444 5.          ], shape = (10,), dtype = float64)
>>> tf.Tensor(
    [[1. 1. 1.]
     [1. 1. 1.]
     [1. 1. 1.]], shape = (3, 3), dtype = float32)
>>> tf.Tensor(
    [[0. 0. 0.]
     [0. 0. 0.]
     [0. 0. 0.]], shape = (3, 3), dtype = float32)
```

tf.random.uniform()函数返回[0,1]均匀分布采样的元素所组成的矩阵,tf.random.normal()函数返回从正态分布采样的元素所组成的矩阵。tf.random.uniform()函数还可以加参数,返回指定区间均匀分布采样的随机整数所生成的矩阵。其代码如下。

```
1 tf.random.uniform((3, 3))
>>> <tf.Tensor: shape = (3, 3), dtype = float32, numpy =
    array([[0.41092885, 0.76087844, 0.75520504],
           [0.57500243, 0.7695035 , 0.11660695],
           [0.9336704 , 0.44821036, 0.8459077 ]], dtype = float32)>
1 tf.random.normal((3, 3))
>>> <tf.Tensor: shape = (3, 3), dtype = float32, numpy =
    array([[ 0.40765482, 0.63089305, -0.04709337],
           [-0.46935162, -0.18415603, 0.18200386],
           [ 0.17893875, -1.2706778 , 0.69634026]], dtype = float32)>
1 tf.random.uniform((3, 3), 0, 9, dtype = tf.int32)
>>> <tf.Tensor: shape = (3, 3), dtype = int32, numpy =
    array([[5, 1, 7],
           [2, 2, 2],
           [1, 6, 3]])>
```

8.2.3 Tensor 的索引和切片

Tensor 不仅支持基本的索引和切片操作,还支持 ndarray 中的高级索引(整数索引和布尔索引)操作。其代码如下。

```
1 a = tf.reshape(tf.range(9), (3, 3))
2 #基本索引
3 print(a[2, 2])
4
5 #切片
6 print(a[1:, :-1])
7
8 #带步长的切片
9 print(a[::2])
10
```

```
11 ♯ 布尔索引
12 index = a > 4
13 print(index)
14 print(a[index])
>>> < tf.Tensor: shape = (), dtype = int32, numpy = 8 >
>>> < tf.Tensor: shape = (2, 2), dtype = int32, numpy =
    array([[3, 4],
           [6, 7]])>
>>> < tf.Tensor: shape = (2, 3), dtype = int32, numpy =
    array([[0, 1, 2],
           [6, 7, 8]])>
>>> tf.Tensor(
    [[False False False]
     [False False True]
     [ True True True]], shape = (3, 3), dtype = bool)
>>> tf.Tensor([5 6 7 8], shape = (4,), dtype = int32)
```

tf.where(condition，x，y)判断condition的条件是否满足，当某个元素满足时，就返回对应矩阵 x 相同位置的元素，否则返回矩阵 y 的元素。其代码如下。

```
1 x = tf.random.normal((3, 2))
2 y = tf.ones((3, 2))
3 print(x)
4 print(tf.where(x > 0, x, y))
>>> tf.Tensor(
    [[ - 0.28848228   - 0.80543387]
     [   0.31449378    1.434097 ]
     [ - 1.1104414     0.69934136]], shape = (3, 2), dtype = float32)
>>> tf.Tensor(
    [[1.           1.          ]
     [0.31449378  1.434097   ]
     [1.           0.69934136]], shape = (3, 2), dtype = float32)
```

8.2.4 Tensor 的变换、拼接和拆分

TensorFlow 提供了大量对 Tensor 进行操作的函数，这些函数内部使用指针实现对矩阵的形状变换、拼接和拆分等操作，使得大家无须关心 Tensor 在内存的物理结构或者管理指针就可以方便快速地执行这些操作。

属性 Tensor.shape()函数和 Tensor.get_shape()函数可以查看 Tensor 的维度，tf.size()函数可以查看矩阵的元素个数。Tensor.reshape()函数可以用于修改 Tensor 的维度。其代码如下。

```
1 a = tf.random.normal((1, 2, 3, 4, 5))
2 print("元素个数:", tf.size(a))
3 print("矩阵维度:", a.shape, a.get_shape())
4 b = tf.reshape(a, (2 * 3, 4 * 5))
5 print(b.shape)
>>> 元素个数: tf.Tensor(120, shape = (), dtype = int32)
>>> 矩阵维度: (1, 2, 3, 4, 5) (1, 2, 3, 4, 5)
>>> (6, 20)
```

tf.squeeze()函数和 tf.unsqueeze()函数用于给 Tensor 去掉和添加轴。tf.squeeze()函数可以去掉维度为 1 的轴,而 tf.unsqueeze()函数用于给 Tensor 的指定位置添加一个维度为 1 的轴。其代码如下。

```
1 b = tf.squeeze(a)
2 b.shape
>>> TensorShape([2, 3, 4, 5])
1 tf.expand_dims(a, 0).shape
>>> TensorShape([1, 1, 2, 3, 4, 5])
```

tf.transpose()函数用于 Tensor 的转置,perm 参数用来指定转置的维度。

```
1 a = tf.constant([[2]])
2 b = tf.constant([[2, 3]])
3 print(tf.transpose(a, [1, 0]))
4 print(tf.transpose(b, [1, 0]))
>>> tf.Tensor([[2]], shape = (1, 1), dtype = int32)
>>> tf.Tensor(
    [[2]
     [3]], shape = (2, 1), dtype = int32)
```

TesnsorFlow 提供的 tf.concat()函数和 tf.stack()函数用于拼接矩阵,区别在于:tf.concat()函数在已有的轴 axis 上拼接矩阵,给定轴的维度可以不同,而其他轴的维度必须相同。tf.stack()函数在新的轴上拼接,同时它要求被拼接矩阵的所有维度都相同。下面的代码可以很清楚地表明它们的使用方式和区别。

```
1 a = tf.random.normal((2, 3))
2 b = tf.random.normal((3, 3))
3
4 c = tf.concat((a, b), axis = 0)
5 d = tf.concat((b, b, b), axis = 1)
6
7 print(c.shape)
8 print(d.shape)
>>> (5, 3)
>>> (3, 9)
1 c = tf.stack((b, b), axis = 1)
2 d = tf.stack((b, b), axis = 0)
3 print(c.shape)
4 print(d.shape)
>>> (3, 2, 3)
>>> (2, 3, 3)
```

除了拼接矩阵外,TensorFlow 还提供了 tf.split()函数并将其用于拆分矩阵。其代码如下。

```
1 a = tf.random.normal((10,3))
2 for x in tf.split(a, [1,2,3,4],axis = 0):
3     print(x.shape)
4
5 for x in tf.split(a, 2, axis = 0):
```

```
6    print(x.shape)
>>> (1, 3)
    (2, 3)
    (3, 3)
    (4, 3)
>>> (5, 3)
    (5, 3)
```

8.2.5 TensorFlow 的 Reduction 操作

Reduction 运算的特点是它往往对一个 Tensor 内的元素做归约操作,如 tf.reduce_max()函数找极大值,tf.reduce_sum()函数计算累加。另外,它还提供了 axis 参数来指定沿矩阵的哪个维度执行操作。其代码如下。

```
1 a = tf.constant([[1, 2], [3, 4]])
2 print("全局最大值:", tf.reduce_max(a))
3 print("沿着横轴计算每一列的累加:")
4 print(tf.reduce_sum(a, axis = 0))
5 print("沿着横轴计算每一列的累乘:")
6 print(tf.reduce_prod(a, axis = 1))
7
8 a = tf.random.uniform((6,), 0, 3, dtype = tf.int32)
9 print("向量中出现的元素:")
10 print(tf.unique(a).y)
>>> 全局最大值: tf.Tensor(4, shape = (), dtype = int32)
>>> 沿着横轴计算每一列的累加:
>>> tf.Tensor([4 6], shape = (2,), dtype = int32)
>>> 沿着横轴计算每一列的累乘
>>> tf.Tensor([ 2 12], shape = (2,), dtype = int32)
>>> 向量中出现的元素:
>>> tf.Tensor([1 2 0], shape = (3,), dtype = int32)
```

8.2.6 TensorFlow 的自动微分

自动微分是模型训练的关键技术之一。为了实现自动微分,TensorFlow 需要记住在向前传递的过程中以什么顺序发生什么操作。然后,在向后传递的过程中,TensorFlow 以相反的顺序遍历这个操作列表以计算梯度。TensorFlow 使用 tf.GradientTape API 来支持自动微分:tf.GradientTape()函数上下文中执行的所有操作都记录在一个磁带("tape")上 ,然后 TensorFlow 基于这个磁带,用反向微分法来计算导数。其代码如下。

```
1 import tensorflow as tf
2
3 # f(x) = x * x + ax 的导数
4 x = tf.Variable(3.0, name = 'x')
5 a = tf.constant(1.0)
6 with tf.GradientTape() as tape:
7     y = tf.pow(x, 2) + a * x
8 # 2x + 1 = 7
9 print(tape.gradient(y, x))
>>> tf.Tensor(7.0, shape = (), dtype = float32)
```

相对于使用标量,实际使用中更多会用到 Tensor。

```
 1 w = tf.Variable(tf.random.normal((2, 3)), name = 'w')
 2 b = tf.Variable(tf.zeros(3, dtype = tf.float32), name = 'b')
 3 x = [[1., 2.]]
 4
 5 with tf.GradientTape(persistent = True) as tape:
 6   y = x @ w + b
 7   loss = tf.reduce_mean(y ** 2)
 8
 9 print(w)
10 print(tape.gradient(loss, [w, b]))
>>> < tf.Variable 'w:0' shape = (2, 3) dtype = float32, numpy =
array([[ - 1.4370528 , - 1.0212281 , 0.30532417],
       [ - 0.32372856,  1.1928264 , 2.1814234 ]], dtype = float32)>
>>> [< tf.Tensor: shape = (2, 3), dtype = float32, numpy =
array([[ - 1.3896732, 0.9096165, 3.112114 ],
       [ - 2.7793465, 1.819233 , 6.224228 ]], dtype = float32)>, < tf.Tensor: shape = (3,), dtype
= float32, numpy = array([ - 1.3896732, 0.9096165, 3.112114 ], dtype = float32)>]
```

8.3 PaddlePaddle 操作实践

本节主要介绍 PaddlePaddle(飞桨)框架的安装、基本使用方法和工作原理。PaddlePaddle 是百度自研的开源深度学习平台,也是国内深度学习框架的佼佼者。它有全面的官方支持的工业级应用模型,涵盖计算机视觉、自然语言处理和推荐引擎等多个领域,并开放多个领先的预训练中文模型,如 OCR 领域的 PaddleOCR 相关模型。PaddlePaddle 也为开发者开放了PaddleHub、PARL、AutoDL Design、VisualDL 等一系列深度学习工具组件,同时有完善的中文文档,可以很好地帮助开发者使用。PaddlePaddle 平台所开源的工具基本上覆盖了整个深度学习开发到部署的全流程,具体如图 8.4 所示。

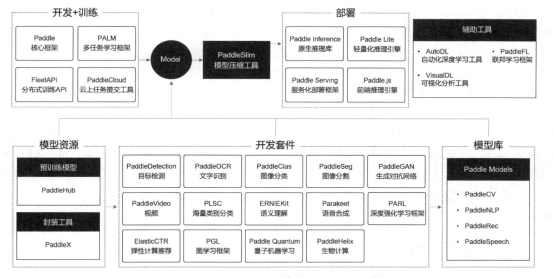

图 8.4　PaddlePaddle 平台全流程工具一览图

不过由于篇幅原因，本章只能抛砖引玉，介绍一些 PaddlePaddle 常用的基础使用内容。更为具体和广泛的内容，建议读者仔细阅读 PaddlePaddle 官方文档。

8.3.1 PaddlePaddle 安装

PaddlePaddle 同样支持在 GPU 和 CPU 上运行。而安装过程与 PyTorch 类似，也是需要先安装显卡驱动，然后安装 CUDA 和 PaddlePaddle。PaddlePaddle 的安装方式也比较简单。首先，用浏览器打开 PaddlePaddle 的官网，可以看到快速安装的方式，如图 8.5 所示。

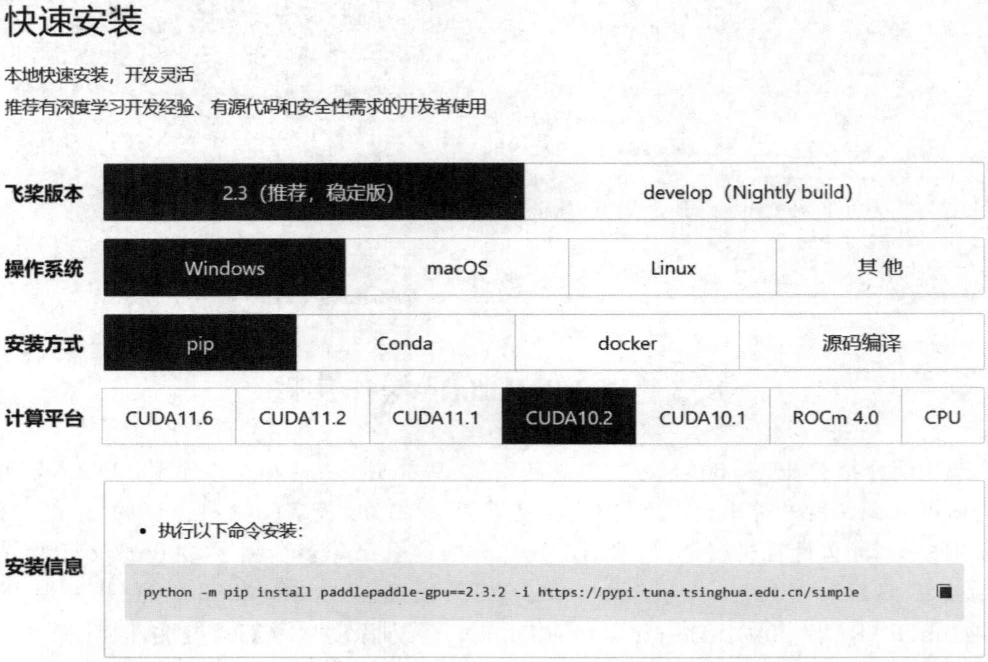

图 8.5　PaddlePaddle 快速安装命令获取

PaddlePaddle 框架的更新速度较快，在本章写作时，PaddlePaddle 的稳定版本是 2.3，开发版本是 2.4rc0。作为普通的开发者，建议使用稳定版，但是如果想尝鲜新版本功能，则可以用 Conda、pip 等工具，创建一个预览开发环境。PaddlePaddle 支持在 Windows、macOS 以及 Linux 系统上运行。单击“操作系统”中的“其他”，可以看到，PaddlePaddle 还可以支持很多国产芯片的编译运行，这也是在支持国产大环境下的一个极大的优势。在安装方式上，PaddlePaddle 也支持现在主流的 pip、Conda、Docker 以及源码方式。而在计算平台方面，PaddlePaddle 2.3 版本支持 CPU、CUDA 和 ROCm 4.0。由此可以看到，这里有不同的 CUDA 版本，如果读者所使用 NVIDIA 显卡的架构是在安培(Ampere)之前，则一般选择 CUDA10.2 版本。

选择好所有信息后，可以在下面的安装信息中看到安装命令。对于 GPU 版本，如果已经安装了 CUDA，则可以使用 pip 命令来安装。

```
pip install paddlepaddle-gpu==2.3.2 -i https://pypi.tuna.tsinghua.edu.cn/simple
```

如果没有安装 CUDA，则可以尝试使用 conda 命令来进行安装。当然，conda 命令需要在安装 Anaconda 之后才可以执行。Anaconda 的安装方式可以参考 PyTorch 安装的章节。使用 conda 进行安装的命令如下。

```
conda install paddlepaddle - gpu == 2.3.2 cudatoolkit = 10.2 -- channel
https://mirrors.tuna.tsinghua.edu.cn/anaconda/cloud/Paddle/
```

需要注意,安装命令可能会由于版本的更新而不同,请复制网页中提供的命令进行安装。安装完成后可以使用 Python 或 Python 3 进入 Python 解释器,输入 import paddle,再输入 paddle.utils.run_check()。如果出现"PaddlePaddle is installed successful!",说明已成功安装。

8.3.2 Tensor 的创建和初始化

与 PyTorch 和 TensorFlow 类似,PaddlePaddle 用 Tensor 来表示数据,在神经网络中传递的数据均为 Tensor。PaddlePaddle 可基于给定数据手动创建 Tensor,并提供了多种方式。Tensor 可以直接从 Python List 创建,也可以从 NumPy 的 Array 创建,还可以基于另一个 Tensor 创建。具体创建方式的代码如下。

```
1   # 直接从 Python List 数据创建
1   data = [[1, 2], [3, 4]]
2   tensor = paddle.to_tensor(data, dtype = 'float64')
3   print(tensor)
4   >>> Tensor(shape = [2, 2], dtype = float64, place = Place(cpu), stop_gradient = True,
5   >>>        [[1., 2.],
6   >>>         [3., 4.]])
7
8   # 从 NumPy 的 Array 创建
9   import numpy as np
10  np_array = np.array([[1, 2], [3, 4]])
11  tensor_temp = paddle.to_tensor(np_array)
12  print(tensor_temp)
13  >>> Tensor(shape = [2, 2], dtype = int64, place = Place(cpu), stop_gradient = True,
14  >>>        [[1, 2],
15  >>>         [3, 4]])
16
17  # 基于另一个 Tensor 创建
18  x_data = paddle.to_tensor([[1, 2], [3, 4]])
19  y_data = paddle.ones_like(x_data)
20  print(y_data)
21  >>> Tensor(shape = [2, 2], dtype = int64, place = Place(cpu), stop_gradient = True,
22  >>>        [[1, 1],
23  >>>         [1, 1]])
24
```

在基于另一个 Tensor 创建时,除非显式重写,否则新的 Tensor 将包含参数张量的属性(形状,数据类型)。另外,还可以生成某些随机或特定值的某种 shape 的 Tensor 的代码如下。

```
1    ＃定义 shape
2    shape = (2, 3)
3    ＃生成随机值 Tensor
4    paddle.rand(shape)
5    >>> Tensor(shape = [2, 3], dtype = float32, place = Place(cpu), stop_gradient = True,
6    >>> [[0.11803867, 0.72016722, 0.48975605], [0.33651099, 0.66355765, 0.94813496]])
7
8    paddle.ones(shape)
9    >>> Tensor(shape = [2, 3], dtype = float32, place = Place(cpu), stop_gradient = True,
10   >>> [[1., 1., 1.], [1., 1., 1.]])
11
12   paddle.zeros(shape)
13   >>> Tensor(shape = [2, 3], dtype = float32, place = Place(cpu), stop_gradient = True,
14   >>> [[0., 0., 0.], [0., 0., 0.]])
```

Tensor 的属性描述了它们的形状、数据类型以及存储它们的设备。

8.3.3　Tensor 的常见基础操作

PaddlePaddle 中 Tensor 的常见基础操作有索引、切片、乘法、加法、形状变化等。

1. 索引、切片

通过索引或切片方式可访问或修改 Tensor,代码如下。

```
1    tensor = paddle.ones((4, 4))
2    tensor
3    >>> Tensor(shape = [4, 4], dtype = float32, place = Place(cpu), stop_gradient = True,
4    >>>      [[1., 1., 1., 1.],
5    >>>       [1., 1., 1., 1.],
6    >>>       [1., 1., 1., 1.],
7    >>>       [1., 1., 1., 1.]])
8
9    ＃将第1列设置为0
10   tensor[:, 1] = 0
11   tensor
12   >>> Tensor(shape = [4, 4], dtype = float32, place = Place(cpu), stop_gradient = True,
13   >>>      [[1., 0., 1., 1.],
14   >>>       [1., 0., 1., 1.],
15   >>>       [1., 0., 1., 1.],
16   >>>       [1., 0., 1., 1.]])
```

2. Tensor 乘法

a 与 b 做 $*$ 乘法,原则是如果 a 与 b 的 size 不同,则以某种方式将 a 或 b 进行复制,使得复制后的 a 和 b 的 size 相同,然后再将 a 和 b 做 elementwise 的乘法。

Tensor 与标量 k 做 $*$ 乘法的结果是 Tensor 的每个元素乘以 k(相当于把 k 复制成与 lhs (left-handside)大小相同,元素全为 k 的 Tensor),代码如下。

```
1   a = paddle.ones((3,4))
2   print(a)
3   >>> Tensor(shape = [3, 4], dtype = float32, place = Place(cpu), stop_gradient = True,
4   >>>         [[1., 1., 1., 1.],
5   >>>          [1., 1., 1., 1.],
6   >>>          [1., 1., 1., 1.]])
7
8   a = a * 2
9   print(a)
10  >>> Tensor(shape = [3, 4], dtype = float32, place = Place(cpu), stop_gradient = True,
11  >>>         [[2., 2., 2., 2.],
12  >>>          [2., 2., 2., 2.],
13  >>>          [2., 2., 2., 2.]])
```

Tensor 与行向量做 * 乘法的结果是每列乘以行向量对应列的值(相当于把行向量的行复制,成为与 lhs 维度相同的 Tensor)。注意此时要求 Tensor 的列数与行向量的列数相等,代码如下。

```
1   a = paddle.ones((3,4))
2   print(a)
3   >>> Tensor(shape = [3, 4], dtype = float32, place = Place(cpu), stop_gradient = True,
4   >>>         [[1., 1., 1., 1.],
5   >>>          [1., 1., 1., 1.],
6   >>>          [1., 1., 1., 1.]])
7
8   b = paddle.to_tensor([1,2,3,4])
9   print(b)
10  >>> Tensor(shape = [4], dtype = int64, place = Place(cpu), stop_gradient = True,
11  >>>         [1, 2, 3, 4])
12
13  print(a * b)
14  >>> Tensor(shape = [3, 4], dtype = float32, place = Place(cpu), stop_gradient = True,
15  >>>         [[1., 2., 3., 4.],
16  >>>          [1., 2., 3., 4.],
17  >>>          [1., 2., 3., 4.]])
```

Tensor 与列向量做 * 乘法的结果是每行乘以列向量对应行的值(相当于把列向量的列复制,成为与 lhs 维度相同的 Tensor)。注意此时要求 Tensor 的行数与列向量的行数相等,代码如下。

```
1   a = paddle.ones((3,4))
2   print(a)
3   >>> Tensor(shape = [3, 4], dtype = float32, place = Place(cpu), stop_gradient = True,
4   >>>         [[1., 1., 1., 1.],
5   >>>          [1., 1., 1., 1.],
6   >>>          [1., 1., 1., 1.]])
7
8   b = paddle.to_tensor([1,2,3])
9   b = b.reshape((3,1))
10  print(b)
```

```
11  >>> Tensor(shape = [3, 1], dtype = int64, place = Place(cpu), stop_gradient = True,
12  >>>         [[1],
13  >>>          [2],
14  >>>          [3]])
15
16  print(a * b)
17  >>> Tensor(shape = [3, 4], dtype = float32, place = Place(cpu), stop_gradient = True,
18  >>>         [[1., 1., 1., 1.],
19  >>>          [2., 2., 2., 2.],
20  >>>          [3., 3., 3., 3.]])
```

如果两个 2 维矩阵 A 与 B 做点积 $A*B$，则要求 A 与 B 的维度完全相同，即 A 的行数＝B 的行数，A 的列数＝B 的列数，代码如下。

```
1  a = paddle.to_tensor([[1,2],[3,4]])
2  a * a
3
4  >>> Tensor(shape = [2, 2], dtype = int64, place = Place(cpu), stop_gradient = True,
5  >>> [[1 , 4 ], [9 , 16]])
```

点积是扩维的，简单理解就是在一定的规则下允许高维 Tensor 和低维 Tensor 之间的运算，代码如下。

```
1  a = paddle.to_tensor([[1,2],[3,4]])
2  b = paddle.to_tensor([[[1,2],[3,4]],[[ - 1, - 2],[ - 3, - 4]]])
3  a * b
4
5  >>> Tensor(shape = [2, 2, 2], dtype = int64, place = Place(cpu), stop_gradient = True,
6  >>> [[[ 1 , 4 ], [ 9 , 16]], [[ - 1 , - 4 ], [ - 9 , - 16]]])
```

2 维矩阵间的 multiply 操作代码如下。

```
1  a = paddle.to_tensor([[1,2],[3,4]])
2  b = paddle.multiply(a,a)
3  print(b)
4  >>> Tensor(shape = [2, 2], dtype = int64, place = Place(cpu), stop_gradient = True,
5  >>>         [[1 , 4 ],
6  >>>          [9 , 16]])
```

3. Tensor 加法

矩阵相加，直接通过"＋"运算符进行加法运算，代码如下。

```
1  a = paddle.to_tensor([[1,2],[3,4]])
2  b = paddle.to_tensor([[3,4],[5,6]])
3  print(a)
4  >>> Tensor(shape = [2, 2], dtype = int64, place = Place(cpu), stop_gradient = True,
5  >>>                 [[1, 2],
6  >>>                  [3, 4]])
7
```

```
 8
 9   print(b)
10   >>>  Tensor(shape = [2,   2],   dtype = int64,   place = Place(cpu),   stop_gradient = True,
11   >>>                [[3,   4],
12   >>>                 [5,   6]])
13
14   print(a + b)
15   >>>  Tensor(shape = [2,   2],   dtype = int64,   place = Place(cpu),   stop_gradient = True,
16   >>>                [[4  ,  6 ],
17   >>>                 [8  ,  10]])
```

调用 add() 方法操作返回相加结果,不作用于 Tensor 自身,add_() 方法作用于自身,代码如下。

```
 1   a = paddle.to_tensor([[1,2],[3,4]])
 2   b = paddle.to_tensor([[3,4],[5,6]])
 3   print(a)
 4   >>> Tensor(shape = [2, 2], dtype = int64, place = Place(cpu), stop_gradient = True,
 5   >>>            [[1, 2],
 6   >>>             [3, 4]])
 7
 8   print(b)
 9   >>> Tensor(shape = [2, 2], dtype = int64, place = Place(cpu), stop_gradient = True,
10   >>>            [[3, 4],
11   >>>             [5, 6]])
12
13   a.add_(b)
14   print(a)
15   >>> Tensor(shape = [2, 2], dtype = int64, place = Place(cpu), stop_gradient = True,
16   >>>            [[4 , 6 ],
17   >>>             [8 , 10]])
```

4. Tensor 的形状变换

重新设置 Tensor 的 shape 在深度学习任务中比较常见,如一些计算类 API 会对输入数据有特定的形状要求,这时可通过 paddle. reshape 接口来改变 Tensor 的 shape,但并不改变 Tensor 的 size 和其中的元素数据,代码如下。

```
 1   a = paddle. rand((2,3))
 2   print(a)
 3   >>> Tensor(shape = [2, 3], dtype = float32, place = Place(cpu), stop_gradient = True,
 4   >>>            [[0.46860212, 0.58030438, 0.70252734],
 5   >>>             [0.56005365, 0.64562017, 0.33679947]])
 6
 7   print(a. reshape((3,2)))
 8   >>> Tensor(shape = [3, 2], dtype = float32, place = Place(cpu), stop_gradient = True,
 9   >>>            [[0.46860212, 0.58030438],
10   >>>             [0.70252734, 0.56005365],
11   >>>             [0.64562017, 0.33679947]])
```

除了 paddle.reshape 可重置 Tensor 的形状,还可通过如下方法改变 shape。paddle.squeeze 可实现 Tensor 的降维操作,即把 Tensor 中尺寸为 1 的维度删除,代码如下。

```
1   x = paddle.rand([5, 1, 10])
2   output = paddle.squeeze(x, axis = 1)
3
4   print(x.shape)
5   >>> [5, 1, 10]
6
7   print(output.shape)
8   >>> [5, 10]
```

paddle.unsqueeze 可实现 Tensor 的升维操作,即向 Tensor 中某个位置插入 1 维,代码如下。

```
1   x = paddle.rand([5, 10])
2   print(x.shape)
3   >>> [5, 10]
4
5   out1 = paddle.unsqueeze(x, axis = 0)
6   print(out1.shape)
7   >>> [1, 5, 10]
```

paddle.flatten 用于将 Tensor 的数据在指定的连续维度上展平,代码如下。

```
1   a = paddle.to_tensor([[1,2],[3,4]])
2   out = paddle.flatten(a)
3   print(out)
4   >>> Tensor(shape = [4], dtype = int64, place = Place(cpu), stop_gradient = True,
5   >>> [1, 2, 3, 4])
```

paddle.transpose 用于对 Tensor 的数据进行重排,代码如下。

```
1   x = paddle.randn([2, 3, 4])
2   x_transposed = paddle.transpose(x, perm = [1, 0, 2])
3   print(x_transposed.shape)
4   >>> [3, 2, 4]
```

8.3.4 自动微分

PaddlePaddle 的神经网络核心是自动微分,代码如下。

```
1   x = paddle.to_tensor([1.0, 2.0, 3.0], stop_gradient = False)
2   y = paddle.to_tensor([4.0, 5.0, 6.0], stop_gradient = False)
3   z = x ** 2 + 4 * y
4   z.backward()
5   print("Tensor x's grad is: {}".format(x.grad))
6   >>> Tensor x's grad is: Tensor(shape = [3], dtype = float32, place = Place(cpu),
7   >>> stop_gradient = False,
8   >>>          [2., 4., 6.])
```

```
9
10  print("Tensor y's grad is: {}".format(y.grad))
11  >>> Tensor y's grad is: Tensor(shape = [3], dtype = float32, place = Place(cpu),
12  >>> stop_gradient = False,
13  >>>         [4., 4., 4.])
```

上面代码中创建的 x 和 y 分别是神经网络中的参数,z 为神经网络的损失值 loss。对 z 调用 backward()方法,PaddlePaddle 即可以自动计算 x 和 y 的梯度,并且将它们存进 grad 属性中。

因为 backward()函数会累积梯度,所以 PaddlePaddle 还提供了 clear_grad()函数来清除当前 Tensor 的梯度,代码如下。

```
1   import numpy as np
2
3   x = np.ones([2, 2], np.float32)
4   inputs2 = []
5
6   for _ in range(10):
7       tmp = paddle.to_tensor(x)
8       tmp.stop_gradient = False
9       inputs2.append(tmp)
10
11  ret2 = paddle.add_n(inputs2)
12  loss2 = paddle.sum(ret2)
13
14  loss2.backward()
15  print("Before clear {}".format(loss2.gradient()))
16  >>> Before clear [1.]
17
18  loss2.clear_grad()
19  print("After clear {}".format(loss2.gradient()))
20  >>> After clear [0.]
```

小　结

本章针对 PyTorch、TensorFlow 和 PaddlePaddle 这三个框架,详细讲述了其操作过程,包括安装、Tensor 对象及其运算、Tensor 的索引和切片、Tensor 的变换、拼接和拆分等。通过实践操作,读者能够更好地理解框架存在的意义就是屏蔽底层的细节,使实施者可以专注于模型结构。

第 **9** 章

综合项目实验

本章通过 4 个案例介绍人工智能技术的实现方式,分别针对目前人工智能的热门研究领域:计算机视觉、自然语言处理、强化学习及可视化技术。文中代码主要使用百度 PaddlePaddle 2.0 实现,可视化技术中会涉及 TensorFlow 和 PyTorch 框架的代码。大部分代码可在百度 AI Studio 上运行,读者可以使用 AI Studio 提供的免费或付费 GPU 算力加速代码运行。其他代码对算力的要求不高,读者可以在本地运行。

9.1 计算机视觉

本节通过图像分类、目标检测、人像处理、图像生成 4 个任务介绍计算机视觉的基本实现方式。此外,9.1.4 节以旷视 Face++为例介绍如何调用远程服务。

9.1.1 一个通用的图像分类模型

视频讲解

本节基于 VGG16 和 ResNet18 进行图像分类。导入依赖,如代码清单 9-1 所示。

代码清单 9-1 导入依赖

```
import paddle
from paddle import vision
from paddle.vision import transforms
```

下载 CIFAR10 数据集,并将其放在 work 目录下。CIFAR10 是由辛顿团队构建的一个通用图片分类数据集,其中包含 60 000 张 32×32 的 RGB 图片。这些图片来自 10 个类别,每个类别包含 6000 张图片。图 9.1 展示了这些类别及其对应的图片。数据集被分为 50 000 张训练图片和 10 000 张测试图片,测试图片中包含来自每个类别的 1000 张随机图片,剩余图片作为训练图片。数据集包含 pickle 格式文件 data_batch_1、data_batch_2、data_batch_3、data_batch_4、data_batch_5 及 test_batch,其中每个 data_batch 文件存储了 10 000 张训练图片,test_batch 存储了 10 000 张测试图片。每个 data_batch 文件所包含的图片都是随机的,因此不能保证每个类别恰好出现 1000 次。需要注意的是,这里的批次划分只是数据集的存储方式,并不意味着训练时需要将批次大小设置为 10 000。

飞机
汽车
鸟
猫
鹿
狗
青蛙
马
船
卡车

图 9.1 CIFAR10 示例

代码清单 9-2 展示了加载 CIFAR10 数据集的方法。train_dataset 和 val_dataset 是两个 CIFAR10 对象,后面将使用这两个对象来读取 CIFAR10 数据集中的图片和标签。CIFAR10 的构造函数可以接收 data_file、mode 和 transform 等参数。data_file 指定了数据集文件的地址,这里使用相对路径 work/cifar-10-python. tar. gz。mode 指定了数据集的划分,可选 train 或 test,分别表示训练集和测试集。transform 表示数据预处理流程,包括 transforms. ColorJitter、transforms. RandomHorizontalFlip 和 transforms. ToTensor。ColorJitter 可以随机调整图像的亮度、对比度、饱和度和色调,RandomHorizontalFlip 可以按一定概率对图片进行水平翻转,ToTensor 可以将 PIL 或 NumPy 类型的图片转为 PaddlePaddle 类型的张量。这些预处理类通过 transforms. Compose 包装在一起,每次从 train_dataset 或 val_dataset 读取的数据都会经过它们的处理。

代码清单 9-2　加载 CIFAR10 数据集

```
transform = transforms.Compose([
    transforms.ColorJitter(),
    transforms.RandomHorizontalFlip(),
    transforms.ToTensor()
])
train_dataset = vision.datasets.Cifar10(
    data_file = 'work/cifar - 10 - python. tar. gz',
    mode = 'train', transform = transform,
)
val_dataset = vision. datasets. Cifar10(
    data_file = 'work/cifar - 10 - python. tar. gz',
    mode = 'test', transform = transform,
)
```

代码清单 9-3 定义了用于训练的主函数 main()。main()函数接收 4 个参数,trial_name

表示训练名称,model 是待训练模型,epochs 表示训练的轮次,batch_size 表示批次大小。训练名称可以任取,仅用于区分不同的训练人物。轮次和批次大小决定了遍历数据集的方式,例如,当轮次为 10、批次大小为 128 时,数据集每次返回 128 张图片,每个轮次返回 470 次,一共遍历 10 次。

代码清单 9-3　训练的主函数

```python
def main(trial_name, model, epochs, batch_size):
    model = paddle.Model(model)
    model.summary((batch_size, 3, 32, 32))
    model.prepare(
        paddle.optimizer.Adam(parameters = model.parameters()),
        paddle.nn.CrossEntropyLoss(),
        paddle.metric.Accuracy(),
    )
    model.fit(
        train_data = train_dataset,
        eval_data = val_dataset,
        epochs = epochs,
        batch_size = batch_size,
        callbacks = [
            paddle.callbacks.VisualDL(log_dir = 'visualdl_log_dir'),
            paddle.callbacks.ModelCheckpoint(save_dir = 'ckpts'),
        ],
        verbose = 1,
    )
    model.save('inference/' + trial_name, False)
```

paddle.Model 是一个具备训练、测试、推理功能的神经网络,该对象同时支持静态图和动态图模式,默认为动态图模式。main() 函数中用到了 Model 对象的 summary()、prepare()、fit() 及 save() 方法。summary() 用于打印网络的基础结构和参数信息,参数(batch_size,3,32,32)表示模型输入维度。由于模型每次输入一个批次的数据,所以输入数据是 batch_size 张 32px×32px 的 RGB 图像。summary() 方法的输出如代码清单 9-4 所示。

代码清单 9-4　模型摘要信息

```
---------------------------------------------------------------------------
 Layer (type)        Input Shape            Output Shape          Param #
===========================================================================
Conv2D - 1           [[128, 3, 32, 32]]     [128, 64, 32, 32]     1,792
BatchNorm2D - 1      [[128, 64, 32, 32]]    [128, 64, 32, 32]     256
ReLU - 1             [[128, 64, 32, 32]]    [128, 64, 32, 32]     0
Conv2D - 2           [[128, 64, 32, 32]]    [128, 64, 32, 32]     36,928
BatchNorm2D - 2      [[128, 64, 32, 32]]    [128, 64, 32, 32]     256
ReLU - 2             [[128, 64, 32, 32]]    [128, 64, 32, 32]     0
                                   ...
Conv2D - 13          [[128, 512, 2, 2]]     [128, 512, 2, 2]      2,359,808
BatchNorm2D - 13     [[128, 512, 2, 2]]     [128, 512, 2, 2]      2,048
ReLU - 13            [[128, 512, 2, 2]]     [128, 512, 2, 2]      0
MaxPool2D - 5        [[128, 512, 2, 2]]     [128, 512, 1, 1]      0
```

```
AdaptiveAvgPool2D - 1    [[128, 512, 1, 1]]    [128, 512, 7, 7]    0
Linear - 1               [[128, 25088]]        [128, 4096]         102,764,544
ReLU - 14                [[128, 4096]]         [128, 4096]         0
Dropout - 1              [[128, 4096]]         [128, 4096]         0
Linear - 2               [[128, 4096]]         [128, 4096]         16,781,312
ReLU - 15                [[128, 4096]]         [128, 4096]         0
Dropout - 2              [[128, 4096]]         [128, 4096]         0
Linear - 3               [[128, 4096]]         [128, 10]           40,970
=================================================================
Total params: 134,318,410
Trainable params: 134,301,514
Non - trainable params: 16,896
-----------------------------------------------------------------
Input size (MB): 1.50
Forward/backward pass size (MB): 889.01
Params size (MB): 512.38
Estimated Total Size (MB): 1402.89
-----------------------------------------------------------------
```

　　prepare()用于配置模型所需的部件，如优化器、损失函数和评价指标，这里使用 Adam 优化器、交叉熵损失以及准确率评价指标。fit()用于训练模型，可以使用其中的 callbacks 参数挂载一系列 Callback 对象。这里挂载了 VisualDL 和 ModelCheckpoint 两个 Callback 对象，分别用于将可视化信息写入 visualdl_log_dir 目录以及将检查点模型保存到 ckpts 目录。save()用于保存模型。

　　代码清单 9-5 展示了使用 main()函数训练 VGG16 模型的方法。VGG16 由牛津大学视觉几何组（Visual Geometry Group）提出，在 ILSVRC2014 的图像分类赛道获得了第二名，其网络结构如图 9.2 所示。

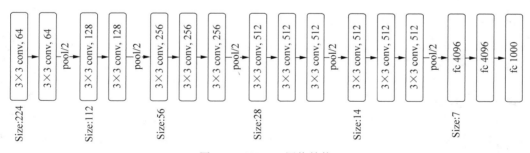

图 9.2　VGG16 网络结构

代码清单 9-5　VGG16 模型训练

```
model = vision.models.vgg16(batch_norm = True, num_classes = 10)
main('vgg16', model, 100, 128)
```

　　飞桨已经实现了 VGG16 模型，可以直接通过 vision.models.vgg16 构造。batch_norm 参数表示在每个卷积层后添加批归一化层，num_classes 表示数据集中的类别数量。由于 VGG16 模型最初是在 ImageNet 上训练的，所以 num_classes 默认为 1000。但是 CIFAR10 只有 10 个类别，所以必须将 num_classes 设置为 10。训练日志显示，模型在训练集上的准确率可以达到 97.56%,在测试集上的准确率可以达到 86.83%。

ResNet18 是另一个用于图像分类的神经网络,其结构如图 9.3 所示。粗略来看,ResNet18 与 VGG16 具有相同的结构,只是在不同的网络层之间增加了跳跃连接。

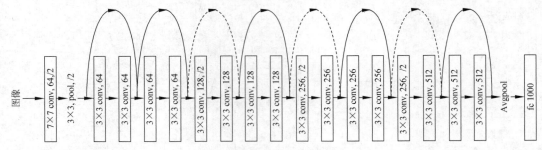

图 9.3　ResNet18 网络结构

放大来看,跳跃连接的结构如图 9.4 所示。输入张量一方面经过卷积层处理,另一方面与处理后的张量相加。为了理解跳跃连接的功能,需要思考这样一个问题:神经网络是不是越深越好?理论上,向神经网络中加入更多层至少不会变得更差,因为新加入的层至少可以把输入张量原封不动地输出来。但是实际上,深层神经网络会受到梯度消失的影响,精度往往低于浅层神经网络。跳跃连接的目的是提供一条信息通路,使得张量可以被原封不动地从浅层传递到深层。另一方面,梯度也可以沿着跳跃连接从深层回传到浅层,从而解决了梯度消失问题。

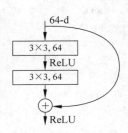

图 9.4　跳跃连接

和 VGG16 类似,代码清单 9-6 展示了使用 main() 函数训练 ResNet18 模型的方法。为了节省时间,训练只进行了 15 个轮次。训练日志显示,模型在训练集上的准确率可以达到 90.61%,在测试集上的准确率可以达到 77.27%。

代码清单 9-6　ResNet18 模型训练

```
model = vision.models.resnet18(num_classes = 10)
main('resnet18', model, 15, 128)
```

使用 VisualDL 可以查看训练过程中的误差变化情况,从而大致分析出模型的拟合状态。图 9.5 中,eval 和 train 分别表示测试和训练阶段的相关指标。训练集上,损失函数值稳定下降,准确率总体呈上升趋势,说明模型的训练过程一切正常。测试集上,准确率也呈上升趋势,说明训练并没有饱和,模型处于欠拟合状态。

除了观察指标的变化情况,VisualDL 还支持模型结构可视化,如图 9.6 所示。通过VisualDL,用户可以交互式地查看网络结构以及各层参数。

9.1.2　两阶段目标检测和语义分割

视频讲解

本节基于 Faster R-CNN 和 Mask R-CNN 进行目标检测。在 Linux 环境下,执行代码清单 9-7 所示的命令以搭建环境。具体来说,代码清单 9-7 首先下载了 Faster R-CNN 和 Mask R-CNN 的预训练模型,然后安装了 PaddleX。

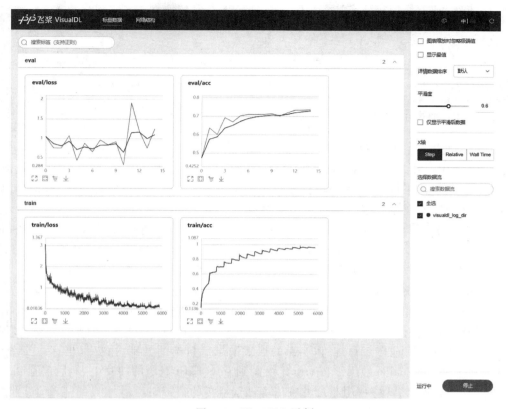

图 9.5 VisualDL 示例

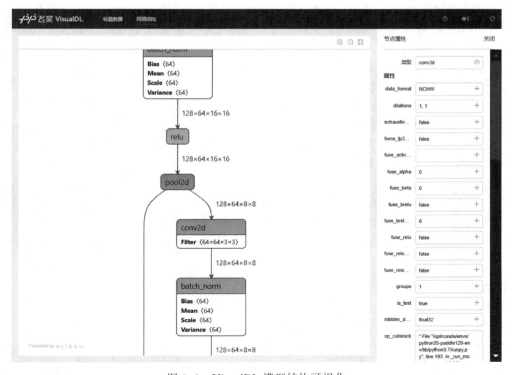

图 9.6 VisualDL 模型结构可视化

代码清单 9-7　环境搭建

```
mkdir work
wget https://bj.bcebos.com/paddlex/models/faster_r50_fpn_coco.tar.gz - P work/
tar - zxf work/faster_ * .tar.gz
wget https://bj.bcebos.com/paddlex/models/mask_r50_fpn_coco.tar.gz - P work/
tar - zxf work/mask_ * .tar.gz
pip install paddlex - i https://mirror.baidu.com/pypi/simple
```

PaddleX 是飞桨全流程开发工具,包含核心框架、模型库及工具等组件,打通了深度学习开发全流程。PaddleX 内核主要由 PaddleCV、PaddleHub、VisualDL 及 PaddleSlim 组成。PaddleCV 包括 PaddleDetection、PaddleSeg 等端到端开发套件,覆盖图像分类、目标检测、语义分割、实例分割等应用场景。PaddleHub 集成了大量预训练模型,允许开发者通过少量样本训练模型。VisualDL 是一个深度学习开发可视化工具,可以实时查看模型参数和指标的变化趋势,大幅优化开发体验。PaddleSlim 用于模型压缩,包含模型裁剪、定点量化、知识蒸馏等策略,可以适配工业生产环境和移动端场景的高性能推理需求。

代码清单 9-8 使用 PaddleX 定义了用于可视化的主函数 main。main()函数接收两个参数,trial_name 表示训练名称,img_path 表示目标图片的路径。main()函数首先根据 trial_name 加载模型,然后使用 predict()方法处理 img_path 对应的图片。处理结果 result 是一个列表,其中每个元素对应一个目标,以字典的形式记录了目标的类别、边界框坐标以及置信度等信息。pdx.det.visualize()用于将 result 绘制到 img_path 对应的图片上,然后保存到 trial_name 目录下。threshold 参数用于过滤置信度低于 0.7 的目标。

代码清单 9-8　可视化主函数

```
import paddlex as pdx
def main(trial_name, img_path = 'work/test.jpg'):
    model = pdx.load_model(trial_name)
    result = model.predict(img_path)
    pdx.det.visualize(img_path, result, threshold = 0.7, save_dir = trial_name)
```

代码清单 9-9 列出了 main()函数的调用方法。faster_r50_fpn_coco 对应 Faster R-CNN,mask_r50_fpn_coco 对应 Mask R-CNN。r50 表示模型使用的骨干网络是 ResNet50,fpn 表示骨干网络中使用了 FPN 进行多层特征融合,coco 表示使用 COCO 数据集训练。

代码清单 9-9　可视化脚本

```
main('faster_r50_fpn_coco')
main('mask_r50_fpn_coco')
```

图 9.7 展示了 Faster R-CNN 的检测结果。图片中所有主要目标的边界框都被绘制在上面,边界框的一角标注了物体类别及其置信度。不难看出,目标在图片中所占区域越大,边界框越精确,置信度越高。

与 Faster R-CNN 相比,Mask R-CNN 增加了一个小型神经网络,用于预测每个目标的二元掩码。在图 9.7 的基础上,图 9.8 加入了二元掩码的可视化。所谓二元掩码,是一个与图像大小相同的 2 维矩阵,矩阵的每个元素只有 True 和 False 两种取值。如果矩阵的某个元素为 True,表示图像对应位置上的像素属于前景,否则属于背景。图 9.9 单独绘制了图 9.8 中花瓶的二元掩码,其中,白色部分表示前景,黑色部分表示背景。

图 9.7 Faster R-CNN 预测结果

图 9.8 Mask R-CNN 预测结果

通过二元掩码,可以找到组成目标的所有像素,从而实现抠图功能。图 9.10 是使用如图 9.9 所示的二元掩码在原图上进行抠图得到的结果。可以看到,只有属于花瓶的像素出现在图 9.10 中,其余像素都被置为黑色。

图 9.9 二元掩码

图 9.10 抠图效果

视频讲解

9.1.3 人物图像处理

本节基于 PaddleHub 进行一系列人像处理。PaddleHub 汇总了 PaddlePaddle 生态下的预训练模型,提供了统一的模型管理和预测接口。配合微调 API,用户可以快速实现大规模预训练模型的迁移学习,使模型更好地服务于特定场景的应用。

导入 PaddleHub,如代码清单 9-10 所示。为了正常运行所有模型,PaddleHub 的版本需要在 1.8.0 以上。最基础的人像处理包括人脸检测、人脸关键点定位、人像分割等,本节将在图 9.11 上进行这些操作,文件路径为 work/test.jpg。

代码清单 9-10 导入依赖

```
import paddlehub as hub
```

人脸检测(face detection)是目标检测的一个子类。早期的人脸识别研究通常针对简单人像,由于人脸在图像中所占面积较大,所以不需要人脸检测。但是随着生物身份验证技术的发展,人们开始尝试在复杂图像上应用人脸识别技术。最简单的思路是将复杂图像中的人脸裁剪出来,然后应用现有的人脸识别算法进行分类。因此,人脸检测是现代人脸识别系统中的关键环节。

代码清单 9-11 使用 ultra_light_fast_generic_face_detector_1mb_640 模型实现了人脸检测,效果如图 9.12 所示。Ultra-Light-Fast-Generic-Face-Detector 是针对边缘计算设备或低算力设备设计的超轻量级实时通用人脸检测模型。模型大小约为 1MB,在预测时会将图片输入缩放为 640px×480px。

图 9.11 示例图片

图 9.12 人脸检测结果

代码清单 9-11 人脸检测

```
img_path = 'work/test.jpg'
module = hub.Module(name = 'ultra_light_fast_generic_face_detector_1mb_640')
module.face_detection(paths = [img_path], visualization = True)
```

人脸关键点定位(face landmark localization)用于标定人脸五官和轮廓位置。相比人脸检测,人脸关键点提供了更加丰富的信息,可以支持人脸 3 维重塑、表情分析等应用场景。常见的人脸关键点模型可以检测 5 点或 68 点。5 点模型可以检测内外眼角以及鼻尖位置;68点模型如图 9.13 所示,包括人脸轮廓(17 点)、眉毛(左右各 5 点)、眼睛(左右各 6 点)、鼻子(9点)、嘴部(20 点)。

代码清单 9-12 使用 face_landmark_localization 模型实现了 68 关键点定位,效果如图 9.14 所示。

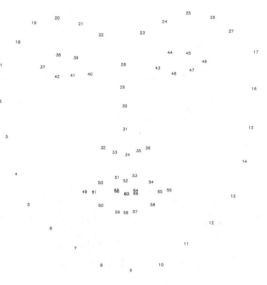

图 9.13　68 点模型

图 9.14　人脸关键点定位结果

代码清单 9-12 人脸关键点定位

```
module = hub.Module(name = 'face_landmark_localization')
module.keypoint_detection(paths = [img_path], visualization = True)
```

尽管关键点定位看起来比人脸检测复杂很多,但本质上二者并没有区别。人脸检测的目标是边界框,也就是输出边界框的左上角坐标和右下角坐标。而关键点定位则需要输出 68 个点的坐标。虽然输出的数据量更大,但是从神经网络结构的角度来看,二者是几乎等价的问题。

人像分割(human segmentation)是一类特殊的前背景分割技术。许多在线会议软件使用的虚拟背景技术,就是先使用人像分割得到人像掩码,然后将人像叠加到虚拟背景上实现的。

代码清单 9-13 使用 U2Netp 模型实现了人像分割,人像掩码如图 9.15 所示,分割结果如图 9.16 所示。为了保证分割效果,人像掩码并没有使用二元掩码,而是使用了灰度掩码。图 9.15 中的灰色部分表示模型不确定是否属于人像,因此在图 9.16 中看起来有些模糊。

图 9.15　人像掩码

图 9.16　分割结果

代码清单 9-13　人像分割

```
module = hub.Module(name = 'U2Netp')
module.Segmentation(paths = [img_path], visualization = True)
```

　　总的来说,人像相关应用都是由其他应用场景特化而来的。例如,人脸检测是目标检测的特化,人像分割是前背景分割的特化。因此,人像相关应用的精度、速度以及模型大小都普遍优于通用应用场景。但是由于人像相关应用的使用频率较高,针对人物图像的优化也有巨大的商业价值。

9.1.4　调用远程服务

视频讲解

　　深度学习模型的部署方式通常分为两种:本地化部署和远程服务部署。本地化部署将模型存储在本地,可以支持多种应用场景,但是对硬件设备的要求较高。远程服务部署将模型存储在远程服务器上,用户需要联网才能调用模型,因此服务的响应速度会受到网速影响,但是远程服务器的运行速度通常较快。之前的实验都是离线进行的,类似本地化部署的模型使用方式。本节以 Face++ 为例,介绍远程服务的调用方法。

　　Face++ 是旷视科技推出的人工智能开放平台(网址详见前言二维码),主要为开发者和客户提供基于深度学习的计算机视觉技术。为了使用 Face++ 提供的远程服务,需要进行网页注册,如图 9.17 所示。

　　注册完成后可以单击"创建我的第一个应用",如图 9.18 所示。

　　创建后可以访问网页,查看 API Key 和 API Secret,如图 9.19 所示。

　　刚刚创建的 API Key 是调用远程服务的通行证,相当于一个用户名,而 API Secret 则相当于密码。只有在请求远程服务时输入正确的 API Key 和 API Secret,远程服务器才会返回结果。所谓 API,实际上是应用程序接口(Application Programming Interface),也就是用户请求的格式规定。以人脸美化为例,API 规定用户需要向 https://api-cn.faceplusplus.com/facepp/v2/beautify 发起 POST 请求,请求数据包括 API Key、API Secret、Base64 编码的图片、美白程度等,返回值包括美化后的图片、所用时间等。

　　下面基于 Face++ 提供的远程服务,对蒙娜丽莎图片进行美化。导入依赖,如代码清单9-14 所示。

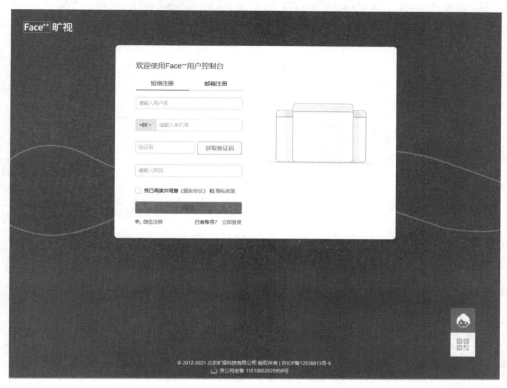

图 9.17 注册 Face++用户控制台

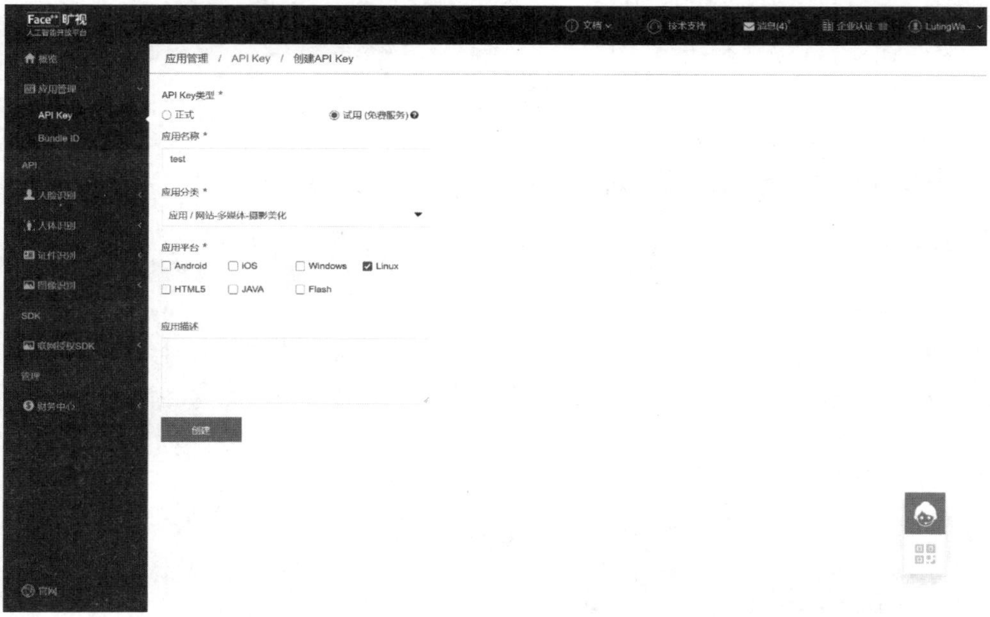

图 9.18 创建 API Key

图 9.19　查看 API Key 和 API Secret

代码清单 9-14　导入依赖

```
import base64
import json
import os
from typing import Dict

import cv2
import requests
```

定义 API Key 和 API Secret,如代码清单 9-15 所示。需要注意,引号里需要填入读者自己申请的 API Key 和 API Secret。

代码清单 9-15　定义 API Key 和 API Secret

```
key = '...'
secret = '...'
```

代码清单 9-16 定义了图片的读取与编码方式。imread()函数接收一个字符串参数 path,表示需要读取的图片地址。imread()函数内部首先以二进制的形式读取 path 对应的图片,然后使用 base64 将图片转换为六十四进制并输出。

代码清单 9-16　图片读取与编码

```
def imread(path: str) -> str:
    with open(path, 'rb') as f:
        img = f.read()
    return base64.b64encode(img).decode('utf-8')
```

使用 imread()函数,代码清单 9-17 定义了人脸美化函数。beautify()函数接收两个字符串参数,img_path 表示需要被美化的图片路径,out_path 表示美化后图片的保存路径。beautify()函数中,url 表示远程服务的地址,img 是使用 imread()读取的六十四进制图片,data 是需要发送给远程服务器的数据。api_key 和 api_secret 分别存储了用户的 API Key 和 API Secret;img_base64 存储了六十四进制的图片;whitening、smoothing、thinface、shrink_face、enlarge_eye、remove_eyebrow 是一系列美化操作,分别表示美白、磨皮、瘦脸、小脸、大眼、去眉毛,取值范围为 $[0,100]$,这里都设置为最高程度 100;filter_type 表示滤镜,这里选择 ice_lady 冰美人。requests.post()可以用来发送 POST 请求,接收远程服务器响应并返回。由于 API 规定了返回值为 JSON 格式,所以使用 json()方法解析,解析结果是一个字典,存储在 resp 变量中。

代码清单 9-17 人脸美化函数

```python
def beautify(img_path: str, out_path: str):
    url = 'https://api-cn.faceplusplus.com/facepp/v2/beautify'
    img = imread(img_path)
    data = {
        'api_key': key,
        'api_secret': secret,
        'image_base64': img,
        'whitening': 100,
        'smoothing': 100,
        'thinface': 100,
        'shrink_face': 100,
        'enlarge_eye': 100,
        'remove_eyebrow': 100,
        'filter_type': 'ice_lady',
        }
    resp = requests.post(url, data=data).json()

    img = base64.b64decode(resp['result'])
    with open(out_path, 'wb') as f:
        f.write(img)
```

至此,已经成功调用了远程服务,只需要将结果保存下来即可。通过查阅 API 可以知道,美化后的图片以六十四进制的形式保存在 result 字段中,所以需要使用 Base64 解码 resp['result'],以得到二进制编码的图片,并写入 out_path。

代码清单 9-18 调用了 beautify()函数,对 test.jpg 进行美化,并将结果保存到 beautify.jpg,如图 9.20 所示。美化后的图片色调偏白,这是滤镜和美白的共同效果。另外,瘦脸和磨皮效果也比较明显。

代码清单 9-18 调用 beautify()函数

```python
beautify('test.jpg', 'beautify.jpg')
```

人脸分析是 Face++提供的另一个远程服务,如代码清单 9-19 所示。和 beautify()函数类似,detect()函数首先调用了远程服务并将返回值以字典的形式存储在 resp 变量中,区别仅在于 url 和 data 的部分字段不同。

(a) test.jpg   (b) beautify.jpg

图 9.20　美化前后对比

代码清单 9-19　人脸分析函数

```python
def detect(img_path: str, out_path: str) -> Dict[str, Dict]:
    url = 'https://api-cn.faceplusplus.com/facepp/v3/detect'
    img = imread(img_path)
    data = {
        'api_key': key,
        'api_secret': secret,
        'image_base64': img,
        'return_landmark': 2,
        'return_attributes': ','.join([
            'gender', 'age', 'smiling', 'headpose', 'facequality', 'blur',
            'eyestatus', 'emotion', 'beauty', 'mouthstatus', 'eyegaze', 'skinstatus',
            ]),
        }
    resp = requests.post(url, data=data).json()
    faces = resp['faces']
    bboxes = [face['face_rectangle'] for face in faces]
    lms = [face['landmark'] for face in faces]
    attrs = [face['attributes'] for face in faces]

    img = cv2.imread(img_path)
    for bbox, lm in zip(bboxes, lms):
        x1, y1 = bbox['left'], bbox['top']
        x2, y2 = x1 + bbox['width'], y1 + bbox['height']
        cv2.rectangle(img, (x1, y1), (x2, y2), (255, 255, 0), 2)
        for point in lm.values():
            cv2.circle(img, (point['x'], point['y']), 1, (0, 0, 255), 2)
    cv2.imwrite(out_path, img)

    return attrs
```

通过查阅 API 可以知道,人脸分析远程服务会将检测到的所有人脸组成一个数组,存储在 faces 字段中。对于其中的每张人脸,face_rectangle 字段记录了边界框坐标,landmark 字段记录了关键点坐标,attributes 字段记录了人脸属性。因此,人脸分析 API 包含人脸检测和人脸关键点定位的功能。而且,人脸分析 API 可以返回 106 个人脸关键点坐标,目前开源的人脸关键点定位模型很难做到。这就意味着,如果希望使用本地化部署的方式实现人脸分析 API 的功能,就必须从 Face++ 购买模型。但是通过远程服务,可以免费使用模型,这也是远程服务相比本地化部署的优势之一。

最后,detect()函数使用 OpenCV 将人脸边界框和关键点绘制在 img_path 对应的图片上,并返回人脸属性。代码清单 9-20 通过调用 detect()函数,分析了蒙娜丽莎图片美化前后的人脸属性。

代码清单 9-20　调用 detect()函数

```
detect('test.jpg', 'work/test.jpg')
detect('beautify.jpg', 'work/beautify.jpg')
```

美化前的分析结果如代码清单 9-21 所示,美化后的分析结果如代码清单 9-22 所示。由于空间有限,这里并没有展示全部分析结果。通过对比可以看出,美化后的蒙娜丽莎看起来年轻了十多岁,皮肤状态和颜值也有了很大提升。

代码清单 9-21　test.jpg 分析结果

```
{
    'gender': { 'value': 'Female' }, 'age': { 'value': 35 },
    'facequality': { 'value': 70.766, 'threshold': 70.1 },
    'beauty': { 'male_score': 65.078, 'female_score': 65.638 },
    'skinstatus': {
        'health': 1.552, 'stain': 79.661, 'dark_circle': 1.794, 'acne': 35.456
    }
}
```

代码清单 9-22　beautify.jpg 分析结果

```
{
    'gender': { 'value': 'Female' }, 'age': { 'value': 22 },
    'facequality': { 'value': 7.263, 'threshold': 70.1 },
    'beauty': { 'male_score': 78.013, 'female_score': 79.779 },
    'skinstatus': {
        'health': 2.183, 'stain': 7.648, 'dark_circle': 9.05, 'acne': 21.218
    }
}
```

最后,图 9.21 展示了 Face++ 的人脸检测与人脸关键点定位结果。相比开源模型,远程服务的预测精度会稍高一些。

9.1.5　动漫图像生成

本节基于 PaddleGAN 实现图片的动漫风格化。PaddleGAN 是飞桨框架下的生成式对抗网络开发套件,目的是为开发者提供经典及前沿的生成式对抗网络高性能实现,并支持开发者快速构建、训练及部署生成式对抗网络。下面安装 PaddleGAN,如代码清单 9-23 所示。

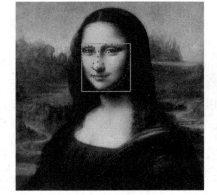

视频讲解

图 9.21　人脸检测与人脸关键点定位结果

代码清单 9-23　安装 PaddleGAN

```
git clone https://hub.fastgit.org/PaddlePaddle/PaddleGAN.git
cd PaddleGAN/
pip install -v -e.
```

　　PaddleGAN 实现了 pix2pix、CycleGAN 等经典模型,支持视频插针、超分、老照片/视频上色、视频动作生成等应用。本节使用的模型是 AnimeGAN,这是一个将现实世界场景照片进行动漫风格化的模型。

　　代码清单 9-24 使用 AnimeGAN 对 test.jpg 进行处理,结果保存在 output/anime.png。图 9.22 展示了动漫风格化前后的对比。

代码清单 9-24　AnimeGAN 预测

```
from ppgan.apps import AnimeGANPredictor
predictor = AnimeGANPredictor()
result = predictor.run('test.jpg')
```

(a) test.jpg　　　　　　　　　　(b) anime.png

图 9.22　动漫风格化前后对比

9.2　自然语言处理

　　互联网每天都会产生大量文本数据,如何让计算机理解这些数据成为人工智能研究者的难题。在深度学习诞生以前,人们使用词频等信息来编码文本,并将自然语言处理技术成功应用于垃圾邮件分类领域。随着深度学习的发展,词嵌入技术开始流行。在此基础上,文本生成、多轮对话、语音识别等应用也开始蓬勃发展,甚至在日常生活中得到了应用。

9.2.1　垃圾邮件分类

视频讲解

　　本节基于随机森林对垃圾邮件进行分类。首先导入依赖,如代码清单 9-25 所示。其中,Pandas 是专门处理表格和复杂数据的 Python 库,Plotly 是一个交互式绘图库,Scikit-learn 主要用于机器学习。

代码清单 9-25　导入依赖

```
import pandas as pd
from plotly import express as px
from sklearn.ensemble import RandomForestClassifier
from sklearn.metrics import auc, roc_curve
from sklearn.model_selection import GridSearchCV, train_test_split
```

spambase 数据集是 1999 年创建的垃圾邮件数据集。数据集包含三个文件：spambase.DOCUMENTATION、spambase.names 及 spambase.data。spambase.DOCUMENTATION 记录了数据集的基本信息，包括来源、使用情况、统计数据等。从中可以得知，数据集一共包含 4601 封邮件，其中，1813 封为垃圾邮件（Spam），剩余 2788 封为正常邮件（ham），垃圾邮件约占 39.4%。邮件原文没有提供，而是使用 58 个属性进行描述，包括 make 等 48 个单词的出现频率、分号等 6 个字符的出现频率、连续大写字母的平均长度、连续大写字母的最长长度、大写字母总数、是否为垃圾邮件。本节目标就是根据前 57 个属性预测最后一个属性。

spambase.names 记录了每个属性的名称，spambase.data 以逗号分隔值（Comma-Separated Values，CSV）文件格式记录了每封邮件的属性值。逗号分隔值是一种以纯文本形式存储表格数据的方法。代码清单 9-26 展示了 spambase.data 的前两行，每行包含以逗号分隔的 58 个值。

代码清单 9-26　spambase.data 示例

```
0,0.64,0.64,0,0.32,0,0,0,0,0,0,0.64,0,0,0,0.32,0,1.29,1.93,0,0.96,0,0,0,0,0,0,0,0,0,0,0,
0,0,0,0,0,0,0,0,0,0,0,0,0,0,0,0,0.778,0,0,3.756,61,278,1

0.21,0.28,0.5,0,0.14,0.28,0.21,0.07,0,0.94,0.21,0.79,0.65,0.21,0.14,0.14,0.07,0.28,3.47,
0,1.59,0,0.43,0.43,0,0,0,0,0,0,0,0,0,0,0,0,0,0,0.07,0,0,0,0,0,0,0,0,0,0.132,0,0.372,0.
18,0.048,5.114,101,1028,1
```

将数据集的所有文件下载到 data/data71010 目录下，使用代码清单 9-27 读取数据集。代码清单 9-27 首先从 data/data71010/spambase.names 读取所有属性的名称，然后使用 pd.read_csv 读取 data/data71010/spambase.data。使用 data.head() 可以查看前 5 封邮件的具体信息。

代码清单 9-27　读取数据集

```
data_prefix = 'data/data71010/spambase.'
label = 'label'
with open(data_prefix + 'names') as f:
    lines = f.readlines()
names = [line[:line.index(':')] for line in lines[33:]]
names.append(label)
data = pd.read_csv(data_prefix + 'data', names = names)
```

代码清单 9-28 用于将数据集划分为训练集和测试集。首先，将数据集的最后一列作为标签赋值给 *y*，然后将剩余列作为特征赋值给 *X*。train_test_split 是 Scikit-learn 提供的数据集划分函数，传入参数 test_size=0.25 表示测试集大小占总数据集的 1/4。函数的 4 个返回值分别是训练集特征、测试集特征、训练集标签和测试集标签。

代码清单 9-28　划分数据集

```
y = data.pop(label).values
X = data.values
X_train, X_test, y_train, y_test = train_test_split(X, y, test_size = 0.25)
```

代码清单 9-29 展示了训练随机森林模型的方法。RandomForestClassifier 是 Scikit-learn 提供的随机森林模型,但是我们并不希望使用默认的随机森林模型来训练。这是因为随机森林模型有许多超参数,如果选择不慎可能对精度影响很大。因此使用网格搜索来查找最佳的超参数配置。在代码清单 9-29 中定义了一个 GridSearchCV 对象用于网格搜索,搜索参数是 criterion 和 n_estimators。criterion 的可选值有基尼系数和熵,n_estimators 的可选值为 70~80。网格搜索会自动尝试这些可选值的所有组合,选择精度最高的随机森林模型输出。

代码清单 9-29　训练模型

```
clf = GridSearchCV(RandomForestClassifier(), [{
    'criterion': ['gini', 'entropy'],
    'n_estimators': [x for x in range(70, 80, 2)],
    }], n_jobs = 16, verbose = 2)
clf.fit(X_train, y_train)
print("best params is", clf.best_params_)
```

代码清单 9-29 的输出如代码清单 9-30 所示。这表示,随机森林模型的划分准则应该选择熵,子分类器的数量应该设置为 74。

代码清单 9-30　训练结果

```
best params is {'criterion': 'entropy', 'n_estimators': 74}
```

对于训练好的随机森林模型,代码清单 9-31 绘制了 ROC 曲线。首先计算测试集样本属于每个类别的概率 prob。prob 是一个 1151×2 的矩阵,每行对应一个测试样例,第一列表示每个测试样例为正常邮件的概率,第二列表示每个测试样例为垃圾邮件的概率。

代码清单 9-31　绘制 ROC 曲线

```
prob = clf.predict_proba(X_test)
fpr, tpr, _ = roc_curve(y_test, prob[:, 1])
roc_auc = auc(fpr, tpr)
fig = px.line(
    x = fpr, y = tpr, title = f"ROC (AUC = {roc_auc: 0.2f})",
    labels = {'x': "False Positive Rate", 'y': "True Positive Rate"},
)
fig.show()
```

代码清单 9-31 随后使用 roc_curve() 计算了不同置信度对应的假阳率(False Positive Rate,FPR)和真阳率(True Positive Rate,TPR)。将假阳率作为横轴,真阳率作为纵轴,就得到了受试者工作特征曲线(Receiver Operating Characteristic curve,ROC curve),如图 9.23 所示。

ROC 曲线可以直观展示分类器的性能。经过计算,ROC 曲线和横轴包围的面积约为 0.99。对于一般的分类器,这一结果已经很好了。但是对于垃圾邮件分类器,如果将正常邮件预测为垃圾邮件可能造成重大损失,所以需要尽可能降低假阳率。当要求假阳率为 0 时,真阳率最高可以达到 36.82%,也就是说,有 63.18% 的垃圾邮件会被预测为正常邮件。这样看来,

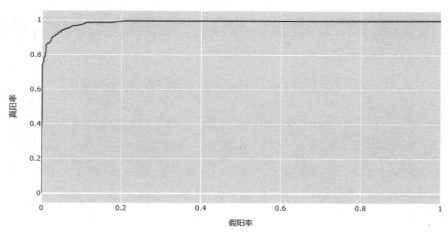

图 9.23 ROC 曲线

随机森林模型还有很大改进空间。不过,如果可以接受 1% 的假阳率,那么真阳率就可以达到 84.3%,分类精度得到了明显提升。

9.2.2 词嵌入技术

视频讲解

词嵌入(word embedding)是用实数向量表示自然语言的方法之一。词嵌入的前身是独热(one-hot)编码,假设词典中一共有 5 个单词 $\{A, B, C, D, E\}$,则对 A 的独热编码为 $(1,0,0,0,0)^{\mathrm{T}}$,B 的独热编码为 $(0,1,0,0,0)^{\mathrm{T}}$,以此类推。编码后的单词用矩阵表示为

$$X = \begin{array}{c} \begin{array}{ccccc} A & B & C & D & E \end{array} \\ \begin{bmatrix} 1 & 0 & 0 & 0 & 0 \\ 0 & 1 & 0 & 0 & 0 \\ 0 & 0 & 1 & 0 & 0 \\ 0 & 0 & 0 & 1 & 0 \\ 0 & 0 & 0 & 0 & 1 \end{bmatrix} \end{array} \tag{9-1}$$

与独热编码不同,词嵌入技术使用 d 维实数向量表示每个单词,这里的 d 是一个超参数。将每个单词的词嵌入向量拼接起来,就得到了词嵌入矩阵

$$M_{d \times 5} = \begin{array}{c} \begin{array}{ccccc} A & B & C & D & E \end{array} \\ \begin{bmatrix} x_{11} & x_{12} & x_{13} & x_{14} & x_{15} \\ x_{21} & x_{22} & x_{23} & x_{24} & x_{25} \\ \vdots & \vdots & \vdots & \vdots & \vdots \\ x_{d1} & x_{d2} & x_{d3} & x_{d4} & x_{d5} \end{bmatrix} \end{array} \tag{9-2}$$

通常情况下,词嵌入向量的内积表示单词之间的相似度,这一信息可以通过深度神经网络在其他任务上进行学习。除了自然语言处理,一般的离散变量都可以使用词嵌入技术进行表征。

本节基于 PaddleNLP 对自然语言处理中的分词和词嵌入技术进行简单介绍。首先导入依赖,如代码清单 9-32 所示。

代码清单 9-32 导入依赖

```
from paddlenlp.data import JiebaTokenizer, Vocab
from paddlenlp.embeddings import TokenEmbedding
from visualdl import LogWriter
```

和 PaddleCV 类似,PaddleNLP 在飞桨 2.0 的基础上提供了自然语言处理领域的全流程 API,拥有覆盖多场景的大规模预训练模型,并且支持高性能分布式训练。在使用时,首先下载 PaddleNLP 提供的词表文件(网址详见前言二维码),然后如代码清单 9-33 所示加载词表。

代码清单 9-33　加载词表

```
vocab = Vocab.load_vocabulary(
    'senta_word_dict.txt',
    unk_token = '[UNK]', pad_token = '[PAD]'
    )
```

词表的功能是记录每个词语的编号。如代码清单 9-34 所示,词表可以用于查找词语对应的编号,或者将编号映射为词语。

代码清单 9-34　词表的使用方法

```
>>> vocab.to_indices(['语言', '是', '人类', '区别', '其他', '动物', '的', '本质', '特性'])
[509080, 1057229, 263666, 392921, 497327, 52670, 173188, 1175427, 289000]
>>> vocab.to_tokens([509080, 1057229, 263666, 392921, 497327, 52670, 173188, 1175427,
289000])
['语言', '是', '人类', '区别', '其他', '动物', '的', '本质', '特性']
```

基于词表,代码清单 9-35 构造了一个 jieba 分词器。在英语等拉丁语系语言中,单词之间通过空格分隔,因此对分词技术没有过高的要求。而在处理中文时,情况就要复杂一些了。中文的词语由单字、双字甚至多字组成,词语之间没有明显的分隔,而且不同的分词方式可能对句子的整体语义产生极大影响。jieba 分词是目前最常用的中文分词工具之一,基于用户定义的词典,将所有字的可能成词情况构建成有向无环图(Directed Acyclic Graph,DAG),然后使用动态规划(Dynamic Programming,DP)算法找到最有可能的分词方式。

代码清单 9-35　构造分词器

```
tokenizer = JiebaTokenizer(vocab)
```

分词器的核心方法包括 cut 和 encode。顾名思义,cut 的功能是对一段文本进行分词,并将句子中的所有词语以列表形式输出。encode 在 cut 的基础上,使用词表将每个词语映射到编号。cut 和 encode 的使用方法如代码清单 9-36 所示。

代码清单 9-36　分词器的使用方法

```
>>> tokenizer.cut('语言是人类区别其他动物的本质特性')
['语言', '是', '人类', '区别', '其他', '动物', '的', '本质', '特性']
>>> tokenizer.encode('语言是人类区别其他动物的本质特性')
[509080, 1057229, 263666, 392921, 497327, 52670, 173188, 1175427, 289000]
```

代码清单 9-37 构造了词嵌入类。从参数 embedding_name 中可以看出,该类的词嵌入矩阵使用百度百科训练,每个单词的词嵌入向量长度为 300。

代码清单 9-37　构造词嵌入类

```
token_embedding = TokenEmbedding(embedding_name = 'w2v.baidu_encyclopedia.target.word-word.
dim300')
```

词嵌入类最核心的方法是 search,其功能是查找某个词语的词嵌入向量。以"语言"为例,其词嵌入向量是一个由 300 个浮点数组成的列表。通过词语的词嵌入向量,可以计算两个词语的相似性,这一功能可以通过 cosine_sim() 完成。从代码清单 9-38 可以看出,"语言"和"人类"的相似性约为 0.2,而"人类"和"人们"的相似性约为 0.6,这一结果与直觉基本一致。

代码清单 9-38 词嵌入类的使用方法

```
>>> print(token_embedding.search('语言'))
[[ 0.238597 − 0.296711 0.014523 0.210687 − 0.07727 − 0.005373 0.194825
   ...
   0.27928 0.298859 − 0.146766 0.364295 0.926042 0.072059]]
>>> print("<语言, 人类> = ", token_embedding.cosine_sim('语言', '人类'))
<语言, 人类> = 0.20291841
>>> print("<人类, 人们> = ", token_embedding.cosine_sim('人类', '人们'))
<人类, 人们> = 0.58045715
```

最后,我们希望使用 VisualDL 观察词嵌入向量。首先在 sent.txt 中写入一段中文,这里以百度百科关于自然语言处理的介绍为例。如代码清单 9-39 所示,取 jieba 分词得到的前 200 个词语赋值给 labels。词嵌入类负责检索这些词语对应的词嵌入向量,然后通过 LogWriter 写入 VisualDL 日志。

代码清单 9-39 写入 VisualDL 日志

```
with open('sent.txt') as f:
    labels = tokenizer.cut(f.read())[:200]
embedding = token_embedding.search(list(set(labels)))
with LogWriter(logdir = './hidi') as writer:
    writer.add_embeddings(tag = 'test', mat = list(embedding), metadata = labels)
```

可视化结果如图 9.24 所示,图中每个灰色的点代表一个词语对应的词向量映射到 3 维空间的位置。图中距离相近的点,具有类似的语义。读者可以尝试将鼠标悬停在某个点上,观察该点对应的词语,以检查词嵌入向量的合理性。

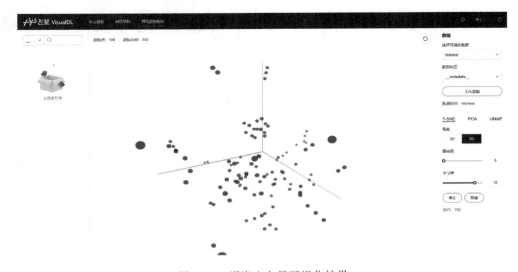

图 9.24 词嵌入向量可视化结果

9.2.3 文本生成与多轮对话

本节基于 PLATO-2 实现文本生成与多轮对话。首先导入依赖,如代码清单 9-40 所示。由于兼容性问题,本节使用 Paddle 1.8.4 和 PaddleHub 1.8.0 进行展示。

代码清单 9-40　导入依赖

```
import os

import paddle
import paddlehub as hub
```

PLATO-2 是一个基于 Transformer 的聊天机器人模型,其网络结构如图 9.25 所示。可以看出,Transformer 由左侧的编码器(encoder)和右侧的解码器(decoder)构成。编码器和解码器分别由 N 层组成,每层包含多头注意力、归一化、全连接网络、跳跃连接等算子。

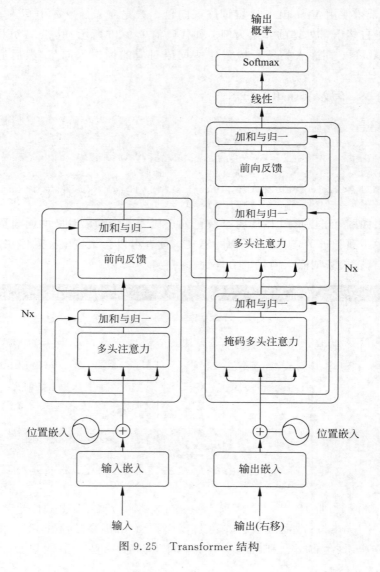

图 9.25　Transformer 结构

与循环神经网络不同，Transformer 几乎不会受到长时依赖问题的干扰，最根本的原因在于多头注意力(multi-head attention)机制。简单来说，注意力机制可以根据当前时间步对其他时间步的依赖程度，有选择地更新当前时间步的特征。对于这样一句话："深度学习是机器学习领域中一个新的研究方向，它被引入机器学习使其更接近于最初的目标——人工智能。"人类可以轻松读懂其中的指代关系，例如，"它"指代"深度学习"，"其"指代"机器学习"，"目标"指代"人工智能"，因此我们会使用上下文信息来理解"它"的含义，这就是注意力机制的一种直观解释。

谷歌在 2017 年首次提出 Transformer 结构，当时的主要应用场景是机器翻译。2020 年，百度基于课程式学习，构建了基于 Transformer 的高质量开放领域聊天机器人模型。该模型可以通过 PaddleHub 调用，如代码清单 9-41 所示。

代码清单 9-41　构造 PLATO-2

```
os.environ['CUDA_VISIBLE_DEVICES'] = '0'
module = hub.Module('plato2_en_base')
```

代码清单 9-42 使用 PLATO-2 实现了单轮对话。向模型输入"hello"，模型也会返回"hello !"。由于模型的随机性，即使每次输入的文本都是"hello"，模型输出也可能不同，这一特性与人类对话的多样性是一致的。

代码清单 9-42　单轮对话

```
>>> results = module.generate(texts = ['hello'])
>>> for result in results:
>>>     print(result)
hello !
```

单轮对话在一定程度上已经实现了聊天机器人的基本功能，但是模型无法从以往的对话历史中挖掘信息，因此对于复杂信息的理解能力不强。通过多轮对话，可以逐步向机器人传递信息，就像和真人聊天一样。使用 PLATO-2 进行多轮对话的方法如代码清单 9-43 所示。

代码清单 9-43　多轮对话

```
with module.interactive_mode(max_turn = 6):
    while True:
        human = input("[Human]: ").strip()
        print(human)
        if not human: break
        robot = module.generate(human)
        for result in robot:
            print("[Bot]:", result)
```

与代码清单 9-42 相比，代码清单 9-43 开启了上下文管理器 module.interactive_mode。在交互模式下多次调用 module.generate，将允许模型查阅对话历史，进而给出更加准确的回复。使用代码清单 9-43 的多轮对话示例如代码清单 9-44 所示。

代码清单 9-44　多轮对话示例

```
[Human]: hello
[Bot]: Hi . Sorry it took me so long to reply
[Human]: Never mind, what's your name
[Bot]: Ohh it's the same as my nickname
[Human]: so what is your nickname
```

[Bot]: Ohh . I don't have one . My nickname is my username . My name is Jessica
[Human]: All right Jessica, nice to meet u
[Bot]: Thank u . Nice to meet you too .

除了 PLATO-2 以外,PaddleHub 还提供了许多文本生成模型。图 9.26 展示了 PaddleHub 生成"深度学习"藏头诗的效果(网址详见前言二维码)。

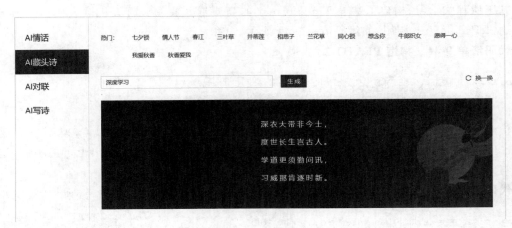

图 9.26 生成藏头诗

9.2.4 语音识别

自动语音识别(Automatic Speech Recognition,ASR)是日常生活中使用频率最高的人工智能技术之一,其目标是将音频中的语言信息转换为文本。语音识别的应用包括听写录入(如讯飞输入法、微信聊天语音转文字等)、语音助手(如 Siri、Cortana 等)以及智能设备控制(如天猫精灵、小爱音箱等)。通过与其他自然语言处理技术的结合,语音识别还能应用在更加复杂的场景中,如同声传译、会议纪要等。

一个完整的语音识别系统通常分为前端(front-end)和后端(back-end)两部分。前端由端点检测、降噪、特征提取等模块组成,后端的功能是根据声学模型和语言模型对特征向量进行模式识别。为了进一步提高语音识别的准确率,后端通常还包含一个自适应模块,将用户的语音特点反馈给声学模型和语言模型,从而实现必要的矫正。

本节基于腾讯远程服务实现语音识别。首先注册腾讯云账号,如图 9.27 所示。注册完毕后,还需要进入控制台开通语音识别服务(网址详见前言二维码),创建 API 密钥,如图 9.28 所示。

为了减轻用户使用成本,腾讯云提供了 API Explorer 工具,用于自动生成 Java、Python、Node.js、PHP、Go 以及.NET 语言的接口调用代码并发送真实请求。使用 API Explorer 工具构造录音文件识别请求的界面如图 9.29 所示。除了录音文件识别,腾讯云还具备一句话识别、语音流异步识别、热词定义、自学习等功能。

SecretId 和 SecretKey 需要分别填入用户的 API 编号和 API 密钥。出于安全考虑,图 9.29 中没有展示 SecretKey 的内容,但这并不意味着用户可以省略 API 密钥进行实验。EngineModelType 表示需要使用的引擎模型类型,这里使用的 16k_en 代表 16kHz 下的英语

图 9.27 注册腾讯云账号

图 9.28 创建 API 密钥

图 9.29 API Explorer 录音文件识别请求

识别模型。ChannelNum 表示音频的声道数,1 表示单声道,2 表示双声道,这里填入 1。ResTextFormat 表示识别结果的详细程度,实验中设置为 2,也就是返回包含标点的识别结果、说话人语速、每个词的持续时间等信息。SourceType 表示语音文件的形式,0 表示通过 Url 域读取语音文件,1 表示通过 Data 域解析语音文件,这里选择 0 并在 Url 域填入测试文件地址(详见前言二维码)。读者可以下载测试文件,也可以选用其他测试文件。

API Explorer 自动生成的完整 Python 代码如代码清单 9-45 所示。TencentCloud 是腾讯云 API 3.0 配套的开发工具集(Software Development Kit,SDK)。代码首先使用 API 编号和 API 密钥创建了证书 cred,然后通过 cred 和远程服务地址构建了客户端对象 client。client 的功能是根据请求参数结构体 req 的成员,向远程服务发起请求并返回结果。录音文件识别请求的响应结果如图 9.30 所示。

代码清单 9-45　录音文件识别请求

```python
import json
from tencentcloud.common import credential
from tencentcloud.common.profile.client_profile import ClientProfile
from tencentcloud.common.profile.http_profile import HttpProfile
from tencentcloud.common.exception.tencent_cloud_sdk_exception import TencentCloudSDKException
from tencentcloud.asr.v20190614 import asr_client, models
try:
    cred = credential.Credential("AKIDxg9LaEZIl8G82gdXZqthFxQcZFepOIdU", "")
    httpProfile = HttpProfile()
    httpProfile.endpoint = "asr.tencentcloudapi.com"

    clientProfile = ClientProfile()
    clientProfile.httpProfile = httpProfile
    client = asr_client.AsrClient(cred, "", clientProfile)

    req = models.CreateRecTaskRequest()
    params = {
        "EngineModelType": "16k_en",
        "ChannelNum": 1,
        "ResTextFormat": 2,
        "SourceType": 0,
        "Url": "https://paddlespeech.bj.bcebos.com/Parakeet/docs/demos/tacotron2_ljspeech_
waveflow_samples_0.2/sentence_1.wav"
    }
    req.from_json_string(json.dumps(params))

    resp = client.CreateRecTask(req)
    print(resp.to_json_string())

except TencentCloudSDKException as err:
    print(err)
```

响应结果里并没有出现语音识别结果,而是给出了 TaskId。为了查看 TaskId 对应的识别结果,还需要发起录音文件识别结果查询请求,如图 9.31 所示。

与录音文件识别请求类似,API Explorer 也为录音文件识别结果查询请求自动生成了 Python 代码,如代码清单 9-46 所示。结构上,代码清单 9-46 与代码清单 9-45 十分相似,读者可以自行对照。

图 9.30 API Explorer 录音文件识别请求响应结果

图 9.31 API Explorer 录音文件识别结果查询

代码清单 9-46 录音文件识别结果查询

```python
import json
from tencentcloud.common import credential
from tencentcloud.common.profile.client_profile import ClientProfile
from tencentcloud.common.profile.http_profile import HttpProfile
from tencentcloud.common.exception.tencent_cloud_sdk_exception import TencentCloudSDKException
from tencentcloud.asr.v20190614 import asr_client, models
try:
    cred = credential.Credential("AKIDxg9LaEZIl8G82gdXZqthFxQcZFepOIdU", "")
    httpProfile = HttpProfile()
    httpProfile.endpoint = "asr.tencentcloudapi.com"

    clientProfile = ClientProfile()
    clientProfile.httpProfile = httpProfile
    client = asr_client.AsrClient(cred, "", clientProfile)

    req = models.DescribeTaskStatusRequest()
    params = {
```

```
        "TaskId": 1146022917
    }
    req.from_json_string(json.dumps(params))

    resp = client.DescribeTaskStatus(req)
    print(resp.to_json_string())

except TencentCloudSDKException as err:
    print(err)
```

录音文件识别结果查询的响应结果如图 9.32 所示。从图中可以看出,音频内容是"Life was like a box of chocolates, you never know what you were gonna get.",持续时间 4.236s,语速每秒 17.2 字,单词 Life 的持续时间为 0～300ms。

图 9.32　API Explorer 录音文件识别结果查询响应结果

除了腾讯云语音识别,百度、科大讯飞等企业也推出了各自的语音识别远程服务,读者可以登录讯飞开放平台(网址详见前言二维码)尝试科大讯飞提供的语音识别功能。从技术和产业发展来看,虽然语音识别技术还不能做到全场景通用,但是已经在多种真实场景中得到了广泛应用与大规模验证。同时,技术和产业之间形成了较好的正向迭代效应,落地场景越多,得到的真实数据就越多,用户需求也更准确,进一步推动了语音识别技术的发展。

9.3　强 化 学 习

本节基于策略梯度(policy gradient)算法训练一个会玩平衡摆的智能体。如图 9.33 所示,平衡摆由一个小车和一根木棍组成。木棍的一端连接在小车上,另一端可以自由转动。初始状态下,小车位于屏幕中心,木棍垂直于地面。模型可以向小车施加向左或向右的力,使小车在黑色轨道上滑动。一旦木棍倾斜超过 15°或者小车移出屏幕,游戏宣告结束。模型的目标是使游戏时间尽可能长。

图 9.33　平衡摆

在训练模型之前,需要使用 OpenAI Gym 搭建平衡摆环境。Gym(网址详见前言二维码)是一个用于开发和比较强化学习算法的工具箱,包含平衡摆、Atari 等一系列标准环境。代码清单 9-47 展示了创建平衡摆环境的方法。gym.make 是创建环境的统一接口,CartPole-v1 是平衡摆环境的代号。

代码清单 9-47　创建平衡摆环境

```
import gym
env = gym.make('CartPole - v1')
```

代码清单 9-48 定义了智能体类 PolicyAgent。智能体的核心是一个单隐层全连接神经网络,隐向量维度为 16。obs_space 表示环境状态向量的维数,action_space 表示可选行动的维数。在平衡摆环境下,状态向量由 4 个实数组成,分别表示小车位移、小车速度、木棍角度、木棍顶端速度;可选行动有两种,0 表示对小车施加向左的力,1 表示对小车施加向右的力。

代码清单 9-48　智能体

```
import paddle
from paddle.distribution import Categorical
class PolicyAgent(paddle.nn.Layer):
    def __init__(self, obs_space, action_space):
        super().__init__()
        self.model = paddle.nn.Sequential(
            paddle.nn.Linear(obs_space, 16),
            paddle.nn.ReLU(),
            paddle.nn.Linear(16, action_space),
            paddle.nn.Softmax(axis = - 1),
        )

    def forward(self, x):
        x = paddle.to_tensor(x, dtype = "float32")
        action_probs = self.model(x)
        action_distribution = Categorical(action_probs)
        action = action_distribution.sample([1])
        return action.numpy().item(), action_distribution.log_prob(action)
```

代码清单 9-48 中的 forward() 函数定义了智能体的决策过程。首先,环境状态向量经过神经网络的处理,得到概率分布 probs。action_probs 是一个 2 维向量,表示两个可选动作的相对优劣。如果 action_probs[0] 大于 action_probs[1],则说明模型应该对小车施加向左的力,反之亦然。接下来,代码清单 9-48 使用 action_probs 构造了 Categorical 对象。Categorical 对象用于操控类别分布,提供了采样、KL 散度、信息熵等计算方法。代码清单 9-48 通过采样得到了预期行动和该行动对应的对数概率。接下来,控制器将在平衡摆环境中执行智能体输出的预期行动,并得到下一时间步对应的环境状态向量。

行动对应的对数概率用于训练智能体的神经网络。直观上,如果一个行动可以带来更大的回报,需要增大其对数概率,反之亦然。问题在于如何定义单个行动的回报? 最简单的方法是,将行动回报定义为采取行动后的直接回报。以平衡摆环境为例,假设木棍已经向右倾斜了 14°,模型对小车施加向右的力将有助于木棍回正,从而使游戏的持续时间延长;反之,如果模型对小车施加向左的力,木棍可能会直接倒下,游戏结束。对比这两种情况可以看出,游戏持续时间的延长部分归功于模型的正确决策。如果训练正常进行,模型将会学习如何"救场",从而最大程度地延长游戏的持续时间。

　　然而这种定义方式没有考虑到行动的长期效果。在上面的例子中,木棍并不是一开始就倾斜了 14°,而是因为之前的一系列错误决策,例如,连续对小车施加向左的力。消除这些历史错误才是延长游戏时间的根本途径。因此,单个行动的回报应该定义为当前回报和未来回报的加权和。如代码清单 9-49 所示,某时刻的总回报为 $\sum_{t=0}^{T} \gamma^t$,其中,T 表示该时刻到游戏结束的剩余时间,$\gamma \in [0,1]$ 表示未来回报相对当前回报的重要性。

代码清单 9-49　损失函数

```python
class Loss(paddle.nn.Layer):
    def __init__(self, gamma = 0.9):
        super().__init__()
        self.gamma = gamma

    def forward(self, rewards, log_probs):
        dis_rewards = [0]
        for reward in rewards[::-1]:
            dis_rewards.insert(0, dis_rewards[0] * self.gamma + reward)
        dis_rewards.pop()

        dis_rewards = paddle.to_tensor(dis_rewards)
        dis_rewards = (dis_rewards - dis_rewards.mean()) / (dis_rewards.std())
        loss = sum(-log_prob * dis_reward for log_prob, dis_reward in
                zip(log_probs, dis_rewards))
        return loss
```

　　代码清单 9-50 所示的运行器负责控制智能体与环境的交互,以保证平衡摆游戏的顺利进行。为了便于计算损失函数,运行器定义了 rewards 和 log_probs 两个成员,分别记录每个时刻智能体所选行动的对数概率,以及环境给出的回报。需要注意,在平衡摆这个游戏中,即使不记录每个时刻的回报也可以实现后续操作,但是为了使代码的适用面更广,代码清单 9-50 中还是定义了一个数组来记录回报。运行器的核心是 run()方法,其功能是完成一轮平衡摆游戏。

代码清单 9-50　运行器

```python
import numpy as np
class Runner:
    def __init__(self, env, model, max_iter = 500):
        self.env = env
        self.model = model
        self.max_iter = max_iter

    def reset(self):
        self.rewards = []
        self.log_probs = []

    def record(self, reward, log_prob):
        self.rewards.append(reward)
        self.log_probs.append(log_prob)

    def run(self, render = False):
        self.reset()
        state: np.ndarray = self.env.reset()
```

```
        for t in range(self.max_iter):
            action, log_prob = self.model(state)
            state, reward, done, info = self.env.step(action)
            self.record(reward, log_prob)
            if render: self.env.render()
            if done: break
        return t
```

如代码清单 9-51 所示,训练器是运行器的子类,使用训练器的 train() 方法可以连续进行若干轮平衡摆游戏。如果游戏过早终止,就需要智能体反思游戏过程,并从失败中吸取经验。

代码清单 9-51　训练器

```
class Trainer(Runner):
    def __init__(self, *args, **kwargs):
        gamma = kwargs.pop('gamma', 0.99)
        lr = kwargs.pop('lr', 0.02)
        super().__init__(*args, **kwargs)

        self.criteria = Loss(gamma = gamma)
        self.optimizer = paddle.optimizer.Adam(learning_rate = lr, parameters = self.model.
parameters())

    def train(self, episodes = 150):
        with LogWriter('visualdl') as writer:
            for i in trange(episodes):
                t = self.run()
                writer.add_scalar('duration', t, i)

                if t < self.max_iter:
                    self.optimizer.clear_grad()
                    self.criteria(self.rewards, self.log_probs).backward()
                    self.optimizer.step()

                if i % 250 == 0:
                    paddle.save(self.model.state_dict(), f'./cartpole/{i}.pdparams')
```

代码清单 9-52 构造了智能体及其训练器。在使用训练器进行训练之前,可以使用代码清单 9-53 设置随机种子。设置随机种子有助于读者复现实验结果,但这一步并不是必要的。

代码清单 9-52　智能体及其训练器的构造

```
model = PolicyAgent(env.observation_space.shape[0], env.action_space.n)
trainer = Trainer(env, model)
```

代码清单 9-53　设置随机种子

```
SEED = 1
env.seed(SEED)
paddle.seed(SEED)
```

最后,使用代码清单 9-54 开始训练智能体。经过 200 轮平衡摆游戏,训练好的智能体会被存储在 cartpole 目录下,每轮游戏的时长会被存储在 visualdl 目录下。

代码清单 9-54　开始训练

```
trainer.train(episodes = 200)
```

使用 VisualDL 可以查看游戏时长的变化过程,如图 9.34 所示。可以看出,在第 105～175 轮游戏中,游戏时长几乎全为 500,说明智能体很好地学习了平衡摆游戏的玩法。

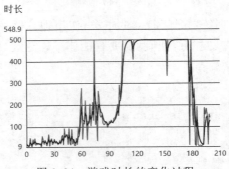

图 9.34　游戏时长的变化过程

读者还可以使用代码清单 9-55 查看每轮游戏的过程。

代码清单 9-55　游戏过程可视化

```
runner = Runner()
while input("使用 Q 退出,按任意键继续") != 'Q':
    runner.run(env, model, render = True)
```

通过平衡摆问题,读者已经看到了使用强化学习算法训练智能体的过程。与监督学习、非监督学习等算法不同,强化学习不会为智能体提供训练集和测试集。智能体需要通过探索环境来学习如何取得更大回报。随着强化学习算法的发展,智能体的能力边界也被不断突破。也许在未来的某一天,科幻电影中的人工智能机器人将会成为现实。

9.4　可视化技术

计算机擅长处理数据,而人类则更擅长处理图像。因此,为了理解计算机的运算过程,往往需要将数据绘制为图像,这就是可视化技术。本节首先介绍深度学习中最常用的工具——TensorBoard,然后以卷积核和注意力机制为例,介绍深度神经网络常用的可视化技术。

9.4.1　使用 TensorBoard 可视化训练过程

视频讲解

TensorBoard 是针对 TensorFlow 开发的可视化应用。一般来说,开发者会首先使用 TensorFlow 编写训练和测试代码,然后向其中的关键位置插入 TensorBoard 命令,以便在程序运行过程中记录变量。所有被 TensorBoard 记录的变量会以日志文件的形式存储在本地,因此使用 TensorBoard 时并不需要访问互联网。同时,TensorBoard 是一个与训练程序相独立的进程,所以开发者可以实时监视训练过程,及时发现问题并进行调整。对于梯度爆炸等致命问题,不必等到训练结束才发现。

本节使用 SageMaker Debugger 记录 TensorBoard 日志,并简单介绍 TensorBoard 面板的使用方法。SageMaker 是亚马逊(Amazon)在 2017 年开放的机器学习平台,旨在帮助机器学习开发者和数据科学家快速构建、训练和部署模型。SageMaker Debugger 是 2019 年添加到 SageMaker 服务的一项新功能,用户无须更改代码,就能实时捕获训练数据,得到机器学习模型训练过程的全面分析结果。除了在亚马逊云平台上使用 SageMaker Debugger,用户还可以离线使用 smdebug 模块,安装方式如代码清单 9-56 所示。设计上,SageMaker Debugger 参考了 TensorBoard 的运行模式,也是通过写入日志的方式存储变量。同时,SageMaker Debugger 支持写入 TensorBoard 格式的日志,因此在使用 SageMaker Debugger 时用户不需要编写 TensorBoard 相关代码,也能使用 TensorBoard 进行分析。

代码清单 9-56　安装 smdebug

```
pip install -U smdebug == 1.0.5 urllib3 == 1.25.4
```

安装完成以后如代码清单 9-57 所示导入依赖。

代码清单 9-57　导入依赖

```
import numpy as np
import tensorflow.compat.v2 as tf
from tensorflow.keras.applications.resnet50 import ResNet50
from tensorflow.keras.datasets import cifar10
from tensorflow.keras.utils import to_categorical
import smdebug.tensorflow as smd
```

代码清单 9-58 定义了训练函数 train()。参数 batch_size、epochs、model 与以往含义相同,这里不深入讨论。hook 的中文翻译是"钩子",相当于 C 语言中的回调函数(Callback)。当 hook 作为参数传入 model.fit()方法时,该方法就会在特定时刻运行 hook 所指定的操作。举例来说,model.fit()的运行过程由若干个轮次(epoch)组成,每个轮次被分为训练阶段和测试阶段,每个阶段包含若干个批次(batch)。每当 model.fit()执行完一个训练批次以后,就会调用 hook 中的 on_train_batch_end()方法;每当 model.fit()执行完一个测试阶段以后,就会调用 hook 中的 on_test_end()方法;每当 model.fit()执行完一个轮次以后,就会调用 hook 中的 on_epoch_end()方法。通过设置这些方法,就能在 model.fit()函数中插入任意代码,从而实现变量存储。除了作为回调,hook 还支持 save_scalar()等方法,便于用户手动存储特定变量。

代码清单 9-58　训练函数

```
def train(batch_size, epochs, model, hook):
    (X_train, y_train), (X_valid, y_valid) = cifar10.load_data()
    Y_train = to_categorical(y_train, 10)
    Y_valid = to_categorical(y_valid, 10)
    X_train = X_train.astype("float32")
    X_valid = X_valid.astype("float32")

    mean_image = np.mean(X_train, axis = 0)
    X_train -= mean_image
    X_valid -= mean_image
    X_train /= 128.0
    X_valid /= 128.0

    hook.save_scalar("epoch", epochs)
    hook.save_scalar("batch_size", batch_size)
```

```
model.fit(
    X_train, Y_train, batch_size = batch_size, epochs = epochs,
    validation_data = (X_valid, Y_valid), shuffle = True,
    callbacks = [hook],
    )
```

代码清单 9-59 设置了一些常量,其中,batch_size 和 epochs 将影响训练时间,out_dir 和 save_interval 将影响 SageMaker Debugger 的日志存储位置和大小。

代码清单 9-59 常量设置

```
batch_size = 32
epochs = 2
out_dir = 'smdebug'
save_interval = 200
```

代码清单 9-60 构造了模型和 hook,并且调用了训练函数。从 hook 的构造方法中可以看出,SageMaker Debugger 日志将被存储 out_dir 指向的位置,也就是 smdebug 目录;任何名字中包含 conv1_conv 的张量都将被存储;存储过程每隔 save_interval 个时间步运行一次;TensorBoard 日志将被写入 tb 目录。

代码清单 9-60 模型构造与训练

```
model = ResNet50(weights = None, input_shape = (32, 32, 3), classes = 10)
hook = smd.KerasHook(
    out_dir = out_dir, include_regex = ['conv1_conv'],
    save_config = smd.SaveConfig(save_interval = save_interval),
    export_tensorboard = True, tensorboard_dir = 'tb',
    )

optimizer = tf.keras.optimizers.Adam()
model.compile(loss = "categorical_crossentropy", optimizer = hook.wrap_optimizer(optimizer),
metrics = ["accuracy"])
train(batch_size, epochs, model, hook)
```

启动代码清单 9-60 所示的训练过程以后,就能使用 TensorBoard 进行监控了。在 Google Colab 平台上,用户可以使用代码清单 9-61 所示的魔法命令(magic command)打开 TensorBoard。

代码清单 9-61 Colab 启动 TensorBoard

```
% load_ext tensorboard
% tensorboard -- logdir tb
```

其他平台上,用户可以在终端运行代码清单 9-62,然后使用浏览器打开 http://localhost:6006 以查看 TensorBoard。

代码清单 9-62 其他平台启动 TensorBoard

```
tensorboard -- logdir = tb
```

TensorBoard 界面如图 9.35 所示。用户可以在界面顶端的导航栏切换数据的展现形式,界面左侧的面板可以设置曲线的平滑程度、数据来源等。

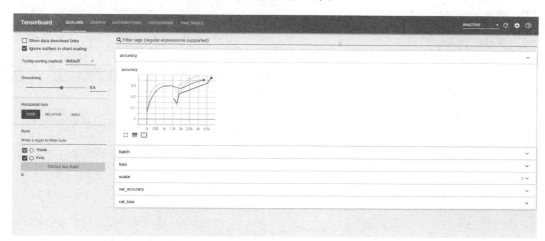

图 9.35　TensorBoard 界面

除了如图 9.35 所示的折线图,TensorBoard 还支持直方图可视化,如图 9.36 所示。直方图展示了张量各个元素的分布情况,横轴表示数值,纵轴表示张量中有多少元素为该数值。对于不同时间步,TensorBoard 将这些直方图前后放置。越靠后的直方图颜色越深,生成时间更早;越靠前的直方图颜色越浅,生成时间越晚。

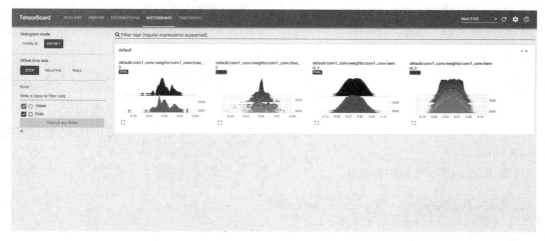

图 9.36　TensorBoard 直方图

分布图与直方图类似,是另一种展示元素分布的表现形式,如图 9.37 所示。横轴对应直方图的前后关系,表示时间步;纵轴对应直方图的横轴,表示数值;颜色对应直方图的纵轴,表示数量。

TensorBoard 还支持网络结构、图片、高维向量嵌入等多种展现形式,有兴趣的读者可以自行尝试。

9.4.2　卷积核可视化

使用 9.4.1 节存储的 SageMaker Debugger 日志,可以实现卷积核可视化。首先导入依赖,如代码清单 9-63 所示。

视频讲解

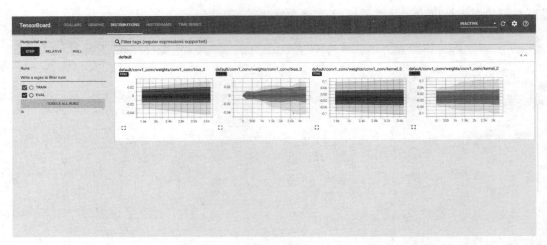

图 9.37　TensorBoard 分布图

代码清单 9-63　导入依赖

```
from plotly import graph_objects as go
from plotly.subplots import make_subplots
```

使用代码清单 9-64 以读取 SageMaker Debugger 日志。读取的 tensor 是一个 $7 \times 7 \times 3 \times 64$ 的 NumPy 数组,表示 64 个大小为 7×7 的 3 通道卷积核。

代码清单 9-64　读取 SageMaker Debugger 日志

```
trial = smd.create_trial('smdebug')
tensor = trial.tensor('conv1_conv/weights/conv1_conv/kernel:0').value(3726)
```

回忆卷积的运算过程就会发现,卷积核的三个通道恰好对应着 RGB 图像的三个通道,因此可以 RGB 图像的形式将卷积核绘制出来,观察它们的规律。可视化代码如代码清单 9-65 所示。

代码清单 9-65　卷积核可视化

```
normalize = lambda x: (x - x.min()) / (x.max() - x.min()) * 255
fig = make_subplots(rows = 8, cols = 8)
for i in range(64):
  row = i % 8 + 1
  col = i // 8 + 1
  fig.add_trace(
      go.Image(z = normalize(tensor[:, :, :, i])),
      row = row, col = col,
  )
  fig.update_yaxes(showticklabels = False, row = row, col = col)
  fig.update_xaxes(showticklabels = False, row = row, col = col)
fig
```

可视化结果如图 9.38 所示。由于只训练了两个轮次,可视化结果并没有展现出明显的几何结构,但是仍然可以看出有些卷积核已经出现了较为明显的色调分布。通过更加充分的卷积核可视化,人们可以理解卷积神经网络的内部运行机制,增强神经网络的可解释性。

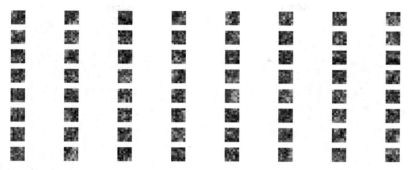

图 9.38 卷积核可视化结果

9.4.3 注意力机制可视化

视频讲解

回忆 9.2.3 节有关 Transformer 的介绍,注意力机制通过计算不同时间步之间的依赖程度,来解决长时依赖问题。与卷积神经网络或循环神经网络相比,Transformer 的可解释性更强,因为注意力机制的输出可以被人类直观理解。本节基于情感分类这一任务介绍注意力机制的可视化过程。首先导入依赖,如代码清单 9-66 所示。

代码清单 9-66 导入依赖

```
from plotly import graph_objects as go
from transformers import pipeline
```

Transformers 是由 Hugging Face 公司开发的预训练模型库,支持通过 PyTorch 或 TensorFlow 调用。Transformers 模型库收录了上千个预训练模型,可以实现文本分类、信息提取、智能问答、机器翻译等任务。图 9.39 展示了 Transformers 模型用于完形填空的效果,输入文本"Deep Learning is part of [MASK] intelligence.",模型将会返回[MASK]处最有可能的单词(网址详见前言二维码)。

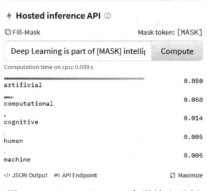

图 9.39 Transformers 完形填空示例

模拟 SageMaker Debugger 的行为,代码清单 9-67 定义了一个钩子类。值得注意的是,SageMaker Debugger 同时支持 TensorFlow、PyTorch、MXNet 等主流框架。但是由于 SageMaker Debugger 与 Transformers 的某些版本不兼容,所以本节选择自定义钩子,以便读者复现。有兴趣的读者也可以尝试使用 SageMaker Debugger 存储 Transformers 张量。

代码清单 9-67 钩子定义

```
class Hook:
  def __init__(self, module):
    module.register_forward_hook(self._hook)

  def _hook(self, module, inputs, outputs):
    self.outputs = outputs[0]
```

```python
def visualize(self, tokens, head = 0):
    n_tokens = len(tokens)
    attn = self.outputs[head].numpy()
    assert attn.shape == (n_tokens, n_tokens)
    fig = go.Figure(layout = {
        'xaxis': {'showgrid': False, 'showticklabels': False},
        'yaxis': {'showgrid': False, 'showticklabels': False},
        'showlegend': False, 'plot_bgcolor': 'rgba(0, 0, 0, 0)',
    })
    for i in range(n_tokens):
        fig.add_annotation(
            text = tokens[i], x = 2, xanchor = 'right', y = 0.1 * i,
            yanchor = 'middle', showarrow = False,
        )
        fig.add_annotation(
            text = tokens[i], x = 6, xanchor = 'left', y = 0.1 * i,
            yanchor = 'middle', showarrow = False,
        )
        for j in range(n_tokens):
            thickness = round(attn[i, j], 3)
            if thickness < 0.1: continue
            fig.add_trace(go.Scatter(
                x = [2, 6], y = [0.1 * i, 0.1 * j], mode = 'lines',
                line = {'color': f'rgba(0, 0, 255, {thickness})'},
                hoverinfo = 'skip',
            ))
    return fig
```

钩子类最核心的方法是_hook,其功能是将 outputs 参数保存为钩子类的 outputs 成员,以便后续读取。为了在正确的时机调用_hook,构造函数将_hook 作为参数传入了 module. register_forward_hook。module 可以是任何 PyTorch 模块、单个网络层或者整个网络。每当 module 被调用一次,PyTorch 将会自动调用_hook,并传入 module 的输入和输出作为参数。假设可以定位到 Transformers 中实现注意力机制的网络层,就可以使用钩子来记录相关张量了。为了简化可视化操作,钩子还提供了 visualize()方法,读者将会在后文中看到 visualize()的效果。

代码清单 9-68 首先定义了文本情感分类器 classifier,然后定位到注意力机制的实现位置 classifier. model. distilbert. transformer. layer. attention. dropout,并构造了若干个钩子。由于 Transformers 中的注意力机制不止使用了一次,所以钩子也构造了多个。

代码清单 9-68　分类器及钩子构造

```python
classifier = pipeline('sentiment - analysis')
layers = classifier.model.distilbert.transformer.layer
hooks = [Hook(layer.attention.dropout) for layer in layers]
```

代码清单 9-69 使用分类器实现了文本情感分类。与其他预训练模型库不同,Transformers 将文本的分词、编码、分类等操作封装在一个流水线(pipeline)中,大大降低了使用成本。从结果可以看出,"We are very happy to include pipeline into the transformers repository."有 99.7% 的概率具有正向情感。

代码清单 9-69　调用分类器

```
>>> sent = 'We are very happy to include pipeline into the transformers repository.'
>>> classifier(sent)
[{'label': 'POSITIVE', 'score': 0.9978193640708923}]
```

除了执行预先定义的任务,分类器还能轻松实现文本分词,如代码清单 9-70 所示。分词结果不仅包含文本的每个单词,还包括标点、特殊符号(如掩码[MASK]),这些单词或符号统称为令牌(token)。根据 tokens,可以调用钩子的 visualize( )函数实现可视化,如代码清单 9-71 所示。

代码清单 9-70　文本分词

```
ids = classifier.tokenizer(sent)
tokens = classifier.tokenizer.convert_ids_to_tokens(ids['input_ids'])
```

代码清单 9-71　调用可视化函数

```
hooks[0].visualize(tokens, head = 0)
```

多头注意力并行地实现了多个注意力机制,head 参数用于区分。类比代码清单 9-71,读者可以轻易实现 head=2、head=10 等情况下的可视化操作。此外,读者还可以对 hooks 数组的其他元素进行可视化。

图 9.40 展示了注意力机制的可视化结果。可以看出,某些注意力矩阵的规律并不明显(如 head = 0 的情况),有些注意力矩阵倾向于强调上个时间步(如 head = 2 的情况),有些注意力矩阵倾向于强调下个时间步(如 head = 10 的情况)。有兴趣的读者可以观察更多可视化矩阵,总结有关注意力矩阵的更多规律。

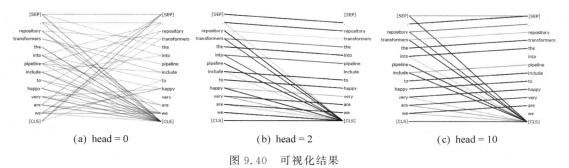

(a) head = 0　　　　　(b) head = 2　　　　　(c) head = 10

图 9.40　可视化结果

第三部分　案　例

　　本书的第三部分通过 8 个案例来深入介绍深度学习在不同领域的应用。这 8 个案例涉及 TensorFlow、PyTorch、PaddlePaddle 这三种深度学习框架,同时涵盖了图像分类、目标检测、目标识别、图像分割、生成对抗、自然语言处理等不同技术。希望读者能够通过这些案例的学习对之前基础部分的学习有所回顾,同时能够更为深入地认知和感受。同时,由于本书篇幅有限,也只能做到抛砖引玉,而更广阔的技术原理和应用则希望各位读者在找到自己的兴趣所在之后进行更为深入的探索。

第 **10** 章

案例：基于ResNet的跨域数据集图像分类

视频讲解

深度学习的核心思想是利用大量数据训练模型，使其能够提取和掌握数据中的知识。为了使模型在图像分类任务中表现出色，一个关键前提是用于训练和测试的数据必须满足独立同分布。当训练数据集与测试数据集不满足这一条件时，称为跨域问题。

在处理跨域图像分类问题时，迁移学习成为一种有效的方法。通过迁移学习，模型可以将在一个数据域上学到的知识迁移到另一个数据域上，从而实现在新数据域上的有效分类。

本章将重点探讨如何利用迁移学习解决跨域图像分类问题，介绍迁移学习的基本原理、常用方法以及在图像分类任务中的应用实例。

10.1 迁移学习

之前的章节探讨了迁移学习在简化模型训练方面的应用。然而，迁移学习的核心价值远不止于此。在处理跨域数据时，迁移学习的作用尤为突出。

现有的监督学习高度依赖大量标注数据，而标注数据的获取既耗时又成本高昂。更重要的是，传统的机器学习假设训练数据与实际应用场景中的数据分布一致，但在现实中，这种一致性往往难以满足。迁移学习旨在解决这一问题，它允许我们将在一个领域或任务上学到的知识应用于其他相关领域或任务中，从而避免了重新训练模型的必要。这与人类的思维方式类似，即通过先前的学习经验来加速新的学习过程。

在计算机视觉中，不同领域的图片差异可能源于多种因素，如纹理、光照和采集传感器的差异。迁移学习的研究与实践有别于传统的机器学习方法。在传统机器学习中，通常在一个满足独立同分布假设的数据集上进行训练、验证和测试。然而，在迁移学习中，更关注源领域与目标领域之间的知识迁移。实验中，通常使用一个领域的数据作为源域训练集，然后用另一个领域的数据作为目标域测试集来进行评估。

深度学习作为机器学习领域中的一个新兴分支，专注于学习样本数据的内在规律和表示层次。这种学习过程中获得的信息对于解释文字、图像和声音等数据具有重要意义。凭借深度学习网络强大的表征能力，我们可以从图片中提取出具有判别力的特征表示，并通过简单的线性分类器完成图像分类任务。然而,深度学习网络的参数量巨大,需要大量带标签数据进行训练,并消耗大量的时间和计算资源。

为了解决这一问题,迁移学习成为一种有效的策略。迁移学习的基本思想是利用预先在大数据集上训练好的模型,提取其特征,并在此基础上对新的数据集进行微调。这避免了重新训练整个网络的开销,同时能够快速适应新数据集的分布。具体来说,当面对一个新的图像分类任务时,不必从头开始初始化整个深度网络参数并重新训练。一方面,现有数据集的规模可能不足以支撑从头开始的训练;另一方面,这种做法会消耗大量的时间和计算资源。

通过迁移学习,我们可以利用预先训练好的模型提取特征,并仅对分类器进行微调。这种方式既节省了时间,又能够快速适应新数据集的特性。为了进一步优化性能,还可以选择固定预训练模型的前面大部分层参数,仅对后面少数几层进行微调。这种微调方法被称为"前人栽树,后人乘凉"。通过这种方式,可以在不需要长时间训练的情况下,在新数据集上获得出色的性能。

以 ImageNet-1k 数据集为例,本案例采用了预训练的 ResNet50 网络。原始图片作为输入经过深度网络后,提取出的特征向量将输入到线性分类器中完成分类任务。预训练的模型参数可通过 PyTorch 框架在线下载和使用。

10.2 数据集介绍与预处理

10.2.1 数据集介绍

Office-31 是迁移学习中一个经典的跨域图片数据集,于 2010 年由 Kate Saenko 等在发表的论文 *Adapting Visual Category Models to New Domains* 中公开。该数据集专注于办公室用品的图片,数据集划分为三个不同的域。第一个域是从亚马逊下载的图片,第二个域是通过网络摄像头(Webcam)拍摄得到的低分辨率图片,而第三个域则是使用高分辨率设备拍摄的高分辨率图片。Office-31 数据集经常与 Caltech-256 数据集合并使用,以增加研究的复杂性。

Caltech-256 数据集包含通过谷歌搜索引擎下载的 256 类物体的图片。值得注意的是,该数据集与 Office-31 数据集存在重合的类别。由于这一共同点,这两个数据集可以组合成一个包含 4 个域的数据集,用于计算机视觉领域的迁移学习研究。图 10-1 展示了该数据集的一些图片样本。

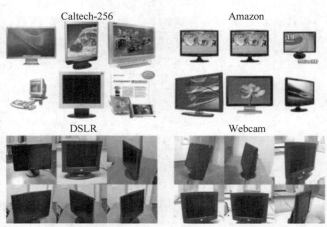

图 10-1 Office-Caltech 数据集示例

I2AWA2 数据集是 Junbao Zhuo 等在论文 *Unsupervised Open Domain Recognition by Semantic Discrepancy Minimization* 中公开的跨域数据集。该数据集由源域 3D2 和目标域 AWA2 组成。源域 3D2 是通过 Google 搜索引擎获取的 40 类动物的图片，而目标域 AWA2 则包含 50 类动物图片。这两个域的图片可用于迁移学习的研究。图 10-2 展示了 I2AWA2 数据集的示例，其中第一行是源域的图片，第二行是目标域的图片。位于相同列的图像表示同一类别。值得注意的是，从搜索引擎获取的图片呈现 3D 风格的仿真图片，而 AWA2 数据集中的图片则是现实生活中的照片。

图 10-2　I2AWA2 数据集示例

10.2.2　数据预处理

在计算机视觉任务中，为了提高模型的鲁棒性，并避免过拟合，通常会对原始图片进行数据增强。数据增强能够增加训练样本的多样性，从而帮助模型更好地泛化。常见的数据增强方法包括翻转(flip)、旋转(rotate)、缩放(scale)、随机裁剪或补零(random cropor pad)、色彩抖动(color jittering)、加噪声(noise)等。

为什么数据增强可以提高模型的鲁棒性呢？举个例子，假设想对两个品牌(A 和 B)的汽车做一个二分类任务，但是现有训练集中 A 品牌全部是向右朝向，而 B 品牌全部是向左朝向。算法可能会寻找出最能区分二者的明显的特征——朝向，可这并不是我们所期望的，模型可能会过度关注这一特征。实际应用场景中的测试数据也不会是 A 品牌都朝右，B 品牌都朝左。此时，通过数据增强中的水平翻转，可以增加不同朝向的样本，使模型能够避开这一无关特征。但同时也要考虑到实际的应用场景下，如正常情况下车是不会倒置的，那是否需要做垂直翻转的变换？再换一个角度，如果是应用在车祸情况中，又不一样了，这个时候车身可能是处于倒地状态的。

在进行数据增强时，有两种主要方式。一种是先对所有数据进行变换，以此扩充数据集，然后再作为训练输入，称为线下增强，适用于小数据集；另一种是在模型输入时对数据进行小批量转换，称为线上增强，更适合大数据集。PyTorch 的 Transforms 函数就是基于该方法的。本案例所采用的就是线下增强的方法，代码清单 10-1 展示了图片预处理时数据增强的代码。

【代码清单 10-1】

```
1    import numpy as np
2    from torchvision import transforms
3    import os
4    from PIL import Image, ImageOps
5    import numbers
```

```
6    import torch
7
8    class ResizeImage():
9       def __init__(self, size):
10          if isinstance(size, int):
11              self.size = (int(size), int(size))
12          else:
13              self.size = size
14
15      def __call__(self, img):
16          th, tw = self.size
17          return img.resize((th, tw))
18

19   class PlaceCrop(object):
20       """Crops the given PIL.Image at the particular index.
21       Args:
22           size (sequence or int): Desired output size of the crop. If size is an
                   int instead of sequence like (w, h), a square crop (size, size) is
                   made.
23       """
24
25       def __init__(self, size, start_x, start_y):
26           if isinstance(size, int):
27               self.size = (int(size), int(size))
28           else:
39               self.size = size
30           self.start_x = start_x
31           self.start_y = start_y
32
33       def __call__(self, img):
34           """
35           Args:
36               img (PIL.Image): Image to be cropped.
37           Returns:
38               PIL.Image: Cropped image.
39           """
40           th, tw = self.size
41           return img.crop((self.start_x, self.start_y, self.start_x + tw, self.start_y + th))
42

43   class ForceFlip(object):
44       """Horizontally flip the given PIL.Image randomly with a probability of 0.5."""
45
46       def __call__(self, img):
47           """
48           Args:
49               img (PIL.Image): Image to be flipped.
50           Returns:
51               PIL.Image: Randomly flipped image.
52           """
53           return img.transpose(Image.FLIP_LEFT_RIGHT)
54
55   def image_train(resize_size = 256, crop_size = 224):
56       normalize = transforms.Normalize(mean = [0.4155, 0.456, 0.406],
                                         std = [0.229, 0.224, 0.225])
```

```
57          return transforms.Compose([
58              # resize the input train images to a square limit by resize_size
59              transforms.Resize((resize_size, resize_size)),
60              # random crop the input train images to crop_size(already square)
61              transforms.RandomCrop(crop_size),
62              # flip the input train images with a probability 0.5
63              transforms.RandomHorizontalFlip(),
64              # transfer the image into a Tensor form
65              transforms.ToTensor(),
66              normalize
67          ])
68
69      def image_test(resize_size = 256, crop_size = 224):
70          normalize = transforms.Normalize(mean = [0.4155, 0.456, 0.406],
                                             std = [0.229, 0.224, 0.225])
71          # ten crops for image when validation, input the data_transforms dictionary
72          start_first = 0
73          start_center = (resize_size - crop_size - 1) / 2
74          start_last = resize_size - crop_size - 1
75
76          return transforms.Compose([
77              transforms.Resize((resize_size, resize_size)),
78              PlaceCrop(crop_size, start_center, start_center),
79              transforms.ToTensor(),
80              normalize
81          ])
```

这里需要注意的是，代码中有一个归一化的操作，给出了 mean＝[0.4155,0.456,0.406] 和 std＝[0.229,0.224,0.225]。这是因为本案例使用的 ResNet 模型是在 ImageNet-1k 数据集上预训练的，而 ImageNet-1k 数据集的图片在 RGB 模式下的均值(mean)和标准差(std)恰为这里设置的数值。

10.3　数据加载与模型训练

10.3.1　数据集加载

本案例采用 PIL 读取数据集中的图片，PyTorch 框架下需要构建一个 Dataset 的类，这个类实现 __getitem__()方法和 __len__()方法。在数据集中生成一个索引文本文件。索引文件中的每一行给出图片路径和标签，利用索引文件生成 Dataset 类的对象，如图 10-3 所示。作为构造 DataLoader 类的参数，这个 loader 对象是可迭代的，我们就能从中一个一个地提取 mini-batch 形式的数据了。代码清单 10-2 展示了读取数据的代码。

【代码清单 10-2】

```
1   # from __future__ import print_function, division
2
3   import torch
4   import numpy as np
5   from sklearn.preprocessing import StandardScaler
6   import random
7   from PIL import Image
```

```
8     from PIL import ImageFile
9     ImageFile.LOAD_TRUNCATED_IMAGES = True
10    import torch.utils.data as data
11    import os
12    import os.path
13    import time
14
15    def make_dataset(image_list, labels):
16        if len(image_list[0].split())>2:
17          images = [(val.split()[0], int(val.split()[1]), val.split()[2], int(val.
      split()[3]))for val in image_list]
18        else:
19          images = [(val.split()[0], int(val.split()[1]))for val in image_list]
20        return images
21

22    def pil_loader(path):
23        # open path as file to avoid ResourceWarning
24        with open(path, 'rb') as f:
25            with Image.open(f) as img:
26                return img.convert('RGB')
27
28    def default_loader(path):
29        # from torchvision import get_image_backend
30        # if get_image_backend() == 'accimage':
31        #     return accimage_loader(path)
32        # else:
33            return pil_loader(path)
34
35    class ImageList(object):
36        def __init__(self, image_list, shape = None,labels = None, transform = None, target_
      transform = None,
37                  loader = default_loader, train = True):
38          imgs = make_dataset(image_list, labels)
39
40          self.imgs = imgs
41          self.transform = transform
42          self.target_transform = target_transform
43          self.loader = loader
44          self.train = train
45          self.shape = shape            # hassassin
46        def __getitem__(self, index):
47            """
48            Args:
49                index (int): Index
50            Returns:
51                tuple: (image, target) where target is class_index of the target class.
52            """
53            if self.train:
54                path, target, path2, target2 = self.imgs[index]
55            else:
56                path, target = self.imgs[index]
57            img = self.loader(path)
58            if self.train:
59                img2 = self.loader(path2)
```

```
            if self.transform is not None:
                img = self.transform(img)
        if self.train:
            img2 = self.transform(img2)
        if self.train:
            return img, target, target2, img2
        else:
            return img, target

    def __len__(self):
        return len(self.imgs)
```

```
3D2_CLASSES.txt - 记事本
文件(F) 编辑(E) 格式(O) 查看(V) 帮助(H)
E:\Datasets\I2AWA2\3D2\chihuahua\24.png 3
E:\Datasets\I2AWA2\3D2\chihuahua\25.jpg 3
E:\Datasets\I2AWA2\3D2\chihuahua\27.jpg 3
E:\Datasets\I2AWA2\3D2\chihuahua\28.jpg 3
E:\Datasets\I2AWA2\3D2\chihuahua\3.jpg 3
E:\Datasets\I2AWA2\3D2\chihuahua\30.jpg 3
E:\Datasets\I2AWA2\3D2\chihuahua\32.png 3
E:\Datasets\I2AWA2\3D2\chihuahua\34.jpg 3
E:\Datasets\I2AWA2\3D2\chihuahua\35.jpg 3
E:\Datasets\I2AWA2\3D2\chihuahua\4.jpg 3
E:\Datasets\I2AWA2\3D2\chihuahua\5.jpg 3
E:\Datasets\I2AWA2\3D2\chihuahua\6.jpg 3
E:\Datasets\I2AWA2\3D2\chihuahua\7.jpg 3
E:\Datasets\I2AWA2\3D2\chihuahua\9.jpg 3
E:\Datasets\I2AWA2\3D2\chimpanzee\0.jpg 4
E:\Datasets\I2AWA2\3D2\chimpanzee\1.jpg 4
E:\Datasets\I2AWA2\3D2\chimpanzee\10.jpg 4
E:\Datasets\I2AWA2\3D2\chimpanzee\100.jpg 4
E:\Datasets\I2AWA2\3D2\chimpanzee\101.jpg 4
E:\Datasets\I2AWA2\3D2\chimpanzee\102.jpg 4
E:\Datasets\I2AWA2\3D2\chimpanzee\104.jpg 4
E:\Datasets\I2AWA2\3D2\chimpanzee\105.jpg 4
E:\Datasets\I2AWA2\3D2\chimpanzee\106.jpg 4
E:\Datasets\I2AWA2\3D2\chimpanzee\107.jpg 4
E:\Datasets\I2AWA2\3D2\chimpanzee\108.gif 4
E:\Datasets\I2AWA2\3D2\chimpanzee\109.jpg 4
```

图 10-3　数据集索引文本文件示例

这里需要注意，数据集是很大的，一张 RGB 图片读入之后得到的将会是一个 $W \times H \times C$ 大小的矩阵，其中，W 代表宽度，H 代表高度，C 代表通道数（R、G、B 的通道数为 3，即红、绿、蓝）。在构造 Dataset 对象时不需要把所有的图片都读入内存中，只需要存入图片的路径，然后在需要输入某一张图片时再加载到内存。

10.3.2　模型训练

训练流程为：在每次迭代中，读取一个 mini-batch 的图片，首先通过 ResNet50 网络提取 2048 维的特征。其次，通过一个全连接层将特征映射到与目标类别数相等的向量。再次，使用 Softmax 激活函数将该向量转换为每个类别的概率分布。然后，使用真实标签的 one-hot 向量计算交叉熵损失。最后，通过反向传播优化模型参数。

关于优化器，本案例选用 SGD（Stochastic Gradient Descent），标准梯度下降法。优化器是用于在反向传播过程中更新参数的方法。常见的优化器有 SGD、Adam、AdaGrad 等。在 PyTorch 框架下，SGD 允许设置动量参数。动量是指在梯度下降过程中不仅考虑当前反向传播计算的梯度，还累积之前的梯度来指导参数的更新方向。尽管这些方法在细节上有所不同，但它们都基于损失函数相对于模型参数的梯度信息来更新参数，旨在降低损失函数的值，从而更好地拟合训练数据。

这一部分不展示所有代码，仅对几处重点部分进行说明。首先就是如何导入预训练网络

的参数,可以在 network.py 文件中看到 ResNet50Fc 这个类的构造函数中有:

```
models.resnet50(pretrained = True)
```

这里的 models 是 PyTorch 框架中的包,里面包含各种深度网络的实现,此处设置 pretrained 参数为 True,即表明需要使用预训练的模型参数。在 network.py 文件里,除了 ResNet50Fc 这个类,还有 AlexNetFc 等多个不同的类,分别对应着不同的深度模型。

在上面提及的深度模型的类中实现有 forward() 方法,代表网络的前向传播过程,返回的是数据经过网络提取得到的特征表达,本案例在 main.py 中直接创建了一个线性分类器,将高维特征表达映射到对应分类任务类别数的向量空间:

```
classifier_layer = nn.Linear(base_network.output_num(), 40)
```

本案例使用的是 I2AWA2 数据集,因此是 40 类,对于不同的数据集可以相应地进行修改。

为了微调预训练的网络参数,需要固定深度网络的一部分层数,同时更新剩下的参数,写法形如:

```
for param in base_network.parameters():
    param.requires_grad = False
for param in base_network.layer4.parameters():
    param.requires_grad = True
for param in base_network.layer3.parameters():
    param.requires_grad = True
```

requires_grad 的意义是是否保留当前计算的梯度信息。如果没有梯度信息,就无法更新参数,所以这里实际上是先将所有的参数固定,然后再解放 ResNet 的 Layer3 和 Layer4 的参数,允许进行更新。

10.4　运　行　结　果

本案例涉及三个数据集,首先利用了 ImageNet-1k 数据集预训练 ResNet50 网络作为特征提取器,然后利用 3D2 数据集的图片对预训练的特征提取器参数进行微调,并训练最后 40 类动物的线性分类器,最后用微调好的特征提取器和学习到的分类在 AWA2 数据集上进行分类。

使用案例代码时,建议在 Python 3.6 环境下使用 PyTorch 1.0,并安装 NumPy 1.15。其他版本可自行尝试。先在代码根目录下创建 data 文件夹,然后执行 Pyhon Indices.py 命令构建数据集索引文件(请先修改 Indices.py 中 I2AWA2 数据集的保存目录),之后执行 Python main.py 即可,有一些可以选择的参数,其中,--gpu_id 是指定使用 gpu 的 id(默认为 0 号 gpu),--batch_size 是指定一个 mini-batch 包含多少个样本(默认值 64),--img_size 是指定输入图片的大小(一个数字,会将原图调整为长与宽相等的正方形图片,默认为 256)。

训练过程中每输入一个 mini-batch 为一次迭代,总共迭代 2000 次,每次迭代之后会输出当前输入计算得到的损失大小,随着训练推进,可以看到损失有减小然后趋于稳定的趋势,每 200 次迭代会输出当前训练得到的模型在 AWA2 目标数据集上测试得到的结果(此处没有分类别计算正确率,只是简单地用正确分类样本总数除以总样本数),最后会将结果最好的模型参数保存下来。总迭代次数和测试间隔可以在 main.py 文件中修改,代码如下:

```
# whole iterations
config["num_iterations"] = 2000
# test interval
config["test_interval"] = 200
```

值得注意的是，本案例只是在跨域数据集上做了一个基础的图像分类任务，通过这个案例来展示迁移学习中的微调，并且感受训练集和测试集不同分布时会得到怎样的结果。有兴趣的读者可以在案例代码的基础上做这样的尝试，首先将 3D2 数据集划分为训练集和测试集，然后在训练集上微调，在测试集上测试，同现有跨域的结果比较，看看训练集和测试集同分布时结果是不是更好了。进一步地，可以划分后只用训练集训练最后的线性分类器，直接使用预训练的网络提取特征，比较结果，看看微调是否对性能有所帮助。除了案例使用的 I2AWA2，读者还可以修改部分代码用于其他数据集，但总归来说，像这样跨域数据集的图像分类任务，如果想要更好地迁移，还需要添加很多机制，具体涉及迁移学习中的领域自适应方法，感兴趣的读者可以查询资料深入了解。

小　　结

本案例聚焦于跨域数据集上的图像分类，采用 PyTorch 框架进行构建。这一案例不仅对深度学习初学者提供了清晰的指导价值，而且有助于读者初步了解迁移学习的基本概念。本章不仅让读者简单地了解这一案例，更希望激发读者的兴趣，引导读者从这一案例出发，深入探索机器学习领域，感受人工智能的魅力。

第 **11** 章

案例：基于YOLO V3的安全帽佩戴检测

视频讲解

本章将展示一个利用深度学习进行安全帽检测的案例，以阐述计算机视觉中目标识别问题的一般处理流程。目标检测，作为一种基于图片分类的计算机视觉任务，不仅涉及分类，还需要定位目标。当面对一张图片时，目标检测系统需准确识别出图片中的目标并标注其位置。由于图片中的目标数量不定，且需要精确定位目标，目标检测相比单纯的分类任务更具挑战性。这也使得它在众多领域中具有广泛的应用价值，例如，无人驾驶、智慧安防、工业安全以及医学图像分析等。本案例专注于工业安全领域的应用，但其方法同样适用于其他目标检测任务。

11.1 数 据 准 备

在案例的起始阶段，首要任务是明确最终目标，并对目标进行细化。根据不同的子目标，实施相应的实现方案。本案例中，目标与实现方式均较为明确：通过深度学习中常用的目标检测方法，对收集的图片进行学习，旨在获取可用于结果推断的模型参数。为实现这一目标，首先需要进行数据收集与预处理，随后选择合适的模型和框架进行模型的实现。

11.1.1 数据采集与标注

数据采集和标注在机器学习项目中起到了至关重要的作用，同时也是一项繁杂的基础工作。在本案例中，主要涉及的数据类型是图片，而图片的选择和标注的质量直接影响到模型的精度。低质量的数据甚至可能导致模型无法收敛。

在采集图片时，通常有三种方式可供选择：利用搜索引擎、在实际业务场景中拍摄以及利用已有的数据集。每一种方式都有其特点，且经常需要结合使用。搜索引擎提供了一个简便的途径来获取大量图片，这些图片在尺寸和内容上较为丰富，但也意味着对模型的泛化能力提出了更高的要求。通过写爬虫，可以自动化地采集这些图片。而在实际业务场景中拍摄图片或视频需要投入大量的人力物力，且在拍摄前需要进行详细的规划，以确保图片质量较高且规格统一，这对后续的标注和模型训练都非常有利。此外，利用已有的数据集也是一种常见的做法，尤其在进行小规模测试或实验时。这些数据集来源多样，包括大型计算机视觉比赛（如PASCAL VOC、COCO 数据集）发布的数据集，由人工智能公司（如旷视科技联合北京智源人工智能研究院发布的 OBJECTS365 数据集）发布的数据集，以及个人采集和标记的数据集等。

对于通过爬虫获取的图片，由于其质量、尺寸以及是否包含目标对象等因素，通常不能直接用于模型训练。因此，对这些图片进行过滤和预处理是必要的。人工筛选是一种可行的方式，但如果图片数量巨大，则可能会非常耗时和费力。因此，使用自动化脚本进行处理变得尤为重要。例如，可以利用已经训练好的分类模型来判断图片的相似度，从而过滤掉相似的图片；或者使用成熟的人体检测模型来识别并移除不包含目标人物的图片等。

【小技巧】 在使用爬虫获取图片时，有一些小技巧可以帮助提高效率和准确性。一方面，可以通过多线程或并行处理的方式来加快爬取速度。这通常涉及同时从多个源或多个页面抓取数据，以减少单次请求的等待时间和增加总体数据收集的效率。

另一方面，仅使用"安全帽"这样的关键词进行搜索可能不够全面。为了扩大搜索范围并捕获更相关的图片，可以考虑添加更多相关的关键词。例如，"建筑工地""建筑工人"等与安全帽相关的关键词，可以帮助捕捉到更多相关场景下的图片。

在对图片进行标注时，可以采用半自动化的方法来提高效率。首先，可以对一部分图片进行标注，并使用这部分图片训练出一个初步的模型。其次，可以利用这个模型对剩下的未标注图片进行自动标注。这一步可以大幅提高标注效率，但仍需要人工进行一些调整和校验，以确保标注的准确性和可靠性。通过这种半自动化的方式，可以在保证数据质量的同时节省大量时间。

本案例采用了在 Github 上公开的安全帽检测数据集 SafetyHelmetWearing-Dataset。该数据集的链接详见前言二维码。该数据集包含 7581 张图片，其中有 9044 个标注为佩戴安全帽的对象（正类），以及 111 514 个未佩戴安全帽的标注（负类）。正类图片主要来源于搜索引擎，而负类图片部分来自于 SCUT-HEAD 数据集。所有的图像都使用 LabelImg 工具进行了目标区域和类别的标注，包含两个类别标签："hat"表示佩戴安全帽，"person"表示普通未佩戴的行人头部。

该数据集的结构与 PASCAL VOC 数据集相似。PASCAL VOC 数据集源自于 PASCAL VOC 挑战赛，这是一个由欧盟资助的网络组织举办的全球计算机视觉挑战赛。PASCAL 的英文全称为 Pattern Analysis，Statical Modeling and Computational Learning。自 2005 年起，PASCAL VOC 开始举办挑战赛，每年的主题都有所不同。从最初的分类任务，到后来逐渐增加的检测、分割、人体布局、动作识别等内容，数据集的容量和多样性也在不断增长和完善。目前，被广泛使用的 PASCAL VOC 数据集版本主要有 VOC 2007 和 VOC 2012，尽管同为 PASCAL VOC 系列，但这两个版本的数据并不相容。一般会将两组数据集结合使用。PASCAL VOC 数据集的结构如下。

DataSet：数据集的根目录。

Annotations：用于目标检测任务的标签文件，采用 XML 格式，文件名与图片名一一对应。这些文件包含目标对象的边界框和其他相关信息。

ImageSets：数据集的分割文件存放处。

Main：分类和检测的数据集分割文件。

train.txt：用于训练的图片名称列表。

val.txt：用于验证的图片名称列表。

trainval.txt：用于训练与验证的图片名称列表。

text.txt：用于测试的图片名称列表。

　　　　Layout：用于人体布局任务，本案例未涉及。

　　　　Segmentation：用于分割任务，本案例未涉及。

　　　　JPEGImages：存放 JPEG 格式的图片文件。

　　　　SegmentationClass：存放按照类别分割的图片。

　　　　SegmentationOject：存放按照对象分割的图片。

　　PASCAL VOC 数据集采用文件名作为索引，并使用不同的 TXT 文件对图像进行分类。这些 TXT 文件详细描述了数据集的分割情况。此外，每张图片的相关属性，如尺寸和目标标注，都保存在对应的 XML 文件中。这些 XML 文件遵循特定的格式，具体如图 11-1 所示。在进行目标检测任务时，关键的属性包括文件名(用于定位图片)、尺寸(确定图像大小)、目标类别(通过"name"标签识别)以及目标边界框(通过"bndbox"标签获取)。这些属性为后续的模型训练和目标检测提供了必要的信息。

```xml
<annotation>
    <folder>hat01</folder>
    <filename>000000.jpg</filename>
    <path>D:\dataset\hat01\000000.jpg</path>
    <source>
        <database>Unknown</database>
    </source>
    <size>
        <width>947</width>
        <height>1421</height>
        <depth>3</depth>
    </size>
    <segmented>0</segmented>
    <object>
        <name>hat</name>
        <pose>Unspecified</pose>
        <truncated>0</truncated>
        <difficult>0</difficult>
        <bndbox>
            <xmin>60</xmin>
            <ymin>66</ymin>
            <xmax>910</xmax>
            <ymax>1108</ymax>
        </bndbox>
    </object>
</annotation>
```

图 11-1　POSCAL VOC 数据集 XML 文件数据格式示例

11.1.2　模型和框架选择

　　在实际应用中，目标检测模型主要分为两类。一类是 2-stage 模型，它将物体识别和定位分为两个独立步骤。R-CNN 系列是这种方法的典型代表，包括 R-CNN、Fast R-CNN 和 Faster R-CNN。这类模型的识别准确率较高，漏检率低，但处理速度较慢，不能满足实时检测的需求。

　　为了满足实时检测的需求，另一类模型应运而生，即一阶段模型。SSD 系列、YOLO 系列和 EfficientNet 系列是这个方法的典型代表。这类模型速度快，可以满足实时性要求，且准确率与 Faster R-CNN 相当。YOLO 系列模型尤其出色，因为它能一次性预测多个 Box 位置和类别，实现端到端的目标检测和识别，并且有各种变种适应不同场景。因此，本案例选择 YOLO V3 作为实现模型。

　　在选择模型时，需要考虑实际业务需求，如是否需要实时性、是否在终端设备上运行等。为了获得最佳效果，通常会尝试多个模型并进行比较。

在选定模型后，需要确定实现模型的框架。TensorFlow、PyTorch、PaddlePaddle 和 Caffe 是常见的深度学习框架。TensorFlow 功能全面，适用于多种场景；PyTorch 入门门槛低，便于调试。本案例选择 TensorFlow 2.0 作为实现框架。

TensorFlow 2.0 是谷歌开源的深度学习框架，自 2015 年首次发布以来备受好评。2019 年 10 月 1 日，TensorFlow 2.0 正式稳定版发布，如今已被众多企业和创业公司广泛应用于自动化工作任务和开发新系统。TensorFlow 2.0 在分布式训练支持、可扩展的生产和部署选项、多设备支持（如安卓）等方面表现出色。此外，TensorFlow 2.0 采用了更为简洁的新框架，并将 Keras 纳入子模块，提高了集成度，降低了使用难度。相较于相对年轻的 PyTorch 框架，TensorFlow 2.0 的生态已经相当成熟和完善。调整后的 API 和动态图机制使其成为开发者和科研人员的理想选择。

【提示】 在选择深度学习框架时，一个重要的考虑因素是其对所选用模型的稳定实现。这是因为，一个稳定的实现可以大大减少开发与调试的工作量。在开源世界中，利用已有的开源实现来扩展自己的应用是一种常见的做法。在选择框架时，如果能够借助已有的稳定实现，同时还能贡献自己的力量，这无疑是对自身水平的提升。

TensorFlow Object Detection API 是一套用于目标检测的强大工具。该框架在 Github 上开源，为研究者提供了一个便捷的平台来构建、训练和部署目标检测模型。在谷歌的计算机视觉相关项目中也有所应用。该框架已经实现了 Faster R-CNN、SSD 等常用模型，并且对每种模型都进行了详细的性能测试，这为研究者提供了有益的参考。然而，目前版本的 TensorFlow Object Detection API 并不完全支持 TensorFlow 2.0，并且尚未实现 YOLO 系列模型。因此，在本方案的实现中未采用该框架。不过，我们借鉴了其训练方式，利用 TFRecord 作为数据输入格式，以加快数据读取速度。由于之前准备的数据是 PASCAL VOC 格式的，因此在进行训练之前需要进行数据格式转换。具体转换方式将在 11.1.3 节进行说明。

11.1.3 数据格式转换

由于数据集的格式与模型读取所需的格式可能不匹配，因此通常需要编写脚本进行格式转换。以 PASCAL VOC 为代表的数据集使用目录来分隔训练和测试数据集，这种组织方式不仅增加了读取复杂性，降低了效率，还占用了额外的磁盘空间。相对而言，TFRecord 是 Google 官方推荐的二进制数据格式，专为 TensorFlow 设计。它通过一系列实现了 Protocol buffers 数据标准的 Example 来存储数据。这种格式将数据集整合到一个二进制文件中，无须使用目录结构。此外，所有数据都存储在内存中，避免了逐个加载文件的需要，从而提高了效率。因此，将 PASCAL VOC 格式的数据转换为 TFRecord 类型是必要的。具体的转换代码和注释参见代码清单 11-1。

【代码清单 11-1】

```
1   import os
2   import os
3   import hashlib
4
5   from absl import app, flags, logging
6   from absl.flags import FLAGS
7   import tensorflow as tf
8   import lxml.etree
```

```
9    import tqdm
10   from PIL import Image
11
12   #设置命令行读取的参数
13   flags.DEFINE_string('data_dir', '../data/helmet_VOC2028/',
14                        'path to raw PASCAL VOC dataset')
15   flags.DEFINE_enum('split', 'train', [
16                     'train', 'val'], 'specify train or val spit')
17   flags.DEFINE_string('output_file', '../data/helmet_VOC2028_train—h.tfrecord', 'outpot
     dataset')
18   flags.DEFINE_string('classes', '../data/helmet_VOC2028.names', 'classes file')
19
20   #创建 TFRecords 所需要的结构
21   def build_example(annotation, class_map):
22       #根据 XML 文件名找到对应的 JPG 格式的图片名
23       filename = annotation['xml_filename'].replace('.xml','.jpg',1)
24       img_path = os.path.join(
25           FLAGS.data_dir, 'JPEGImages', filename)
26
27       #读取图片,可以通过设置大小过滤掉一些比较小的图片
28       image = Image.open(img_path)
29       if image.size[0] < 416 and image.size[1] < 416:
30           print("Image ",filename, " size is less than standard:", image.size )
31           return None
32
33       img_raw = open(img_path, 'rb').read()
34       key = hashlib.sha256(img_raw).hexdigest()
35       width = int(annotation['size']['width'])
36       height = int(annotation['size']['height'])
37       xmin = []
38       ymin = []
39       xmax = []
40       ymax = []
41       classes = []
42       classes_text = []
43       truncated = []
44       views = []
45       difficult_obj = []
46       #解析图片的中目标信息
47       if 'object' in annotation:
48           for obj in annotation['object']:
49               difficult = bool(int(obj['difficult']))
50               difficult_obj.append(int(difficult))
51
52               xmin.append(float(obj['bndbox']['xmin']) / width)
53               ymin.append(float(obj['bndbox']['ymin']) / height)
54               xmax.append(float(obj['bndbox']['xmax']) / width)
55               ymax.append(float(obj['bndbox']['ymax']) / height)
56               classes_text.append(obj['name'].encode('utf8'))
57               classes.append(class_map[obj['name']])
58               truncated.append(int(obj['truncated']))
59               views.append(obj['pose'].encode('utf8'))
60
61       #组装 TFRecord 格式
62       example = tf.train.Example(features = tf.train.Features(feature = {
63           'image/height': tf.train.Feature(int64_list = tf.train.Int64List(value =
     [height])),
64           'image/width': tf.train.Feature(int64_list = tf.train.Int64List(value =
     [width])),
65           'image/filename': tf.train.Feature(bytes_list = tf.train.BytesList(value = [
```

```
66                  annotation['filename'].encode('utf8')])),
67              'image/source_id': tf.train.Feature(bytes_list = tf.train.BytesList(value = [
68                  annotation['filename'].encode('utf8')])),
69          #此处内容有省略
70              ……
71          }))
72          return example
73
74  #解析 XML 文件
75  def parse_xml(xml):
76      if not len(xml):
77          return {xml.tag: xml.text}
78      result = {}
79      for child in xml:
80          child_result = parse_xml(child)
81          if child.tag != 'object':
82              result[child.tag] = child_result[child.tag]
83          else:
84              if child.tag not in result:
85                  result[child.tag] = []
86              result[child.tag].append(child_result[child.tag])
87      return {xml.tag: result}
88
89  def main(_argv):
90      #导入目标分类
91      class_map = {name: idx for idx, name in enumerate(
92          open(FLAGS.classes).read().splitlines())}
93      logging.info("Class mapping loaded: % s", class_map)
94
95      #生成写 TFRecord 到文件中的对象
96      writer = tf.io.TFRecordWriter(FLAGS.output_file)
97
98      #读取文件列表
99      image_list = open(os.path.join(
100         FLAGS.data_dir, 'ImageSets', 'Main', '% s.txt' % FLAGS.split)).read().splitlines()
101     logging.info("Image list loaded: % d", len(image_list))
102
103     #循环读取文件、解析并写入 TFRecord 文件中，tqdm.tqdm 用于记录和显示进度
104     for image in tqdm.tqdm(image_list):
105         annotation_xml = os.path.join(
106             FLAGS.data_dir, 'Annotations', image + '.xml')
107         #解析 XML 结构
108         annotation_xml = lxml.etree.fromstring(open(annotation_xml, encoding = 'utf - 8')
    .read())
109         annotation = parse_xml(annotation_xml)['annotation']
110         annotation['xml_filename'] = image + '.xml'
111         tf_example = build_example(annotation, class_map)
112         if tf_example is None:
113             print("Failed to bulid example,", annotation['xml_filename'])
114             continue
115         writer.write(tf_example.SerializeToString())
116     writer.close()
117
118 if __name__ == '__main__':
119     app.run(main)
```

该处理逻辑相对直观，主要涉及以下几个步骤：首先，读取 XML 文件列表并解析其中的信息；其次，根据 XML 文件名找到并读取相应的图片文件；最后，将这些信息转换为 TFRecord 格式并写入文件。在实现过程中，利用了几个常用的 Python 工具库：absl、tqdm

和 PIL。具体来说,absl 是 Google 发布的公共库,专门用于快速构建 Python 应用程序,提供了 flags 和 logging 等实用功能;tqdm 则是一个高效且可扩展的进度条库,适用于显示长循环的进度信息;而 PIL 是 Python 中常用的图像处理库,具有广泛的文件格式支持和强大的图像处理能力。

为了验证转换的有效性,采用了一种简单的方法:利用 TensorFlow 的 Dataset 类加载 TFRecord 格式的文件,并随机抽取一个或多个图片及对应信息。通过将目标检测框整合到图片中,可以直观地评估输出图片的质量和完整性。具体的代码实现可参考 visualize_dataset. py 文件。

【提示】 本节不对 TensorFlow 和其他工具的安装进行详细阐述。案例所用的代码适用于 Windows 10 平台和 Ubuntu 18.04 平台。值得注意的是,安装 TensorFlow GPU 版本可能较为复杂,建议使用 Anaconda 进行安装。此外,为了管理项目的依赖关系和环境,推荐使用 conda 创建一个虚拟环境。

11.2 模型构建、训练和测试

在准备环境和数据之后,需要根据 YOLO V3 模型的结构来构建模型。接着导入预训练参数,并利用这些参数对前期准备好的模型进行迁移学习,最后进行测试。在进入模型构建之前,首先来探讨 YOLO 系列模型的特点及其不断进化的方面。

11.2.1 YOLO 系列模型

在目标检测任务中,目标定位和分类是两个关键环节。对于分类任务,通常使用分类模型对提取后的特征进行处理。而定位的基本思路是设置一系列不同大小的检测框,通过滑动窗口的方式对图片进行扫描,从上到下、从左到右地覆盖图片的每个区域。然而,这种方法直观但工作量巨大,效率较低,是传统目标检测方法的常见问题。随着神经网络和深度学习的兴起,目标检测领域获得了新的突破。传统的特征提取方式被神经网络所取代,这不仅提高了模型的准确率和泛化能力,而且为定位提供了更多的解决方案。例如,R-CNN 采用 Region Proposal 来减少定位的工作量。尽管这些方法相比传统方法有了显著改进,但在实时性方面仍有不足。为了解决这一问题,YOLO 模型应运而生。

YOLO 模型由 Joseph Redmon 在 2015 年提出,其论文为 *You Only Look Once:Unified,Real-Time Object Detection*。该模型将物体检测视为回归问题,通过一个统一的端到端网络完成从原始图像到物体位置和类别的输出,极大地提高了目标检测的效率。其检测流程如图 11-2 所示。

YOLO 模型将图像划分为 $S \times S$ 个小网格,当物体中心落入某个网格时,该网格负责预测该物体。每个网格生成 B 个边界框及相应的置信值,并选择置信值最高的一个。在训练过程中,模型的输出为一个多维向量,包含边界框和置信值,与预先标记的真实值进行比较,以实现回归。这种方法预先设定了固定候选位置,从而快速准确地定位目标,且训练简便。

表 11-1 显示了在 PASCAL VOC 2007 数据集上,与 R-CNN 相比,YOLO 的速度优势。尽管准确率有所降低,但 YOLO 模型的速度显著提高,尤其是 Fast YOLO 模型,其处理速度高达 155 帧/秒。然而,YOLO 也存在局限性:每个网格只负责一个目标,因此一张图像最多只能检测到 $S \times S$ 个目标;若一个网格内有多个物体中心,则只能检测到一个目标。这使得 YOLO 在小目标密集的场景中表现欠佳。为了满足实际需求,YOLO 模型也在持续改进。

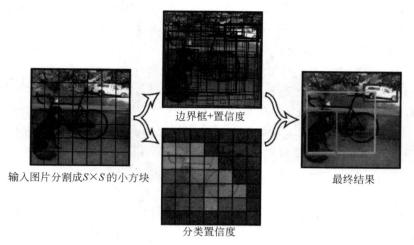

输入图片分割成 $S \times S$ 的小方块   边界框+置信度   最终结果

分类置信度

图 11-2　YOLO 模型目标检测流程

表 11-1　YOLO 模型与 R-CNN 系列模型性能对比

Real-Time Detectors	Train	mAP	FPS
100 Hz DPM[31]	2007	16.0	100
30 Hz DPM[31]	2007	26.1	30
Fast YOLO	2007＋2012	52.7	**155**
YOLO	2007＋2012	**63.4**	45
Less Than Real-Time			
Fastest DPM[38]	2007	30.4	15
R-CNN Minus R[20]	2007	53.5	6
Fast R-CNN[14]	2007＋2012	70.0	0.5
Faster R-CNN VGG-16[28]	2007＋2012	73.2	7
Faster R-CNN ZF[28]	2007＋2012	62.1	18
YOLO VGG-16	2007＋2012	66.4	21

　　相较于 YOLO V1 版本，YOLO V2 版本通过批归一化、Anchor Boxes、多尺度图像训练等方法，在处理速度和准确率上均有所提升，并且能够识别更多种类的对象。因此，也被称为 YOLO 9000，其中的 9000 代表 9000 种不同的类型。根据表 11-2 的对比数据，在 PASCAL VOC 2007 数据集上，可以明显看出 YOLO V2 版本相对于 V1 版本的优越性。

表 11-2　YOLO V2 模型在准确率和速度上的对比

Detection Frameworks	Train	mAP	FPS
Fast R-CNN[5]	2007＋2012	70.0	0.5
Faster R-CNN VGG-16[15]	2007＋2012	73.2	7
Faster R-CNN ResNet[6]	2007＋2012	76.4	5
YOLO[14]	2007＋2012	63.4	45
SSD300[11]	2007＋2012	74.3	46
SSD500[11]	2007＋2012	76.8	19
YOLO V2 288×288	2007＋2012	69.0	91
YOLO V2 352×352	2007＋2012	73.7	81
YOLO V2 416×416	2007＋2012	76.8	67
YOLO V2 480×480	2007＋2012	77.8	59
YOLO V 544×544	2007＋2012	**78.6**	40

相较于 YOLO V1,YOLO V2 展现出更高的灵活性,支持多种尺寸的输入。在准确率领先 Faster R-CNN 的情况下,其速度也显著提升。2018 年发布的 YOLO V3 版本借鉴了残差网络结构,形成了更深层次的网络,并通过多尺度检测提升了预测准确率,优化了小物体检测效果。

当然,研究者们对 YOLO 模型的探索和扩展也在继续,基于 YOLO 模型的变型也在不断涌现,例如,xYOLO、YOLO nano 等使用更小的模型,更适合在边缘计算中使用。除了官方提供的 Darknet 版本,Github 上还提供了基于 TensorFlow、PyTorch 等框架的开源版本,其中一些已相当稳定。为了缩短开发周期并充分利用开源资源,本案例选择了 Github 上的开源实现。具体的模型结构实现在 yolov3_tf2 目录中,这里不再详细描述。

【提示】 mAP,全称为 mean Average Precision,是多目标检测中的一个重要性能指标,它表示各类别 AP 的平均值。AP,即 Precision-Recall 曲线下的面积,用于评估检测算法的性能。然而值得注意的是,mAP 并不是评估算法性能的唯一标准。在某些特定场景下,例如,那些更注重召回率的应用,mAP 可能并不适用。

11.2.2　模型训练

在准备好数据集和模型之后,下一步是进行迁移学习。迁移学习是一种利用已训练模型和现有数据进一步学习的方法。可以通过使用 YOLO 官方发布的已经使用 Darknet 训练好的模型参数来进行迁移学习。如例 11-2 所示,完整的代码实现如代码清单。

【代码清单 11-2】

```
1    # 以上包导入的部分已省略,下面是命令行的参数
2    flags.DEFINE_string('dataset', './data/train.tfrecord', '训练数据集路径')
3    flags.DEFINE_string('val_dataset', './data/val.tfrecord', '验证数据集路径')
4    flags.DEFINE_boolean('tiny', False, '是否使用 Tiny 模型,参数相对更少')
5    flags.DEFINE_string('weights', './checkpoints/yolov3.tf','权重文件路径')
6    flags.DEFINE_string('classes', './data/helmet.names', '分类文件路径')
7    flags.DEFINE_enum('mode', 'eager_tf', ['fit', 'eager_fit', 'eager_tf'],
8            'fit: 使用 model.fit 训练,eager_fit: 使用 model.fit(run_eagerly = True)训练,'
9            'eager_tf: 自定义 GradientTape')
10   flags.DEFINE_enum('transfer', 'fine_tune',
11           ['none', 'darknet', 'no_output', 'frozen', 'fine_tune'],
12                'none: 使用随机权重训练,不推荐, '
13                'darknet: 使用 darknet 训练后的权重进行迁移学习, '
14                'no_output: 除了输出外都进行迁移学习, '
15                'frozen: 冻结所有然后进行迁移学习, '
16                'fine_tune: 只冻结 darnet 的部分进行迁移学习')
17   flags.DEFINE_integer('size', 416, '图片大小')
18   flags.DEFINE_integer('epochs', 100, '训练的轮数')
19   flags.DEFINE_integer('batch_size', 8, '批次大小')
20   flags.DEFINE_float('learning_rate', 1e - 3, '学习率')
21   flags.DEFINE_integer('num_classes', 2, '分类数')
22   flags.DEFINE_integer('weights_num_classes', 80, '权重文件中的分类数')
23
24   def main(_argv):
25       if FLAGS.tiny:
26           # 此处省略 tiny 版本的处理流程
27       else:
28       # 创建 YOLO 模型
```

```
29              model = YoloV3(FLAGS.size, training = True, classes = FLAGS.num_classes)
30              anchors = yolo_anchors
31              anchor_masks = yolo_anchor_masks
32          #导入准备好的数据
33          train_dataset = dataset.load_fake_dataset()
34          if FLAGS.dataset:
35              train_dataset = dataset.load_tfrecord_dataset(
36                  FLAGS.dataset, FLAGS.classes, FLAGS.size)
37          train_dataset = train_dataset.shuffle(buffer_size = 512)
38          train_dataset = train_dataset.batch(FLAGS.batch_size)
39          train_dataset = train_dataset.map(lambda x, y: (
40              dataset.transform_images(x, FLAGS.size),
41              dataset.transform_targets(y, anchors, anchor_masks, FLAGS.size)))
42          train_dataset = train_dataset.prefetch(
43              buffer_size = tf.data.experimental.AUTOTUNE)
44
45          #此处省略验证数据集 val_dataset 的读取和训练数据集类似
46          #配置模型,用于迁移学习
47          if FLAGS.transfer == 'none':
48              pass
49          elif FLAGS.transfer in ['darknet', 'no_output']:
50              if FLAGS.tiny:
51                  #此处省略 tiny 模型的处理
52              else:
53                  model_pretrained = YoloV3(
54                      FLAGS.size, training = True, classes = FLAGS.weights_num_classes or FLAGS.
    num_classes)
55              model_pretrained.load_weights(FLAGS.weights)
56
57              if FLAGS.transfer == 'darknet':
58                  model.get_layer('yolo_darknet').set_weights(
59                      model_pretrained.get_layer('yolo_darknet').get_weights())
60                  freeze_all(model.get_layer('yolo_darknet'))
61
62              elif FLAGS.transfer == 'no_output':
63                  #此处省略不对输出进行迁移学习的部分
64
65          else:
66              #此处省略其他的处理方式,但需要注意其他的处理方式中类型需要一致
67
68          #设置优化器和损失函数,其中,YoloLoss 是自定义的类
69          optimizer = tf.keras.optimizers.Adam(lr = FLAGS.learning_rate)
70          loss = [YoloLoss(anchors[mask], classes = FLAGS.num_classes)
71              for mask in anchor_masks]
72
73          if FLAGS.mode == 'eager_tf':
74              #此处省略 Eager 模式,该模式方便调试
75          else:
76              model.compile(optimizer = optimizer, loss = loss,
77                      run_eagerly = (FLAGS.mode == 'eager_fit'))
78
79          callbacks = [
80              ReduceLROnPlateau(verbose = 1),
81              EarlyStopping(patience = 50, verbose = 1),
82              ModelCheckpoint('checkpoints/yolov3_helmet_{epoch}.tf',
83                      verbose = 1, save_weights_only = True),
```

```
84                TensorBoard(log_dir = 'logs')
85            ]
86
87        model.fit(train_dataset,
88                          epochs = FLAGS.epochs,
89                          callbacks = callbacks,
90                          validation_data = val_dataset)
```

Darknet 是 YOLO V3 发布时所使用的网络模型,同时也是 YOLO 官方发布的一个开源深度学习框架。它完全基于 C 与 CUDA,设计轻便,便于部署。同样可以使用这个框架进行训练和预测,但为了更好的扩展性,选择使用 TensorFlow 来实现。

在迁移学习的过程中,利用 Darknet 框架训练好的预训练参数。然而,这些参数的格式并不能直接导入 TensorFlow 中,因此需要进行格式转换。为此,可以使用代码中的 convert. py 工具来实现这一转换工作。在转换时,可以指定输出的目录,通常放在 checkpoint 目录下。

与图片数据处理部分相似,训练的代码中同样运用了 absl 工具库和 flags。这使得我们可以通过命令行方式执行训练操作。当然,对于训练参数,也可以为其设置默认值,以简化操作。

【提示】 本节中所展示的文件 train. py 中省略了一些与本案例无关的部分,例如,YOLOv3-Tiny 的训练、Eager 模式的训练等。这些内容在扩展学习中占据重要地位,建议读者自行尝试。

11.2.3 测试与结果

在训练完成后,可以使用训练好的模型进行预测。这一过程需要使用训练时所用的模型结构,并导入训练得到的参数。通过这一模型,可以输出预测的 Top10 类别及其对应的概率。

导入和预测的操作相对简单,主要通过调用 Keras 的 load_weights()和 predict()函数来实现。不过需要注意的是,输入的图片需要经过适当处理以满足这些函数的要求。完整的代码示例参见代码清单 11-3。

【代码清单 11-3】

```
1     # 以上包导入的部分已省略,下面是命令行的参数
2     flags.DEFINE_string('classes', './data/helmet_VOC2028.names', '目标类别文件')
3     flags.DEFINE_string('weights', './checkpoints/yolov3.tf','训练好的权重文件')
4     flags.DEFINE_boolean('tiny', False, '是否使用 Tiny 网络')
5     flags.DEFINE_integer('size', 416, '输入图片的尺寸')
6     flags.DEFINE_string('image', './data/001266.jpg', '要预测的图片的尺寸')
7     flags.DEFINE_string('tfrecord', None, 'tfrecord 类型的预测文件')
8     flags.DEFINE_string('output', './output.jpg', '结果输出的文件名')
9     flags.DEFINE_integer('num_classes', 2, '类别的个数')
10
11    def main(_argv):
12        # 如果机器 GPU 现存不足,则可以配置为自动设置
13        physical_devices = tf.config.experimental.list_physical_devices('GPU')
14        if len(physical_devices) > 0:
15            tf.config.experimental.set_memory_growth(physical_devices[0], True)
16
17        if FLAGS.tiny:
18            yolo = YoloV3Tiny(classes = FLAGS.num_classes)
19        else:
20            yolo = YoloV3(classes = FLAGS.num_classes)
21
```

```
22          #导入权重
23          yolo.load_weights(FLAGS.weights).expect_partial()
24          logging.info('weights loaded')
25          class_names = [c.strip() for c in open(FLAGS.classes).readlines()]
26          logging.info('classes loaded')
27
28          #根据文件类型读入图片
29          if FLAGS.tfrecord:
30              dataset = load_tfrecord_dataset(
31                  FLAGS.tfrecord, FLAGS.classes, FLAGS.size)
32              dataset = dataset.shuffle(512)
33              img_raw, _label = next(iter(dataset.take(1)))
34          else:
35              img_raw = tf.image.decode_image(
36                  open(FLAGS.image, 'rb').read(), channels = 3)
37
38          img = tf.expand_dims(img_raw, 0)
39          img = transform_images(img, FLAGS.size)
40
41              #进行预测并输出所需要的时间
42          t1 = time.time()
43          boxes, scores, classes, nums = yolo(img)
44          t2 = time.time()
45          logging.info('time: {}'.format(t2 - t1))
46
47          logging.info('detections:')
48          for i in range(nums[0]):
49              logging.info('\t{}, {}, {}'.format(class_names[int(classes[0][i])],
50                                      np.array(scores[0][i]),
51                                      np.array(boxes[0][i])))
52
53          img = cv2.cvtColor(img_raw.numpy(), cv2.COLOR_RGB2BGR)
54          img = draw_outputs(img, (boxes, scores, classes, nums), class_names)
55          cv2.imwrite(FLAGS.output, img)
56          logging.info('output saved to: {}'.format(FLAGS.output))
```

需要注意的是，weights 参数要设置为训练之后的输出的权重文件，测试结果示例如图 11-3 所示。

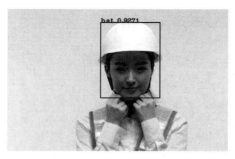

图 11-3　测试结果示例

【试一试】　除了针对单张图片进行测试，视频检测成为另一个重要的应用领域。通过调用代码中的 detect_video.py 工具，可以实现视频的预测分析。为了实现实时预测，还可以考虑使用 OpenCV 库连接摄像头进行实时预测。这种实时的视频检测具有很高的应用价值，尤其在需要快速响应的场景中。

　　此外,本案例的拓展方向还包括对特定应用场景的定制化开发,例如,检查人员是否佩戴口罩。通过调整和优化模型,可以满足各种特定需求。

小　　结

　　本章通过一个具体的案例——安全帽检测,展示了目标检测类型应用的基本实现方法,并详细介绍了 YOLO 系列的目标检测模型。目标检测作为计算机视觉领域的一个重要分支,与图片分类技术密切相关。基于目标检测,可以开发一系列有趣的应用,如人脸识别、动作识别和 OCR 等。

　　然而,目标检测技术也面临着一些挑战。为了提高检测的准确性和速度,研究者们不断努力改进算法和技术。同时,在复杂场景下的目标检测、低质量图像的检测等难题也需要解决。

　　在研究目标检测和计算机视觉时,必须坚守科学研究的底线,尊重他人的隐私。技术的进步应当服务于社会,产生积极的影响,而不是侵犯个人权益。

第**12**章

案例：基于 PaddleOCR 的车牌识别

本章呈现了一个基于深度学习的车牌识别案例，以展示计算机视觉领域中解决车牌识别问题的一般流程。车牌识别，作为一项计算机视觉任务，旨在从图片或视频中检测并识别车牌内容，主要涵盖车牌检测、文本分割和文字识别等环节。由于其综合性，车牌识别技术在众多应用场景中发挥着基础性的车辆身份判别作用。然而，传统车牌识别方法由于依赖人工提取特征，一直难以实现工业应用。深度学习的出现为车牌识别带来了突破，使其逐渐融入人们的日常生活。PaddleOCR 作为一个基于深度学习的 OCR 工具库，提供了丰富的功能。此案例使用 PaddleOCR，以实现车牌识别的应用。

视频讲解

12.1　车牌识别简介

在开始实现案例之前，为了更全面地理解车牌识别技术，深入探讨了其所包含的各项技术、当前的发展状况、深度学习在该领域的作用，以及现有的实现方法。这样的背景研究不仅有助于人们更准确地把握车牌识别技术的全貌，还能使人们更好地理解本案例的实现过程。同时，它也为人们在车牌识别方面的研究提供了明确的方向，使人们能够在实践中根据实际需求做出更佳的选择。

12.1.1　车牌识别应用及发展史

车牌识别(Vehicle License Plate Recognition，VLPR)是计算机视觉技术在车辆牌照识别中的重要应用。它旨在从视频图像中提取并识别运动车辆的牌照信息，包括汉字、英文字母、数字及号牌颜色。这一技术涉及车牌提取、图像预处理、特征提取和文字识别等多个环节。车牌识别技术的发展与人工智能技术紧密相连，可视为 OCR 技术的一个特殊应用。

车牌识别技术的起源可追溯到 20 世纪 80 年代，当时主要用于被盗车辆的检测，尚未形成完整的识别系统。到了 20 世纪 80 年代，简单的图像处理技术开始被用于车牌自动识别。进入 20 世纪 90 年代，随着计算机视觉技术的进步和计算机性能的提升，车牌自动识别研究逐渐兴起。欧美国家在这一时期率先开展了车牌识别系统的研究工作。到了 20 世纪 90 年代末，由于交通管理的实际需求,车牌识别开始进入商业应用阶段,但受限于技术和算法的局限性,其效果并不理想。

进入 21 世纪后,随着机器学习特别是深度学习的兴起与技术成熟,车牌识别逐渐进入全面商用时代。这一技术应用领域广泛,包括但不限于交通流量检测、机场港口出入口管理、交通诱导与控制、小区车辆管理、违章车辆监控、不停车自动收费、道口检查站监控、公共停车场安全防盗管理以及指定车辆的查堵等。其巨大的潜在市场价值为社会带来了显著的经济效益。此外,随着技术的不断发展,车牌识别的应用场景也在不断细分,如智慧工地、智慧加油站、无人值守地磅等复杂场景中也融入了车牌识别的技术。这些细分场景对车牌识别的性能提出了更高的要求,并催生了更多个性化的功能需求。

【小知识】 光学字符识别(Optical Character Recognition,OCR)是一个涉及电子设备(如扫描仪或数码相机)对纸质文档中打印字符进行识别的技术。通过检测纸张上的暗、亮模式来确定字符的形状,并采用字符识别算法将这些形状转换为计算机文本。根据应用场景的不同,OCR 可分为专用 OCR 和通用 OCR 两大类。专用 OCR 针对特定的应用场景进行优化,如证件识别和车牌识别。而通用 OCR 则需要面对多样化的应用场景,因此技术要求更为严格。

12.1.2　基于深度学习的车牌识别技术

传统车牌识别系统,如基于传统机器学习的系统,依赖于手工提取车牌和字符特征。在雨天或夜间等光线不佳的条件下,这些传统方法难以准确识别车牌,甚至难以定位。此时,交警需手动抄写车牌内容。然而,在记录罚单等车辆信息时,除了车牌号码,还需记录车牌颜色、车辆类型和颜色等数据。这不仅增加了工作量,还影响了交通处理效率。

深度学习作为人工智能领域的新技术,无须人工提取目标特征,而是通过自我训练和迭代来获取从浅层到深层的特征表示。这一技术在计算机视觉领域取得了重大突破。基于深度学习技术的车牌识别系统能够显著提高系统的鲁棒性,解决复杂场景下车牌难以检测的问题。

车牌识别主要涉及车牌检测和文字识别两部分。在车牌检测方面,基于 R-CNN 和 Fast R-CNN 等深度学习算法结合区域建议网络,可生成高质量的区域建议,从而实现更准确、快速的车牌检测。在车牌文字识别方面,主要方法包括无分割和先分割后识别。针对这两种方法,已经开发出多种深度学习模型以提高识别的鲁棒性。随着深度学习的应用,车牌识别的可用性得到了显著提高。

12.2　基于 PaddleOCR 的车牌识别实现

在探讨了车牌识别技术的演进与相关技术后,下面将展示一个国内车牌检测与识别的实例。该实例基于 PaddleOCR 这一开源项目,该项目在 Github 上提供了丰富的资源。PaddleOCR 作为一个通用的 OCR 工具库,适用于多种应用场景。为了实现车牌识别的功能,将在 PaddleOCR 的基础上,利用车牌数据集对模型进行再训练。

12.2.1　PaddleOCR 简介与环境准备

在 OCR 领域中,开源代码相对较少,而大部分核心算法被应用于商业化产品。目前常用的有 chineseocr_lite、EasyOCR 和 PaddleOCR。在语种支持方面,EasyOCR 和 PaddleOCR 均具备多语言支持的优势,尤其适合有小语种需求的开发者。在部署方面,EasyOCR 模型较大,不适合在端侧部署,而 chineseocr_lite 和 PaddleOCR 都具备端侧部署能力。在自定义训练方面,目前只有 PaddleOCR 支持。尽管国内车牌上的文字并不复杂,但选择一个发展良好且易于扩展的技术对于技术选型至关重要。因此,本案例选择了 PaddleOCR。

PaddleOCR 是百度开源的基于 PaddlePaddle 深度学习框架的 OCR 工具库。旨在构建一套丰富、领先且实用的 OCR 工具库,帮助用户训练出更好的模型并实现应用落地。PaddlePaddle 也被称为飞桨,是百度开源的深度学习框架。与 Google TensorFlow 和 Facebook PyTorch 一样,PaddlePaddle 是一个技术领先、功能完备的产业级深度学习平台。基于 PaddlePaddle 的 PaddleOCR 具有以下特性。

- 完全开源,并拥有详细的中英文使用文档和活跃的开发社区。
- 模型分为服务器端和移动端,均具备准确的识别效果。
- 支持中英文数字组合识别、竖排文本识别、长文本识别。
- 支持语种超过 27 种,包括中文、英文、法文、德文、韩文、日文、意大利文、西班牙文、葡萄牙文、俄罗斯文、阿拉伯文等。
- 提供丰富的 OCR 相关工具组件,包括半自动数据标注工具 PPOCRLabel 和数据合成工具 Style-Text,适用于多种场景。
- 支持自定义训练,并提供丰富的预测推理部署方案。
- 安装和部署简便,且支持跨平台运行。可在 Linux、Windows 和 macOS 等多种系统上运行,同时支持 Docker 和 PaddleHub 等部署方式。

综上所述,PaddleOCR 是一款全面且成熟的工具,既适用于实验环境,也适用于实际生产。在开始实施案例之前,需要先设置 PaddleOCR 的运行环境,这涉及安装诸如 scikit-image、PaddlePaddle 等库。值得注意的是,虽然 PaddleOCR 可以在 CPU 上运行,但由于我们将使用车牌数据集进行模型训练,而这一过程对计算资源的需求较大,因此推荐使用 GPU 版本。

另外,本案例的运行环境是 Windows 10、CUDA 10.2 以及 Python 3.7。接下来,将进入环境的安装流程。

首先,通过 pip 命令安装 PaddlePaddle 的 GPU 版本。这一步的命令如下。

```
pip install paddlepaddle-gpu==2.0.0 -i https://mirror.baidu.com/pypi/simple
```

其次,创建一个名为"Paddle-LPR"的项目目录,并进入该目录。然后,通过 git 命令下载 PaddleOCR 的源代码。

```
git clone https://gitee.com/paddlepaddle/PaddleOCR
```

考虑到使用的是 Windows 操作系统,需要预先下载 Shapely 的 whl 包并进行离线安装。下载链接为

```
https://download.lfd.uci.edu/pythonlibs/w4tscw6k/Shapely-1.7.1-cp39-cp39-win_amd64.whl
```

进入 PaddleOCR 目录后,使用 pip 命令进行其余依赖的离线安装:

```
pip install -r requirements.txt -i http://pypi.douban.com/simple/
```

这一系列步骤确保了所有环境依赖都能得到妥善的安装,为接下来的案例实施做好了准备。

【提示】　shapely 是一个基于 BSD 许可的 Python 包,专门用于操作和分析平面几何对象。其核心功能基于广泛应用的 GEOS、PostGIS 和 JTS(继承自 GEOS)库。shapely 与数据格式或坐标系无关,但与其他包的集成相当便捷。在 Windows 系统上,由于某些依赖库的缺失,直接使用 pip 在线安装可能会遇到问题。为解决这一问题,推荐使用 pip 进行离线安装,

或考虑使用 conda 进行安装。

12.2.2 CCPD 数据集介绍

依据我国现行的机动车号牌标准,车牌按照不同的用途具有不同的规格,其中主要的差别是车牌的宽高比和车牌底色以及车牌字符的颜色。常见的汽车牌照的外观特性等内容见表 12-1。

表 12-1　常见的汽车牌照的外观特性

序　号	分　类	外廓尺寸 （mm×mm）	颜　色	适用范围
1	大型汽车号牌	前：440×140 后：440×220	黄底黑字黑框线	中型(含)以上载客、载货汽车和专项作业车;半挂牵引车;电车
2	挂车号牌	440×220		全挂车和不与牵引车固定使用的半挂车
3	小型汽车号牌		蓝底白字白框线	中型以下的载客、载货汽车和专项作业车
4	使馆汽车号牌		黑底白字,红"使""领"字白框线	驻华使馆的汽车
5	领馆汽车号牌			驻华领事馆的汽车
6	港澳入出境车号牌	440×140	黑底白字,白"港""澳"字白框线	港澳地区出入内地的汽车
7	教练汽车号牌		黄底黑字,黑"学"字黑框线	教练用汽车
8	警用汽车号牌		白底黑字,红"警"字黑框线	汽车类警车
9	低速车号牌	300×165	黄底黑字黑框线	低速载货汽车、三轮汽车和轮式自行机械车
10	临时行驶车号牌	220×140	天(酞)蓝底纹黑字黑框线	行政辖区内临时行驶的机动车
			棕黄底纹黑字黑框线	跨行政辖区临时移动的机动车

深度学习作为数据驱动的领域,对数据的需求至关重要。为了获得高准确率的模型,充足的数据是必不可少的,尤其是对于覆盖各类车牌的场景。过去由于缺乏大型、多样的公开数据集,许多车牌检测和识别方法仅在小型、非代表性的数据集上进行了评估。这导致所得到的算法模型在面对环境多变、角度多样的车牌图像时,检测和识别能力有限。

为了解决这一问题,中国科学技术大学团队于 2018 年建立了 CCPD(Chinese City Parking Dataset)数据集。这是一个大型的国内停车场车牌数据集,专门用于车牌识别。该团队在 ECCV2018 国际会议上发表了相关论文 *Towards End-to-End License Plate Detection and Recognition: A Large Dataset and Baseline*。

CCPD 数据集主要收集了国内某省会城市街道的路边停车数据。无论天气状况如何,泊车收费员使用 Android 系统的手持 POS 机,从早上 7:30 到晚上 10:00 为停靠的车辆拍照,并手动标注准确的车牌号码。这些车牌照片涵盖了多种复杂环境,包括模糊、倾斜、阴雨天、雪天等。

2018 版本的数据集包含超过 25 万张车牌图片,每张图片分辨率达到 720px×1160px,平均文件大小约 200KB。整个数据集的总容量超过 48GB。每张图片的标注内容相当详尽,包括车牌号、矩形边界框的坐标、车牌 4 个顶点的坐标、倾斜度、车牌面积和光照强度等。值得一提的是,每张图片仅包含一个车牌。

CCPD 数据集被细分成了 9 个子类,具体的分类信息参见表 12-2。这一丰富的数据集不仅提供了大量训练样本,还确保了模型的泛化能力,为后续的车牌检测和识别研究奠定了坚实基础。

表 12-2　CCPD 数据集子类统计说明

类　型	说　明	大 致 数 量
ccpd_base	正常车牌	20 万
ccpd_challenge	比较有挑战性的车牌	2 万
ccpd_db	光线较暗或较亮	2 万
ccpd_fn	距离摄像头较远或较近	1 万
ccpd_np	没上牌的新车	1 万
ccpd_rotate	水平倾斜 20°~50°,垂直倾斜 -10°~10°	1 万
ccpd_tilt	水平倾斜 15°~45°,垂直倾斜 15°~45°	5000
ccpd_weather	雨天、雪天或者雾天的车牌	5000

可见正常车牌的数据量是最大的,而其他基本上都是角度或环境较为特殊的。2019 年,CCPD 又在原来的基础上对数据进行了扩充,总数据量已经超过了 30 万张。部分有角度倾斜的示例如图 12-1 所示。

图 12-1　CCPD 数据集部分数据示例

从数据集的示例中可以看到,从一些拍摄角度来识别还是有一定难度的。另外需要注意,和一般数据集不同,CCPD 数据集没有专门的标注文件,图像的文件名就是对应的数据标注。例如,0186-17_9-389&433_518&554-518&516_401&554_389&471_506&433-0_0_16_6_28_30_30-184-80.jpg 这张图片由分隔符“-”分为以下不同的几个部分。

- 车牌面积占整个图片面积的比例,0186 代表车牌面积占总图片面积的 1.86%。
- 水平倾斜度和垂直倾斜度,17_9 代表水平倾斜 17°,竖直倾斜 9°。
- 矩形边界框左上角和右下角顶点的坐标,389&433_518&554 代表左上角坐标是(389,433),右下角坐标是(518,554)。
- 车牌的 4 个顶点在整个图像中的精确(x,y)坐标,这些坐标从右下角顶点开始。

- 车牌号。每个车牌号由 1 个汉字、1 个字母和 5 个字母或数字组成。国内车牌基本上由 7 个字符组成:省份(1 个字符)、字母(1 个字符)、字母+数字(5 个字符)。"0_0_16_6_28_30_30"是每个字符的索引。通过查询表 12-3 可知,第一位 0 代表皖,第二位 0 代表 A,之后的 16 代表 S,6 代表 G,28 代表 4,30 代表 6,即得出车牌号为"皖 ASG466"。
- 车牌所在区域的亮度。
- 车牌所在区域的模糊度。

表 12-3　CCPD 数据集车牌号索引表

														省份									
0	1	2	3	4	5	6	7	8	9	10	11	12	13	14	15	16	17	18	19	20	21	22	23
皖	沪	津	渝	冀	晋	蒙	辽	吉	黑	苏	浙	京	闽	赣	鲁	豫	鄂	湘	粤	桂	琼	川	贵
24	25	26	27	28	29	30	31	32															
云	藏	陕	甘	青	宁	新	警	学															

														省份后单字母									
0	1	2	3	4	5	6	7	8	9	10	11	12	13	14	15	16	17	18	19	20	21	22	23
A	B	C	D	E	F	G	H	J	K	L	M	N	P	Q	R	S	T	U	V	W	X	Y	Z

														5 位字母或数字									
0	1	2	3	4	5	6	7	8	9	10	11	12	13	14	15	16	17	18	19	20	21	22	23
A	B	C	D	E	F	G	H	J	K	L	M	N	P	Q	R	S	T	U	V	W	X	Y	Z
24	25	26	27	28	29	30	31	33															
0	1	2	3	4	5	6	7	9															

12.2.3　数据集准备与预处理

在下载了 CCPD 数据集之后(下载网址详见前言二维码),首先需要对数据进行预处理,以适应 PaddleOCR 的需求。为了简化流程,这里仅处理了 CCPD 数据集中的 base 子集。该数据集分为检测和识别两个子集。

对于检测子集,它需要一个标注文件,其中每一行包含图像文件名和对应的图像标注信息。这些信息由"\t"分隔。标注信息采用了 JSON 格式,其中的 transcription 字段表示文字内容,而 points 字段则提供了文本框顶点的坐标。示例如下。

图像文件名	编码的图像标注信息
ch4_test_images/img_61.jpg	[{"transcription": "皖 ATF283", "points": [[310, 104], [416, 141], [418, 216], [312, 179]]}, {...}]

文本检测的图片使用的是 CCPD 数据中的原图片,而文字识别的图片需要根据标注的矩形框对原图片进行切割,然后得到并保存只包含车牌部分的图片。标注文件中每一行包含图像文件名和图像标注信息。这里的标注信息就是图像中的文本。示例如下。

图像文件名	图像标注信息
dataset/image/000001.jpg	皖 ATF283
dataset/image/000002.jpg	皖 AFB966

除了标注文件,文字识别还需要一个文字字典,包含要识别的所有文字。这些文字在

CCPD 数据集的 Github 说明页面中有提供，也可以参考表 12-3 中的说明。

接下使用 Python 脚本来转换数据集格式，生成模型训练所需文件。首先，确保已进入 Paddle-LPR 项目目录。在该目录下，创建一个名为 dataset 的新目录，用于存放数据集和转换脚本。然后，将解压后的 CCPD2019 数据集移至 dataset 目录中。车牌检测测试结果示例如图 12-2 所示。

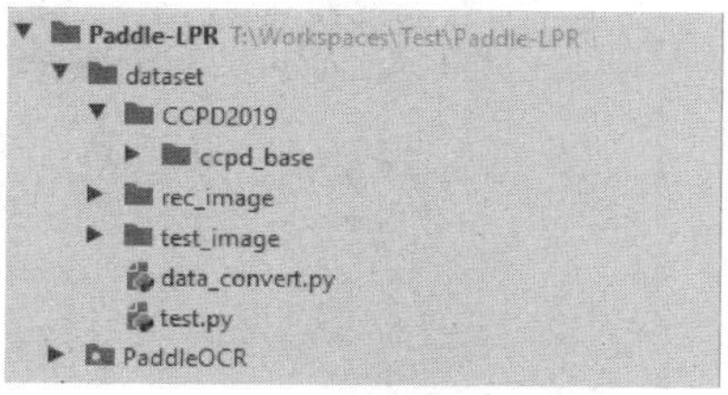

图 12-2　车牌检测测试结果示例

具体的转换脚本代码如代码清单 12-1 所示。

【代码清单 12-1】

```python
import cv2
import glob
import os

#定义车牌字典，来自 CCPR 发布的数据
provinces = ["皖", "沪", "津", "渝", "冀", "晋", "蒙", "辽", "吉", "黑", "苏", "浙", "京",
             "闽", "赣", "鲁", "豫", "鄂", "湘", "粤", "桂",
             "琼", "川", "贵", "云", "藏", "陕", "甘", "青", "宁", "新", "警", "学", "O"]
ads = ['A', 'B', 'C', 'D', 'E', 'F', 'G', 'H', 'J', 'K', 'L', 'M', 'N', 'P', 'Q', 'R', 'S', 'T', 'U',
       'V', 'W', 'X',
       'Y', 'Z', '0', '1', '2', '3', '4', '5', '6', '7', '8', '9', 'O']

#定义数据集路径，这里只是使用 base 的数据
org_data_path = 'CCPD2019/ccpd_base/'

#创建生成的用于识别的图片的目录
rec_image_path = 'rec_image/'
if not os.path.exists(rec_image_path):
    os.makedirs(rec_image_path)

#计算总数据量和用来训练的数据量
total = len(glob.glob(pathname = org_data_path + '*.jpg'))
train_count = total * 0.8
count = 0

#分别打开 4 个文件用于写入检测和识别的训练和验证集
with open('det_train.txt', 'w', encoding = 'UTF - 8') as det_train, \
        open('det_val.txt', 'w', encoding = 'UTF - 8') as det_val, \
        open('rec_train.txt', 'w', encoding = 'UTF - 8') as rec_train, \
        open('rec_val.txt', 'w', encoding = 'UTF - 8') as rec_val:
    for item in os.listdir(org_data_path):
        _, _, bbox, vertexes, lp, _, _ = item.split('-')

        #获取车牌顶点坐标
        vertexes = vertexes.split('_')
        vertexes = [_.split('&') for _ in vertexes]
        vertexes = vertexes[ - 2:] + vertexes[:2]
        points = []
        for vertex in vertexes:
            points.append([int(_) for _ in vertex])

        #获取车牌
        lp = lp.split('_')
```

```
42              province = provinces[int(lp[0])]
43              characters = [ads[int(_)] for _ in lp[1:]]
44              lp = province + ''.join(characters)
45
46              #获取矩形边界框
47              bbox = bbox.split('_')
48              x1, y1 = bbox[0].split('&')
49              x2, y2 = bbox[1].split('&')
50              bbox = [int(_) for _ in [x1, y1, x2, y2]]
51
52              #裁剪出车牌并保存图片
53              count += 1
54              img = cv2.imread(org_data_path + item)
55              crop = img[bbox[1]:bbox[3], bbox[0]:bbox[2], :]
56              cv2.imwrite(rec_image_path + '%06d.jpg' % count, crop)
57
58              #按照格式将标注数据分别写入检测和识别的训练和验证集文件中
59              record = org_data_path + item + '\t' + '[{"transcription": "%s", "points":
        %s}]\n' % (lp, points)
60              if count < train_count:
61                  det_train.write(record)
62                  rec_train.write(rec_image_path + '%06d.jpg\t%s\n' % (count, lp))
63              else:
64                  det_val.write(record)
65                  rec_val.write(rec_image_path + '%06d.jpg\t%s\n' % (count, lp))
66
67  #将字典写入文件中
68  with open('dict.txt', 'w', encoding = 'UTF-8') as f:
69      for character in provinces + ads:
70          f.write(character + '\n')
```

请注意,provinces 和 ads 数组是来自 CCPD 数据集 Github 说明页面的信息。数组末尾的"O"实际上是字母"O",而非数字 0。这是因为在中国的车牌中,并没有使用字母"O"的实例。也可以在表 12-3 中找到相应的字符映射。此外请注意,由于数据是从特定城市采集的,因此该字典并未覆盖所有省份。在实际应用中,可能需要对数据集进行进一步的扩展和补充。

12.2.4　模型选择与训练

PaddleOCR 提供了三类模型,包括文本检测、方向分类和文字识别。这里暂时不使用方向分类。文本检测和文字识别模型都支持几个不同的算法。其中,文本检测支持 DB、EAST、SAST 三种算法。在 ICDAR2015 文本检测公开数据集上,算法效果如表 12-4 所示。

表 12-4　PaddleOCR 文本检测模型对比

模　　型	骨 干 网 络	precision/%	recall/%	Hmean/%
EAST	ResNet50_vd	85.80	86.71	86.25
EAST	MobileNetV3	79.42	80.64	80.03
DB	ResNet50_vd	86.41	78.72	82.38
DB	MobileNetV3	77.29	73.08	75.12
SAST	ResNet50_vd	91.39	83.77	87.42

从 PaddleOCR 文本检测模型对比表中可以看到,相对 MobileNet,使用更为复杂的主干网 ResNet50 会有更好的效果。而在 ICDAR2015 数据集中,SAST 的精度相对更高一些。但

是需要注意的是，SAST 模型训练额外加入了 icdar2013、icdar2017、COCO-Text、ArT 等公开数据集进行了调优。而百度在发表的 PP-OCR 论文中使用的是 Differentiable Binarization (DB)，原因是其更轻量和高效。

PaddleOCR 在文字识别上支持 CRNN、Rosetta、STAR-Net、RARE 等算法。CRNN 是通过 CNN 将图片的特征提取出来后采用 RNN 对序列进行预测，最后通过一个 CTC 的翻译层得到最终结果。RARE 中支持一种称为 TPS(Thin-Plate Splines) 的空间变换，从而可以比较准确地识别透视变换过的文本，以及弯曲的文本。这些算法在 IIIT、SVT、IC03、IC13、IC15、SVTP、CUTE 数据集上进行评估得到的结果如表 12-5 所示。

表 12-5　PaddleOCR 文字识别模型对比

模　　型	骨　干　网　络	平均准确率/%
Rosetta	ResNet34_vd	80.9
Rosetta	MobileNetV3	78.05
CRNN	ResNet34_vd	82.76
CRNN	MobileNetV3	79.97
StarNet	ResNet34_vd	84.44
StarNet	MobileNetV3	81.42
RARE	MobileNetV3	82.5
RARE	ResNet34_vd	83.6
SRN	ResNet50_vd_fpn	88.52

从 PaddleOCR 文字识别模型对比表中可以看到，SRN＋ResNet50 的平均精度最高。不过为了有更快的训练速度，使实验更加容易进行，这里并没有追求更高的精度，最终选择的是以百度官方提供预训练模型和配置文件的，以 MobileNet 为主干网的 DB 和 CRNN 分别作为文本检测和文字识别的模型。官方提供的中文文本检测和文字识别的模型列表如表 12-6 所示。

表 12-6　PaddleOCR 提供的中文检测和识别模型列表

模型用途	模型名称	模型简介	配置文件	推理模型大小	支持模型
文本检测	ch_ppocr_mobile_v2.0_det	原始超轻量模型，支持多语种文本检测	ch_det_mv3_db_v2.0.yml	3MB	推理模型，训练模型
文本检测	ch_ppocr_server_v2.0_det	通用模型，支持多语种文本检测，效果更好	ch_det_res18_db_v2.0.yml	47MB	推理模型，训练模型
文字识别	ch_ppocr_mobile_v2.0_rec	原始超轻量模型，支持中英文、数字识别	rec_chinese_lite_train_v2.0.yml	3.71MB	推理模型，训练模型，预训练模型
文字识别	ch_ppocr_server_v2.0_rec	通用模型，支持中英文、数字识别	rec_chinese_common_train_v2.0.yml	94.8MB	推理模型，训练模型，预训练模型

从 PaddleOCR 提供的中文检测和识别模型列表中可以看出，轻量级的模型要远小于通用模型，也更适合于一般实验或者类似移动端等性能比较弱的平台。另外需要注意的是，训练模

型是基于预训练模型在真实数据与竖排合成文本数据上 fine-tune 得到的模型,在真实应用场景中有着更好的表现,预训练模型则是直接基于全量真实数据与合成数据训练得到的,更适合用于在自己的数据集上 fine-tune。

在确定模型选择后,需要下载选择的预训练模型,然后使用之前准备的数据集来进行模型训练。预训练模型的下载地址如下。

```
https://paddleocr.bj.bcebos.com/dygraph_v2.0/ch/ch_ppocr_mobile_v2.0_det_train.tar
https://paddleocr.bj.bcebos.com/dygraph_v2.0/ch/ch_ppocr_mobile_v2.0_rec_train.tar
```

其中,ch_ppocr_mobile_v2.0_det_train.tar 用于文本检测,ch_ppocr_mobile_v2.0_rec_train.tar 用于文字识别。然后在 PaddleOCR 源码目录下创建 pretrain_models 目录,并将下载的两个模型压缩包解压后放到 pretrain_models 目录中。

然后需要修改配置文件来指定预训练模型位置、数据集位置等内容。其中,文本检测的配置文件是 PaddleOCR\configs\det\ch_ppocr_v2.0\ch_det_mv3_db_v2.0.yml,需要修改和留意的配置如下。

```
1   Global:
2     use_gpu: true
3     pretrained_model: ./pretrain_models/ch_ppocr_mobile_v2.0_det_train
4   Architecture:
5     model_type: det
6     algorithm: DB
7     Backbone:
8       name: MobileNetV3
9   Train:
10    dataset:
11      data_dir: ../dataset
12      label_file_list:
13        - ../dataset/det_train.txt
14    loader:
15      batch_size_per_card: 8
16  Eval:
17    dataset:
18      data_dir: ../dataset
19      label_file_list:
20        - ../dataset/det_val.txt
```

需要注意的是,上面的配置项是为了方便查看而经过简化的,并不是所有的内容。简单实验只关注以上配置项即可。在这些配置中,由于要使用 GPU 来加速训练,所以 use_gpu 要设置为 true。pretrained_model 就是预训练模型的位置,这里指定到目录即可。data_dir 和 label_file_list 就是数据集和标注文件的位置。Train 和 Eval 就代表训练和评估。从配置中也可以看出,算法(algorithm)使用的是 DB,主干网(backbone)使用的是 MobileNetV3。另外,如果在训练过程中报错"Out of memory error on GPU",则可以通过调小 batch_size_per_card 来解决。

配置文件修改完成后就可以在 PaddleOCR 目录下运行以下命令来进行车牌检测模型的训练。

```
1   ./tools/train.py - c configs/det/ch_ppocr_v2.0/ch_det_mv3_db_v2.0.yml
```

默认输出的模型参数保存在 ./output/ch_db_mv3 目录中。接下来就可以使用训练好的车牌检测模型来进行测试。首先,需要准备好一张用来测试的图片,例如,图片名称是 test_ det.png，放在 dataset/test_image/目录下。然后就可以运行以下命令。

```
1   python tools/infer_det.py - c configs/det/ch_ppocr_v2.0/ch_det_mv3_db_v2.0.yml - o Global.
infer_img = ../dataset/test_image/test_det.png Global.pretrained_model = "./output/ch_db_mv3/latest"
Global.load_static_weights = false
```

其中，"- o"后的参数会覆盖配置文件中的配置项。当然，如果不在命令行上指定，也可以修改配置文件。执行输出的结果默认会放在 PaddleOCR/output/det_db/det_results 目录下。结果如图 12-3 所示。

接下来就可以对文字识别的模型进行训练。同样，需要先修改配置文件。文字识别的配置文件是 PaddleOCR\configs\rec\ch_ppocr_v2.0\rec_chinese_lite_train_v2.0.yml，需要修改和留意的配置如下。

图 12-3　车牌检测测试结果示例

```
1   Global:
2     use_gpu: true
3     pretrained_model:
4     character_dict_path: ../dataset/dict.txt
5   Architecture:
6     model_type: rec
7     algorithm: CRNN
8     Backbone:
9       name: MobileNetV3
10  Train:
11    dataset:
12      data_dir: ../dataset
13      label_file_list: ["../dataset/rec_train.txt"]
14    loader:
15      batch_size_per_card: 256
16  Eval:
17    dataset:
18      data_dir: ../dataset
19      label_file_list: ["../dataset/rec_val.txt"]
```

大部分的配置项和文本检测都一致。一个比较特殊的配置是 character_dict_path，即字典文件。另外也可以看到，文字识别模型使用的算法是 CRNN，主干网和车牌检测的模型一样，也是 MobileNetV3。配置文件修改完成后就可以在 PaddleOCR 目录下运行以下命令来进行训练。

```
python tools/infer_det.py - c configs/rec/ch_ppocr_v2.0/rec_chinese_lite_train_v2.0.yml
```

图 12-4　车牌文字识别测试图片

训练好的模型默认会放到 PaddleOCR/output/rec_chinese_lite_v2.0 目录下。然后准备好一张用来测试的图片，例如，图片名称是 test_rec.jpg，放在 dataset/test_image/目录下。用来测试车牌文字识别的图片如图 12-4 所示。

之后就可以运行以下命令来获取测试结果，如图 12-5 所示。

```
1   python tools/infer_rec.py - c configs/rec/ch_ppocr_v2.0/rec_chinese_lite_train_v2.0.yml -
o Global.pretrained_model = ./output/rec_chinese_lite_v2.0/latest Global.load_static_weights =
false Global.infer_img = ../dataset/test_image/test_rec.jpg
```

```
root INFO: load pretrained model from ['./output/rec_chinese_lite_v2.8/latest']
root INFO: infer_img: ../dataset/test_image/test_rec.jpg
root INFO:     result: ('皖ASD888', 0.949582)
root INFO: success!
```

图 12-5　车牌识别测试结果示例

　　从车牌识别测试结果图片可以看到,模型可以正确识别出车牌的内容。这样,基于 PaddleOCR 的车牌识别就完成了。

小　　结

　　本章深入探讨了车牌检测和识别技术的发展历程。使用 PaddleOCR 展示了一个简化的车牌识别示例。然而,在实际工业应用中,仍存在诸多待解决的问题,如弱光条件下的识别准确率以及数据集的完整性等。作为国内优秀的深度学习框架,PaddlePaddle 提供了从数据处理到模型优化和部署的全面支持。PaddleOCR 基于 PaddlePaddle,不仅提供了高精度模型,还配备了一系列实用工具,如图像生成工具,有助于丰富数据集。

第 **13** 章

案例：基于PaddleSeg的动物图片语义分割

在计算机视觉领域，语义分割作为一项关键技术，致力于实现像素级别的分类。其目标是使计算机能够对图像中的每个像素进行精确标注，从而识别出图像中的各个对象。以图 13-1 为例，语义分割的任务就是使计算机在接收图 13-1(a)输入时，能够产生类似于图 13-1(b)的输出。这里的"语义"指的是图像内容的含义，例如，图 13-1(a)所展示的三个人骑着自行车的场景；而"分割"则意味着从像素角度区分出图像中的不同对象。在图 13-1(b)中，上方框出的为人物，下方框出的是自行车，这正是对图 13-1(a)中每个像素进行精确标注的结果。

视频讲解

(a)

(b)

图 13-1　语义分割示例图

13.1　语义分割应用简介

近年来，深度学习在机器学习领域中占据了核心地位，尤其在自动驾驶汽车等应用方面展现出巨大潜力。在此之前，基于 Texton Forest 和 Random Forest 等传统机器学习分类器的语义分割方法被广泛采用。然而,随着深度学习的崛起,语义分割算法的精度得到了显著提升,使得学者们对传统方法的关注度逐渐降低。

目前,语义分割技术在多个领域中得到了广泛应用。

地理信息系统:通过训练神经网络处理卫星遥感影像,能够实现道路、河流、庄稼和建筑物的自动识别,并对每个像素进行精确标注。如图 13-2 所示,左侧为原始卫星遥感影像,中间为真实标签,右侧为神经网络预测的标签结果。

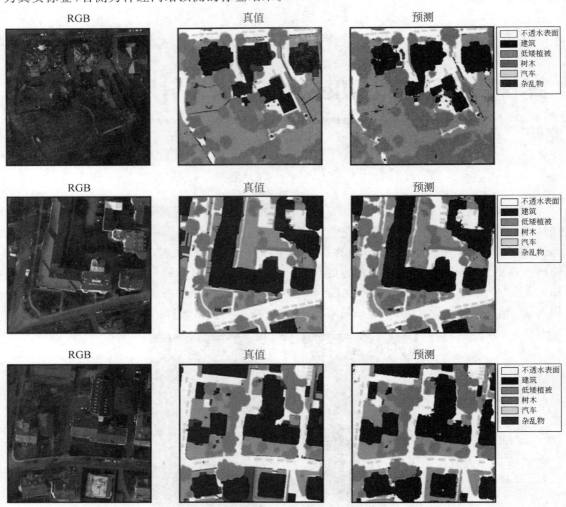

图 13-2 地理信息系统语义分割示例图

无人汽车驾驶:作为无人汽车驾驶的核心技术之一,语义分割在车载摄像头或激光雷达探测图像后,通过神经网络进行图像分割和分类,以实现障碍物避让等功能,如图 13-3 所示。

医疗影像分析:随着人工智能的发展,将神经网络与医疗诊断相结合已成为研究热点。在智能医疗领域,语义分割主要应用于肿瘤图像分割、龋齿诊断等领域,如图 13-4 和图 13-5 所示的龋齿诊断、头部 CT 扫描紧急护理诊断辅助和肺癌诊断辅助等案例。

图 13-3　无人汽车驾驶语义分割示例图

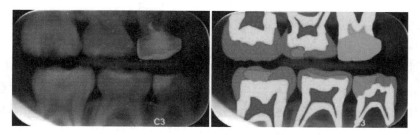

图 13-4　龋齿诊断语义分割示例图

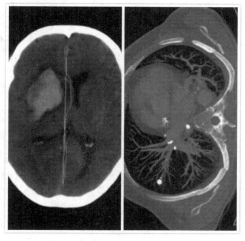

图 13-5　头部 CT 扫描紧急护理诊断辅助和肺癌诊断辅助语义分割示例图

13.2　基于 PaddleSeg 的语义分割实现

介绍完关于语义分割相关的内容后，要实现一个语义分割的案例，该案例是基于 PaddleSeg 这个开源组件库的。

13.2.1　PaddleSeg 简介与环境准备

PaddleSeg 是基于飞桨 PaddlePaddle 开发的端到端图像分割开发套件,涵盖了高精度和轻量级等不同方向的众多高质量分割模型。其设计理念注重模块化,提供了配置化驱动和 API 调用两种应用方式,从而简化了从训练到部署的全流程图像分割应用。PaddleSeg 的主要特性如下。

(1)高精度模型。基于百度自研的半监督标签知识蒸馏方案(SSLD)训练得到高精度骨干网络,结合前沿的分割技术,提供了 50 余个高质量预训练模型,其效果优于其他开源实现。

(2)模块化设计。支持 10 余个主流分割网络,结合模块化的数据增强策略、骨干网络、损失函数等不同组件,开发者可根据实际应用场景需求灵活地配置和组装多样化的训练配置,满足不同性能和精度的要求。

(3)高性能:通过多进程异步 I/O、多卡并行训练、评估等加速策略,结合飞桨核心框架的显存优化功能,可显著减少分割模型的训练开销,帮助开发者以更低成本、更高效地完成图像分割训练。

基于上述特性,这里选择 PaddleSeg 进行案例演示。在开始之前,需要先安装 PaddleSeg 这个开源组件库。首先,确保已安装满足以下要求的 PaddlePaddle 和 Python。

```
PaddlePaddle >= 2.0.0
Python >= 3.6
```

由于图像分割模型的计算开销较大,建议在 GPU 版本的 PaddlePaddle 环境下使用 PaddleSeg。推荐安装 CUDA 10.0 或更高版本。使用 pip 进行安装。

```
python -m pip install paddlepaddle-gpu==2.0.2.post100 -f https://paddlepaddle.org.cn/whl/
mkl/stable.html
```

安装完成后,可以通过 Python 或 Python 3 进入 Python 解释器。尝试导入 paddle 模块并运行 paddle.utils.run_check()。如果输出"PaddlePaddle is installed successfully!",则表示安装成功。

然后安装 PaddleSeg,可运行如下命令。

```
# 从 PaddleSeg 的 Github 仓库下载代码
git clone https://github.com/PaddlePaddle/PaddleSeg.git
# 运行 PaddleSeg 的程序需在 PaddleSeg 目录下
cd PaddleSeg/
# 安装所需依赖项
pip install -r requirements.txt
```

运行以下命令,如果可以正常进行训练,说明已经安装成功。

```
python train.py
-- config configs/quick_start/bisenet_optic_disc_512x512_1k.yml
```

13.2.2　Oxford-IIIT Pet 数据集介绍

本案例采用 Oxford-IIIT Pet 数据集,这是一个包含 37 个类别宠物图像的数据集,每个类别约有 200 张图像。这些图像在比例、姿势和光照方面存在显著差异。所有图像都附带了品种、头部 ROI 和像素级三图分割的相关性标注。图 13-6 所示为数据集的示例。

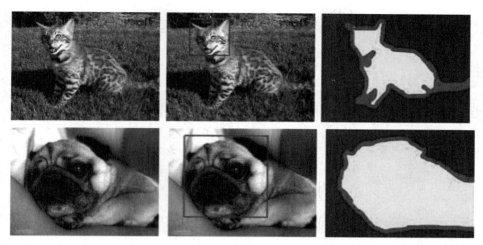

图 13-6 数据集示例

为了方便快速测试，从数据集中选择了 200 张图片组成的 mini pets 数据集作为本案例的数据集。训练集、验证集和测试集的样本数量分别为 120、40 和 40。值得注意的是，Oxford-IIIT Pet Dataset 中的标签分为三类：1 表示前景，2 表示背景，3 表示未分类。PaddleSeg 支持 0～255 共 256 类标签，其中，255 号类别表示忽略，即训练阶段不会使用该像素进行学习。而 Oxford-IIIT Pet Dataset 是以 1 开始标注的，因此本案例所使用的 mini pets 数据集已经进行了标签转换，以符合 PaddleSeg 的格式，即从 1 开始标注类别。数据集的下载链接详见前言二维码。

下载后，将数据集解压到 ./dataset 目录下，该目录也是 PaddleSeg 默认的数据集存储位置。

13.2.3 模型训练

本案例采用 DeepLabV3P 模型进行语义分割。因此，首要步骤是下载预训练模型，并将其存放在 pretrained_model 文件夹下。预训练模型的下载链接详见前言二维码。

接下来，需要编写模型的配置文件。在 PaddleSeg 中，模型的配置信息被记录在 YAML 文件中。configs 文件夹专门用于存放各个模型的 YAML 文件，其中已预先包含针对一些公开数据集的配置文件。在 configs 文件夹下，新建一个名为 deeplabv3_pet.yaml 的文件，并进行如下配置。

```
TRAIN_CROP_SIZE: (512, 512)        ♯训练时图像裁剪尺寸(宽,高)
EVAL_CROP_SIZE: (512, 512)         ♯验证时图像裁剪尺寸(宽,高)
AUG: ♯模型的一些参数
AUG_METHOD: "unpadding"            ♯可选的增强方法有解填充(unpadding)、范围缩放(rangescaling)
                                      和步长缩放(stepscaling)
FIX_RESIZE_SIZE: (512, 512)        ♯(宽, 高)用于解填充
INF_RESIZE_VALUE: 500              ♯缩放范围
MAX_RESIZE_VALUE: 600              ♯缩放范围
MIN_RESIZE_VALUE: 400              ♯ for rangescaling
MAX_SCALE_FACTOR: 1.25             ♯ for stepscaling
MIN_SCALE_FACTOR: 0.75             ♯ for stepscaling
SCALE_STEP_SIZE: 0.25              ♯ for stepscaling
```

```
MIRROR: True
BATCH_SIZE: 4                              #批处理大小
DATASET:
DATA_DIR: "./dataset/mini_pet/"
IMAGE_TYPE: "rgb"                          #rgb 或 rgba
NUM_CLASSES: 3
TEST_FILE_LIST: "./dataset/mini_pet/file_list/test_list.txt"
TRAIN_FILE_LIST: "./dataset/mini_pet/file_list/train_list.txt"
VAL_FILE_LIST: "./dataset/mini_pet/file_list/val_list.txt"
VIS_FILE_LIST: "./dataset/mini_pet/file_list/test_list.txt"
IGNORE_INDEX: 255
SEPARATOR: " "
FREEZE:
MODEL_FILENAME: "__model__"
PARAMS_FILENAME: "__params__"
MODEL:
MODEL_NAME: "deeplabv3p"
DEFAULT_NORM_TYPE: "bn"
DEEPLAB:
BACKBONE: "mobilenetv2"
DEPTH_MULTIPLIER: 1.0
ENCODER_WITH_ASPP: False
ENABLE_DECODER: False
TRAIN:
PRETRAINED_MODEL_DIR: "./pretrained_model/deeplabv3p_mobilenetv2-1-0_bn_cityscapes/"
                                #预训练模型路径
MODEL_SAVE_DIR: "./saved_model/deeplabv3p_mobilenetv2-1-0_bn_pet/"
                                #模型保存路径
SNAPSHOT_EPOCH: 10
TEST:
TEST_MODEL: "./saved_model/deeplabv3p_mobilenetv2-1-0_bn_pet/final"
SOLVER:
NUM_EPOCHS: 100                            #训练 epoch 数,正整数
LR: 0.005                                  #初始学习率
LR_POLICY: "poly"                          #学习率下降方法,选项为 poly、piecewise 和 cosine
OPTIMIZER: "sgd"V                          #优化算法,选项为 sgd 和 adam
```

在准备好数据、预训练模型和模型配置文件后,就可以开始训练了,训练的命令如下。

```
python pdseg/train.py -- cfg configs/deeplabv3_pet.yaml \
-- use_gpu \
-- do_eval \
-- use_vdl \
-- vdl_log_dir train_log \
BATCH_SIZE 4 \
SOLVER.LR 0.001
```

为了确保训练的稳定性,当遇到内存不足导致程序崩溃的情况时,可以适当减小 BATCH_SIZE。若本机的 GPU 内存资源充足,为了加速训练过程,可以增加 BATCH_SIZE 的值。但请注意,随着 BATCH_SIZE 的增大,可能需要相应地调整学习率 SOLVER.LR。在 Linux 系统下进行训练时,通过添加参数--use_mpio,可以利用多进程 I/O 技术提高数据增强的处理速度,进而显著提升 GPU 的利用率。如果选择使用 CPU 进行模型训练,请确保去掉--use_gpu 参数。

13.2.4 模型的评估与测试

训练完成后，可以通过 eval.py 来评估模型效果。由于我们设置的训练 epoch 数量为 100，保存间隔为 10，因此一共会产生 10 个定期保存的模型，加上最终保存的 final 模型，一共有 11 个模型。选择最后保存的模型进行效果的评估。

```
python ./pdseg/eval.py -- use_gpu \
-- cfg ./configs/deeplabv3_pet.yaml \
TEST.TEST_MODEL saved_model/deeplabv3p_mobilenetv2-10_bn_pet/final/
```

运行后结果如下。

```
[EVAL]step = 8 loss = 0.25904 acc = 0.8552 IoU = 0.6827 step/sec = 8.68 | ETA 00:00:00
[EVAL]step = 9 loss = 0.21941 acc = 0.8618 IoU = 0.6929 step/sec = 9.25 | ETA 00:00:00
[EVAL]step = 10 loss = 0.76191 acc = 0.8558 IoU = 0.6844 step/sec = 9.38 | ETA 00:00:00
[EVAL] # image = 40 acc = 0.8558 IoU = 0.6844
```

可以看到，在经过训练后，模型在验证集上的 IoU 指标达到了 0.6844（由于只训练了 100 个 epoch，训练的还不够，所以指标有些低）。

通过 vis.py 进行测试和可视化，以选择最后保存的模型进行测试为例。

```
python ./pdseg/vis.py -- use_gpu \
-- cfg ./configs/deeplabv3_pet.yaml \
TEST.TEST_MODEL saved_model/deeplabv3p_mobilenetv2-10_bn_pet/final/
```

执行上述脚本后，会在主目录下产生一个 visual 文件夹，里面存放着测试集图片的预测结果，图 13-7(a)是测试使用的原图，图 13-7(b)是存放在 visual 文件夹中对应的测试结果图。

 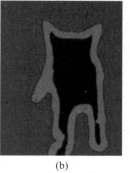

(a)   (b)

图 13-7　测试的原图和结果

从模型测试输出的图片可以看出，本案例可以很好地将原图中的动物分割出来。至此，基于 PaddleSeg 的语义分割案例就完成了。

小　　结

本章介绍了基于 PaddleSeg 的动物图片语义分割的实现过程。首先介绍了语义分割的应用背景和重要性，然后详细阐述了使用 PaddleSeg 框架进行语义分割的步骤，包括环境准备、数据集介绍、模型训练、模型评估和测试等。通过使用 PaddleSeg，可以实现像素级别的分类，精确标注图像中的各个对象。

第 14 章

案例：基于SR-CNN 图像超分辨率

本章将介绍一个利用深度学习进行图片超分辨率的案例。图片超分辨率旨在从低分辨率的图片中重建出高分辨率的图片，并确保恢复的高分辨率图片尽可能真实。传统的超分辨率方法可能使用插值等技术来实现，但近年来，深度学习网络在低分辨率图片重建方面取得了显著成效。图片超分辨率作为计算机视觉领域的一个子任务，属于低级任务，与高级任务如识别和检测不同。

在图片超分辨率中，低分辨率图片被称为 LR 图片，而高分辨率图片则称为 HR 图片。常用的数据集首先收集 HR 图片，然后使用退化模型生成 LR 图片，以供训练并寻找 LR 与 HR 之间的映射关系。评估方法主要包括 PSNRs（峰值信噪比）和 SSIM 等指标。由于超分辨率是一个具有挑战性的逆问题，因此它是一个非常活跃的研究领域，具有广泛的应用价值，例如，智能手机、医学影像、人脸识别和视频监控等。卷积、残差结构的改进、不同类型的损失以及对抗生成网络都是进一步研究的方向。

为了实现基础的超分辨率模型，本案例利用了流行的深度学习框架 PyTorch。SR-CNN 与传统方法的比较如图 14-1 所示。从图中可以看出，SR-CNN 在 PSNR 值上取得了新的高

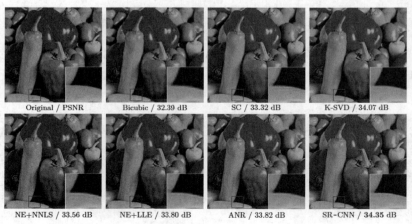

图 14-1　SR-CNN 与传统方法的对比

值,并且在视觉感知方面也有显著提升。这标志着深度学习在超分辨率方面的应用成为可能。
14.1 节将详细介绍 SR-CNN 的结构。本章的目标是通过构建和训练一个简单的深度学习模型,帮助读者更好地了解 PyTorch 的使用。

14.1　SR-CNN 介绍

SR-CNN 是 DongChao 等于 2014 年提出的模型,提出该模型的论文 *Image Super-Resolution Using Deep Convolutional Networks* 发表在 ECCV2014。这篇论文作为深度学习介入超分领域的开山之作,很有学习的价值。本节简单介绍 SR-CNN 的网络结构。

SR-CNN 的网络结构如图 14-2 所示。可以看出,SR-CNN 是一种端到端的训练方法,输入低分辨率的图片,输出高分辨率的图片。不过注意一点,SR-CNN 的第一步是利用插值将低分辨图片的尺寸放大到高分辨率图片,因此图 14-2 的输入图片已经是放大后的低分辨图片。

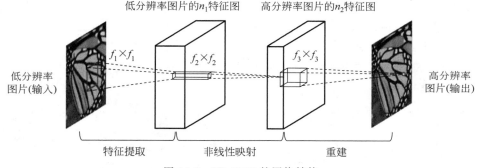

图 14-2　SR-CNN 的网络结构

SR-CNN 包含以下三部分。

(1) Patch extraction and representation：图片块的提取和特征表示。

(2) Non-linear mapping：非线性映射。

(3) Reconstruction：重建。

实际上是简单的三个卷积层。在论文里,三个卷积层使用的卷积核的大小分别为 9×9、1×1 和 5×5,前两个的输出特征个数分为 64 和 32。用 Timofte 数据集(包含 91 张图片)和 ImageNet 大数据集进行训练。使用均方误差(Mean Squared Error,MSE)作为损失函数,有利于获得较高的 PSNR。

本章的代码样例还原了论文中的卷积设置,使用 91 张图片作为数据集来进行训练,下面介绍具体实现过程。

14.2　技术方案及核心代码

14.2.1　模型训练要点

在模型训练的过程中有以下几点需要注意。

(1) 训练数据集：论文中某一实验采用 91 张自然图片作为训练数据集,对训练集中的图片先使用双三次差值缩小到低分辨率尺寸,再将其放大到目标放大尺寸,最后切割成诸多 33×33 图片块作为训练数据,作为标签数据的则为图片中心的 21×21 图片块(与卷积层细节设置相关)。

（2）损失函数：采用 MSE 函数作为卷积神经网络损失函数。

（3）卷积层细节设置：第一层卷积核 9×9，得到特征图尺寸为 $(33-9)/1+1=25$，第二层卷积核 1×1，得到特征图尺寸不变，第三层卷积核 5×5，得到特征图尺寸为 $(25-5)/1+1=21$。训练时得到的尺寸为 21×21，因此图片中心的 21×21 图片块作为标签数据（卷积训练时不进行 padding）。

接下来展示核心代码。

14.2.2 构造函数

图片超分辨率技术旨在利用特定手段将低分辨率图片转换为高分辨率图片，从而获得更好的视觉效果。本文的实例中采用了深度学习的方法，因此需要进行端到端的训练。为了实现这一目标，需要一个带有标签的数据集来进行训练。每组数据应包含一张低分辨率图片和与之对应的高分辨率图片。

在实际的训练过程中，通常采用对高分辨率图片进行模糊或插值的方式来生成低分辨率图片，并在此基础上进行训练。这是因为在现实场景中，找到一对一的低分辨率图片和高分辨率图片是非常困难的。

关于数据集处理的相关参考代码，请参见代码清单 14-1。

【代码清单 14-1】

```
1    ♯构造训练用的数据集
2    class TrainDatasetFromFolder(Dataset):
3        def __init__(self, HR_dir, LR_dir, lr_size = 33, hr_size = 21, upscale_factor = 3):
4            self.lr_size = lr_size
5            self.hr_size = hr_size
6            self.s = upscale_factor
7            self.HRimage_filenames = [join(HR_dir, x) for x in listdir(HR_dir) if is_image_
    file(x)]
8            self.LRimage_filenames = [join(LR_dir, x) for x in listdir(LR_dir) if is_image_
    file(x)]
9
10       def __getitem__(self, index):
11           hr_image = Image.open(self.HRimage_filenames[index])
12           lr_image = Image.open(self.LRimage_filenames[index])
13           w, h = lr_image.size
14
15           ♯SR - CNN 的第一步是利用插值将低分辨图片的尺寸放大到高分辨率图片
16           w = self.s * w
17           h = self.s * h
18           lr_image = lr_image.resize((w, h), Image.BICUBIC)
19
20           ♯为了增加数据量,对原始的图片进行切块处理,输入数据切割成诸多 33×33 图片块
                ♯作为训练数据,
21           ♯作为标签数据的则为图片中心的 21×21 的图片块(与卷积层细节设置有关)
22           p = int(self.lr_size/2)
23           x1 = random.randint(int(p), int(w - p))
24           y1 = random.randint(int(p), int(h - p))
25           ♯在插值后的 lr_image 上随机选取一块 33×33 的块
26           LRsub_pix = lr_image.crop((x1 - p, y1 - p, x1 + p + 1, y1 + p + 1))
```

```
27              p2 = int(self.hr_size/2)
28              #在 hr_image 上随机选取一块 21×21 的块
29              HRsub_pix = hr_image.crop((x1 - p2, y1 - p2, x1 + p2 + 1, y1 + p2 + 1))
30              return ToTensor()(LRsub_pix), ToTensor()(HRsub_pix)
31      def __len__(self):
32              return len(self.HRimage_filenames)
```

14.2.3 构建 SR-CNN 的结构

接下来构建 SR-CNN 的模型架构。SR-CNN 的模型相对比较简单，包括三层卷积神经网络，前两层后面接了 ReLU 作为激活函数。参考代码如代码清单 14-2 所示。

【代码清单 14-2】

```
1  class SRCNN(nn.Module):
2      def __init__(self, IN_channel = 3):
3          super(SRCNN, self).__init__()
4          self.main = nn.Sequential(
5              nn.Conv2d(in_channels = IN_channel, out_channels = 64, kernel_size = 9, stride
   = 1, bias = True),
6              nn.ReLU(inplace = True),
7              nn.Conv2d(in_channels = 64, out_channels = 32, kernel_size = 1, stride = 1, bias
   = True),
8              nn.ReLU(inplace = True),
9              nn.Conv2d(in_channels = 32, out_channels = 3, kernel_size = 5, stride = 1, bias
   = True),
10             )
11
12     def forward(self, input):
13         output = self.main(input)
14         return output
```

14.2.4 模型训练

接下来需要进行模型训练。代码如代码清单 14-3 所示。

【代码清单 14-3】

```
1  #利用 data_utils.py 中的 TrainDatasetFromFolder 生成 torch 可用的数据集
2  train_set = TrainDatasetFromFolder(args.HRdir, args.LRdir, upscale_factor = 3)
3  #torch 的 dataloader 进行数据进一步构造,调整 batch_size
4  train_loader = DataLoader(dataset = train_set, num_workers = 4, batch_size = args.
   batchSize, shuffle = True)
5
6  #创建模型、损失函数、优化方法
7  model = SRCNN(3).to(DEVICE)
8  criterion = nn.MSELoss()
9  optimizer = optim.SGD(model.parameters(), lr = args.lr)
10
11 #进行训练
12 for e in range(args.nepho):
13     for i, (data, target) in enumerate(train_loader):
14         data, target = data.to(DEVICE), target.to(DEVICE)
15         predict = model(data)
16         loss = criterion(predict, target)
```

```
17          loss.backward()
18          optimizer.step()
19          print(loss.data.item())
```

上面代码所在文件是程序的主文件,是整个项目的入口。调用了之前的构造数据模块和搭建模型模块,然后进行训练。

图 14-3 显示了项目结构,HRDataSet 存放了 Timofte 数据集(包含 91 张图片),LRDataSet 是脚本生成的低分辨图片数据集,data_utils.py 存放了生成训练数据集的相关代码,network.py 存放的是构建 SR-CNN 结构的代码,train.py 作为整个项目的入口,启动了训练过程。

图 14-3　项目结构

小　结

本章旨在通过构建经典的图片超分辨框架——SR-CNN,向读者介绍深度学习包 PyTorch 的基本使用以及如何构建深度学习的训练过程。通过这一章的学习,读者可以对 PyTorch 的使用有初步了解,同时对超分辨率问题有更深入的理解。对于对此领域感兴趣的读者,推荐进一步阅读相关资料,以深入探索这一领域。

第15章

案例: 基于TensorFlowTTS的中文语音合成

随着计算机技术的不断发展,以及语音和人工智能的结合,很多成熟的产品出现在人们的生活中,如智能客服、智能音箱、智能阅读、聊天机器人等。在这些产品的实现中,最重要的一项技术是文字语音转换(Text To Speech,TTS),又称为语音合成。它可以让人类和计算机的交流更加方便快捷,如可以改善人机交互困难的情景,尤其是对有身体障碍,只能通过语音来交流的特殊人群。本章将会介绍 TTS 的技术发展情况、实现原理,并会使用一个基于深度学习的开源 TTS 工具箱 TensorFlowTTS,来实现一个中文语音合成的案例。

15.1 TTS 简介

15.1.1 语音合成技术

常见的语音技术一般可分为语音合成(TTS)和语音识别(ASR)两个部分。语音合成是将文本信息转换为对应的语音,而语音识别则是将语音转换为文本等类型的信息。如果再进一步细分,还可以将自然语言处理(NLP)单独拿出来。这三个技术之间的关系可以用智能语音助手的例子来说明。当我们问智能语音助手"明天天气怎么样"时,语音助手会通过语音识别技术把听到的声音转换为文字,然后使用自然语言处理技术对文字分析和理解,再找到对应的天气信息后通过语音合成技术将天气信息的文字转换成语音输出。语音助手输入输出流程如图 15.1 所示。

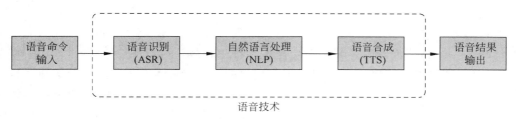

图 15.1　语音助手输入输出流程

当然,这个智能语音助手例子中的自然语言处理技术可以更广义一些——不仅是对文字的处理,也可以包含语音识别的部分。从这个例子中也可以看出,TTS 就像人的嘴巴一样,是一个很重要的"器官"。而相对于其他两个语音技术,由于数据质量直接决定生成结果的质量,所以 TTS 对语音库的要求更高。这也就意味着,这方面的数据采集需要更加专业,同时也会耗费大量的人力和物力。

15.1.2　TTS 技术发展史和基本原理

　　TTS 技术可以追溯到 18 世纪。当时电子信号处理技术还未面世,人们尝试使用机械装置来发出人类说话的声音。最具代表性的是 1779 年 Kratzenstein 发明的一种叫作 Speech Machine 的装置。这种装置利用精巧的气囊和风箱设计,可以发出 5 种长元音。装置的实物和原始图如图 15.2 所示。

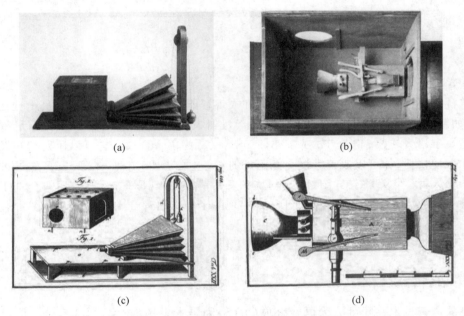

图 15.2　Speech Machine 实物和原理图

　　20 世纪初,随着电子技术的不断发展,人们开始使用电子合成的方法来模拟人类发声。比较著名的是 1939 年贝尔实验室发明的名为 Voder 的设备。图 15.3(a)展示了该设备的使用方式:需要一个人像弹钢琴一样来进行操作,即用手来控制不同基础音的合成比例,用脚来控制合成音的音调。Voder 发出的声音很清晰,但要想熟练使用这样的装置,可能需要将近一年的时间,再加上使用过程需要人的强干预,所以实用性并不高。图 15.3(b)为 Voder 的原理图。

　　之后,随着集成电路的发展,参数合成方法解决了需要多个操作者的问题。比较有代表性的是 1973 年 Holmes 发明的并联共振峰合成器和 1980 年 Klatt 发明的串并联共振峰合成器。只要精心调整参数,这两个合成器就能合成出非常自然的语音。这两个设备都用到了共振峰合成技术。不同人音色各异,其语音具有不同的共振峰模式,可以抽取每个共振峰频率及其带宽作为参数,这些参数可以构成共振峰滤波器。再通过若干个共振峰滤波器组合来模拟声道的传输特性,即频率响应;随后对激励源发出的信号进行调制,再经过辐射模型,最后合成语音。这种手段实现编程式的语音合成,大大减少了人力成本。

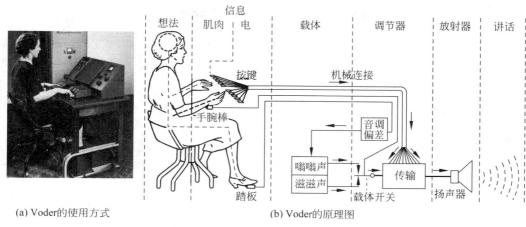

图 15.3 Voder 的使用方式和原理图

另一种技术则是采用单元选择拼接合成的方法。首先,将语音单元切分成适合的合成单元,并利用这些切分好的合成单元构建一个语音库。在进行合成时,需要根据文字内容从语音库中提取出相应合成单元,然后将提取的单元按照韵律的要求进行时长、基频的变换,最后采用重叠相加的方法重新输出合成语音。这种基于波形拼接的语音合成技术不需要从原始的语音中提取语音参数,而是将原始的语音信号直接存储,从而存储单元的要求要高于共振峰合成,在韵律的调节方面也要差一点。但是由于所采用的合成单元为原始语音文件,合成的语音清晰度要优于共振峰合成的语音。

到了 20 世纪末期,可训练的 TTS 技术兴起。最为有代表性的是基于隐马尔可夫的参数合成技术。该技术是通过数据训练得到一个统计模型。将文本输入该模型可以输出对应的语音参数,然后利用这些语音参数就可以生成语音。这种方法相对于之前的方法有更强的通用性和更好的灵活性,甚至可以做到与语种无关。而这种可训练的技术思路,随着人工智能尤其是深度学习的发展,得到了更为充分的发挥。

当下比较主流的方法是拼接法和参数法,而且基于深度学习的参数法更是以较好的灵活性占据上风。在流程上,TTS 可以分成前端预处理和后端合成两个部分。其中,前端预处理部分主要是对输入的文本进行分析,然后生成对应的音素、韵律、语种等语言特征。预处理大致可以划分为文本结构分析、文本规范化、音素转换和韵律预测 4 部分。

(1) 文本结构分析主要是对文本进行分段、分句以及词性标注,如果是多语言文本,就需要进行判断,并为不同的句段加上语言标记。

(2) 文本规范化主要是结合文本上下文,将非标准文本信息进行转换的过程。例如,日期格式的统一、繁体转简体、数字的区分等。最常用的方法就是正则匹配替换,而对于一些上下文环境模糊或者规则匹配不成功的情况,可以加入额外的词性,或者通过统计模型、机器学习、深度学习的方法提取语义信息进行判断。

(3) 音素转换是根据语言的读音规则将文字转成音素。注意,不同语言的音素也是不同的,所以转换的方式和面临的问题也不尽相同。例如,中文的音素一般是拼音,而在转换时就需要处理多音字、儿化音,甚至文言文中的通假字等问题。

(4) 韵律预测则是根据文本上下文生成韵律信息。韵律包括停顿、重读等内容,主要是为了通过抑扬顿挫的语调来控制说话的节奏。

后端合成部分主要是将前端预处理生成的语言学特征作为输入,然后合成音频数据进行输出。如果使用的是拼接法,就是根据预处理生成的内容,从语音库中选择合适的音频片段进行拼接。而参数法则一般是先通过声学模型从音频里提取出特征,然后通过声码器将预处理输出的内容映射到声音特征,然后生成语音。从流程上可以看出,前端预处理和后端合成部分是可以完全独立的,而前端部分很大程度上属于自然语言处理的部分。这也是为何将 TTS 分为前后端两个部分的原因之一。

15.1.3 基于深度学习的 TTS

深度学习的发展给 TTS 带来了更多的可能。自 2016 年 Google 公司提出 WaveNet 声码器至今,该领域涌现出多种基于深度学习的语音合成技术。这些技术在合成语音质量、合成速度以及模型复杂度等方面有了很大的提高,而且模拟人声也更加自然成熟。

基于深度学习的语音合成系统主要有两种,一种是将深度学习应用到传统语音合成系统各个模块中进行建模,这种方法可以有效地合成语音,但系统有较多的模块且各个模块独立建模,系统调优比较困难,且容易出现累积误差。这种系统的代表是百度公司提出的 Deep Voice-1 和 Deep Voice-2。Deep Voice-2 在 Deep Voice-1 基础上改进的多是说话人语音合成系统,方法是将说话人向量引入模型中训练。目前,直接将深度学习引入经典语音合成系统各个模块中建模的研究已经不多了。Deep Voice 系列的第三代 Deep Voice-3 已经转为采用端到端语音合成方法。

另一种是端到端语音合成系统,这种系统旨在利用深度学习强大的特征提取能力和序列数据处理能力,摒弃各种复杂的中间环节,最终学习出鲁棒性和适应性更强的模型,生成更为自然的语音。端到端的 TTS 目前也在不断地发展当中,在表现形式上主要可以分为基于声学模型和声码器的方法、近完全端到端的方法以及完全端到端的方法。不同类型的端到端语音合成系统如图 15.4 所示。

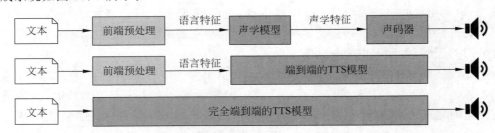

图 15.4 不同类型的端到端语音合成系统

图 15.4 中的第一行展示的是基于声学模型和声码器的方法。该方法需要实现的模块较多,但它是目前最为流行的一种方法。声学模型将前端预处理生成的语言特征转换为特征,然后声码器利用声学特征生成语音。基于深度学习的声学模型可以大致分为自回归式和并行式两种。其中,自回归式声学模型出现较早,生成的中间表征质量高,不过速度相对较慢。比较有代表性的有 Tacotron 系列和 Deep Voice-3。Tacotron-1 采用基于内容注意力机制解码器,循环层在解码的每一个时间步都会生成一个注意力询问。Tacotron-2 采用基于位置的注意力机制,以更好地适应输入文本有重复字的情况。Deep Voice-3 的解码器则包含带洞卷积和基于 Transformer 的注意力机制,基于卷积的解码器比基于循环神经网络的声码器解码的速度要快一些。并行式声学模型生成中间表征速度快,但质量会有所下降,且训练过程比较复杂。比较有代表性的如 FastSpeech。

基于深度学习的声码器也可以分为自回归式和并行式两种。自回归式声码器按照时间顺序生成语音,生成每一时刻的语音都依赖之前所有时刻的语音,如 WaveNet、WaveRNN、SampleRNN。并行式声码器并行生成语音,不再按照时间顺序,所以速度较快,如 Parallel WaveNet、WaveGlow、FloWaveNet。这些模型的对比如表 15.1 所示。

表 15.1　基于深度学习的声码器对比

声码器	原理	主要神经网络	优、缺点	合成实时性
WaveNet	自回归	卷积神经网络	合成语音质量高,速度慢	不足
SampleRNN	自回归	循环神经网络	占用计算资源少,速度慢	不足
WaveRNN	自回归	循环神经网络	占用资源少,合成速度快	4x
Parallel WaveNet	并行式	卷积神经网络	合成速度快,训练过程不稳定	20x
WaveGlow	并行式	标准流+卷积神经网络	合成语音质量高,合成速度快,计算量大	25x
FloWaveNet	并行式	标准流+卷积神经网络	合成语音质量高,合成速度快,计算量大	20x

图 15.4 中的第二行和第三行展示的是近完全端到端的方法和完全端到端的方法。近完全端到端的方法是将声学模型和声码器两个部分合成一个端到端的 TTS 模型,而完全端到端的方法则是用一个 TTS 模型直接完成从文本输入到语音输出。这两种方式是目前一个大的研究方向,不过目前效果并不好,所以这里不再介绍。

15.2　基于 TensorFlowTTS 的语音合成实现

在了解了 TTS 的发展进程和相关技术之后,接下来实现一个中文语音合成的例子。这个例子是基于 TensorFlowTTS 这个在 Github 上开源的项目。该项目包含当前精度比较高的声学模型和声码器算法。基于该项目,可以很容易地实现一个语音合成的例子。

15.2.1　TensorFlowTTS 简介与环境准备

TensorFlowTTS 基于 TensorFlow 2 提供实时的最新语音合成工具箱,包括 Tacotron-2、Melgan、Multiband-Melgan、FastSpeech、FastSpeech 2 等算法。TensorFlowTTS 支持汉语、英语、韩语等多种语言,而且快速可靠,方便扩展,并且支持多 GPU 训练和多平台部署。下面安装 TensorFlowTTS 环境。

基础环境要求是 NVIDIA RTX 2060 显卡、Windows 10 64 位、Git 和 Anaconda 3。首先使用 conda 命令创建名为 tf-tts 的 conda 环境,并进入该环境:

```
conda create - n tf - tts python = 3.8
conda activate tf - tts
```

再使用 git 命令下载代码:

```
git clone https://gitee.com/sherlocking_755/tts - demo.git
```

进入 tts-demo/TensorFlowTTS 目录,然后使用 conda 和 pip 命令安装依赖包:

```
conda install cudatoolkit = 10.1 cudnn = 7.6.5 pyaudio
pip install . - i https://pypi.douban.com/simple/
```

这样就完成了环境的安装。

15.2.2 算法简介

本案例中,采用的声学模型是 Tacotron-2,声码器是 Multiband-Melgan。其中,Tacotron-2 是由 Google Brain 在 2017 年提出来的一个语音合成框架,是 Tacotron 的升级版。而 Tacotron 是第一个真正意义上端到端的语音合成系统。它可以输入合成文本或者注音串,输出线性谱,再经过 Griffin-Lim 转换为波形,一套系统完成语音合成的全部流程。注意,Griffin-Lim 算法并不是深度学习模型,所以它也是影响 Tacotron 效果的因素之一。

Tacotron 主要是采用类 Seq2Seq 模型架构以及注意力机制,具体的模型结构如图 15.5 所示。

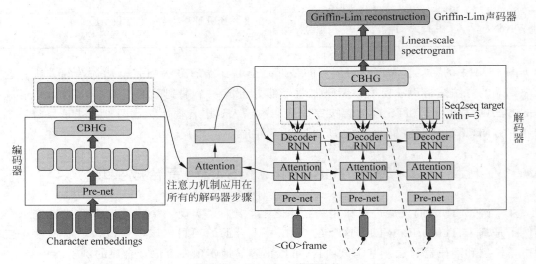

图 15.5　Tacotron 模型结构

Tacotron 结构主要包含编码器、解码器、Griffin-Lim 声码器。首先,输入的文本经过 Character embeddings 被向量化,然后通过 Pre-net 后将数据传给 CBHG 模块。Pre-net 由全连接层和 Dropout 组成,主要是为了增加模型的泛化能力。CBHG 则是编码器的最主要部分,由 1-D convolution bank、highway network、bidirectional GRU 组成,用于特征提取。解码器中采用了注意力机制,而在输出给 Griffin-Lim 声码器之前,还加了一步后处理,也就是图中右边的 CBHG,其主要目的是重新对整个解码后数据进行修正,从而得到一个全局优化的输出声谱图。Tacotron 虽然做到了端到端,但是在实际的合成效果上并不理想。

Tacotron-2 在 Tacotron 的基础上做了一些改进。最主要的就是把 Griffin-Lim 声码器换成了修改版的 WaveNet。这一改变让 Tacotron-2 在效果上有了明显的提升。除了声码器,其他部分也有所变化。Tacotron-2 的模型结构如图 15.6 所示。

首先,在编码器部分,Tacotron-2 将较为复杂的 CBHG 改为 Bidirectional LSTM。解码器部分则使用了 Location Sensitive Attention,可以减少解码过程中潜在的子序列重复或遗漏。Tacotron-2 效果很出色,甚至实验结果可以很接近真实数据。

另外,本案例采用的声码器并不是 Tacotron-2 中给出的经过修改的 WaveNet,而是基于生成式对抗网络的 Multi-band MelGAN。MelGAN 是目前基于生成式对抗网络的声码器模型代表,主打轻量级架构和快速高质量语音合成。MelGAN 把 Mel 频谱的特征作为输入,逐

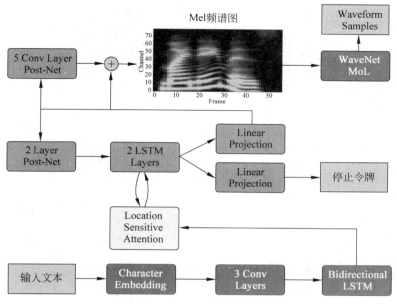

图 15.6　Tacotron-2 的模型结构

步上采样到语音长度,并且在上采样之间加入卷积块计算频域到时域的变换,最后输出固定帧数的语音。生成器部分就是整个上采样的过程,判别器和损失函数都是经过语音特有的性质进行过调整。而 Multi-band MelGAN 是 2020 年发布的对 MelGAN 的改进版本。通过引入 Parallel WaveGAN 中的多尺度短时傅里叶变换损失,它做到了在降低参数量、提升生成速度的同时还提高了生成语音的质量。

　　另外一个比较重要的声学模型是声码器的中间数据 Mel 频谱。Mel 频谱其实是一种基于短时傅里叶变换和非线性映射之后得到的频谱,它能够体现出已经线性感知。人耳能听到的频率范围是 20～20 000Hz,但人耳对 Hz 这种标度单位并不是线性感知关系。尤其是在频率比较高时,人的差异感知会比较低。而如果将普通的频率标度转换为 Mel 频率标度,Mel 频率增加一倍的话,我们也大致能够听出来声音的音调也增长了一倍。这个特性让 Mel 频谱在声音处理领域变得很常用。

15.2.3　代码实现与结果展示

　　在简单了解选用的模型原理之后,下面就用代码来实现整个语音和合成的过程。实现代码如代码清单 15-1 所示。

　　代码清单 15-1

```
1    import tensorflow as tf
2
3    import numpy as np
4    import matplotlib.pyplot as plt
5
6    # 支持中文
7    plt.rcParams['font.sans-serif'] = ['SimHei']
8    plt.rcParams['axes.unicode_minus'] = False
9
```

```
10   import pyaudio
11   import wave
12   import soundfile as sf
13
14   from tensorflow_tts.inference import AutoConfig
15   from tensorflow_tts.inference import TFAutoModel
16   from tensorflow_tts.inference import AutoProcessor
17
18   # tacotron2 的配置和模型
19   tacotron2_config = AutoConfig.from_pretrained('TensorFlowTTS/examples/tacotron2/conf/
     tacotron2.baker.v1.yaml')
20   tacotron2 = TFAutoModel.from_pretrained(
21       config = tacotron2_config,
22       pretrained_path = "tacotron2.h5",
23       name = "tacotron2"
24   )
25
26   # melgan 的配置和模型
27   mb_melgan_config = AutoConfig.from_pretrained(
28       'TensorFlowTTS/examples/multiband_melgan/conf/multiband_melgan.baker.v1.yaml')
     mb_melgan = TFAutoModel.from_pretrained(
29       config = mb_melgan_config,
30       pretrained_path = "mb.melgan.h5",
31       name = "mb_melgan"
32   )
33
34   processor = AutoProcessor.from_pretrained(pretrained_path = "./baker_mapper.json")
35
36
37   # 合成
38   def do_synthesis(input_text, text2mel_model, vocoder_model):
39       # 前端预处理,输出语言特征
40       input_ids = processor.text_to_sequence(input_text, inference = True)
41
42       # 使用声学模型(tacotron2)预测生成 Mel 频谱图
43       _, mel_outputs, stop_token_prediction, _ = text2mel_model.inference(
44           tf.expand_dims(tf.convert_to_tensor(input_ids, dtype = tf.int32), 0),
45           tf.convert_to_tensor([len(input_ids)], tf.int32),
46           tf.convert_to_tensor([0], dtype = tf.int32)
47       )
48
49       remove_end = 1024
50       # 使用声码器(melgan)生成音频数据
51       audio = vocoder_model.inference(mel_outputs)[0, : - remove_end, 0]
52       return mel_outputs.numpy(), audio.numpy()
53
54
55   # 显示 Mel 频谱图
56   def visualize_mel_spectrogram(mels):
57       mels = tf.reshape(mels, [ - 1, 80]).numpy()
58       fig = plt.figure(figsize = (10, 8))
59       ax1 = fig.add_subplot(311)
```

```
60          ax1.set_title(u'Mel 频谱图')
61          im = ax1.imshow(np.rot90(mels), aspect = 'auto', interpolation = 'none')
62          fig.colorbar(mappable = im, shrink = 0.65, orientation = 'horizontal', ax = ax1)
63          plt.show()
64          plt.close()
65
66
67      ♯ 使用 pyaudio 对音频进行播放
68      def play(f):
69          chunk = 1024
70          wf = wave.open(f, 'rb')
71          p = pyaudio.PyAudio()
72          stream = p.open(format = p.get_format_from_width(wf.getsampwidth()), channels = wf.
            getnchannels(),
73                          rate = wf.getframerate(), output = True)
74          data = wf.readframes(chunk)
75          while data != b'':
76              stream.write(data)
77              data = wf.readframes(chunk)
78          stream.stop_stream()
79          stream.close()
80          p.terminate()
81
82
83      input_text = "这是一个开源的端到端中文语音合成系统"
84      tacotron2.setup_window(win_front = 5, win_back = 5)
85
86      mels, audios = do_synthesis(input_text, tacotron2, mb_melgan)
87      visualize_mel_spectrogram(mels[0])
88      ♯ 将音频数据写入文件
89      sf.write('demo_cn.wav', audios, 24000)
90      ♯ 播放文件
91      play('demo_cn.wav')
```

代码相对比较简单，最主要的就是 do_synthesis() 函数。它包括将文本转为音素的预处理部分、使用 Tacotron-2 生成 Mel 频谱的部分和使用 Multi-band MelGAN 生成语音的部分。其中，预处理包括使用 pypinyin 库将汉字转成拼音，然后通过字典将拼音转为音素，其中也包含一些如对儿化音的处理。这样的预处理相对于传统的语音合成方法已经相当简洁，这也是深度学习能够减少人工干预的体现。另外，这里没有直接使用文本，而是通过字典转换为音素的一个原因是数据集本身并不会覆盖所有的汉字和词汇，所以如果直接使用文本，则模型在遇到数据集中没有对应输入的情况下就可能有问题。而转为音素之后，数据集中只要覆盖所有音素即可。经过预处理的输出如下。

```
1      ♯ 生成音素序列
2      sil zh e4 ♯ 0 sh iii4 ♯ 0 ^ i2 ♯ 0 g e4 ♯ 0 k ai1 ♯ 0 ^ van2 ♯ 0 d e5 ♯ 0 d uan1 ♯ 0 d ao4 ♯ 0 d
       uan1 ♯ 0 zh ong1 ♯ 0 ^ uen2 ♯ 0 ^ v3 ♯ 0 ^ in1 ♯ 0 h e2 ♯ 0 ch eng2 ♯ 0 x i4 ♯ 0 t ong3 sil
```

在音素序列中，sil 代表起始，"zh e4"代表声母部分是 zh，韵母部分是 e，声调是 4 声，后续的基本上也是这样的规则，具体可以查看字典文件 baker_mapper.json。

　　本案例中的两个模型都是提前训练好的,直接下载下来就可以使用。数据集使用的是baker。具体的训练过程可以参考 TensorFlowTTS 在 Github 上的说明。由于语音数据量较大,所以需要训练的时间会很长,如果只是体验语音合成的过程,可以直接使用训练好的模型。

　　模型预测完成后,可以将音频数据保存成文件,然后用 pyaudio 库来播放音频数据。另外,可以用 visualize_mel_spectrogram() 函数绘制频谱图,以查看生成音频是否稳定。本案例生成的 Mel 频谱图如图 15.7 所示。

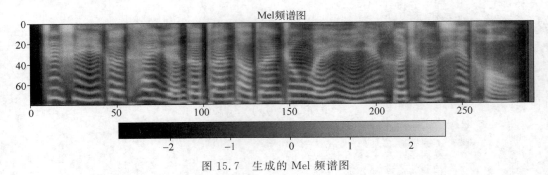

图 15.7　生成的 Mel 频谱图

第**16**章

案例：基于LSTM的原创音乐生成

16.1 样例背景介绍

人工智能是近年来十分火热的计算机学科分支,而最近这一次人工智能热潮则与深度神经网络的惊人应用密切相关。神经网络正改善着人们生活的方方面面:可以推荐可能感兴趣的商品;可以根据作者的写作风格生成文本;还可以用来改变图像的艺术风格。Python这门编程语言因其自身的简洁性和易用性,受到了人工智能相关社区的青睐。TensorFlow、PyTorch、Keras等用于搭建神经网络的工具都为Python提供了强大的支持。在本章中,将介绍如何使用TensorFlow在Python中使用循环神经网络生成原创音乐。

在详细介绍实现方法之前,需要简要解释一些专用术语。

16.1.1 循环神经网络

循环神经网络(Recurrent Neural Network,RNN)是一类常用于处理序列信息的人工神经网络。它被称为"循环",是因为它们对序列的每个元素执行相同的功能,同时处理每个元素所得到的结果也与先前元素的计算结果有关。而传统神经网络中每个元素的运算结果是完全独立于先前计算的。

在本章中,将使用长期短期记忆(Long Short-Term Memory,LSTM)网络。LSTM网络是循环神经网络最负盛名的变种之一。由于使用了门控机制,LSTM特别适合于处理和预测时间序列中间隔和延迟非常长的重要事件,对于解决网络必须长时间记住信息的问题表现十分出众,音乐和文本生成就是一个十分典型的场景。

16.1.2 Music 21

Music 21是一个用计算机来辅助音乐研究的Python工具包。可以用来阐释一些音乐理论的基础知识,生成音乐示例和学习音乐。该工具包提供了一个简单的接口来获取MIDI文件的乐谱。此外,它允许读者创建Note和Chord对象,以便轻松制作自己的MIDI文件。

在本章中,将使用 Music 21 提取数据集的内容并在获取神经网络的输出后,将其转换为乐谱。

16.1.3 TensorFlow

本章使用 TensorFlow(2.5.0 版)作为搭建与训练神经网络的基础框架。一旦模型被训练好之后,就使用它生成新音乐的乐谱。

16.2　项目结构设计

本章中将介绍的音乐生成项目有着十分经典的数据科学的学科特点,如数据驱动的理念,允许快速验证迭代,可扩展性强等。本节为读者梳理了此类型项目的通用流程,主要包括实验环境准备、数据初步分析、搭建数据预处理流程、设计并实现模型、验证模型效果并尝试迭代改进等一系列必需的步骤,以帮助读者理解项目的脉络,尽快将所学应用到实践中去。

在代码结构方面,本章力求尽量精简地为读者们呈现深度学习项目的必备要素,将训练模型和验证模型两部分划分为两个不同的代码文件,并按顺序进行介绍。在训练部分,将详细介绍数据的预处理流程,并结合实例与示意图对深度学习的一些基本概念进行讲解,一步一步地带领读者构建出完整的项目代码。验证部分会带领读者对模型的结果做一个基本的分析,并尝试提出下一步可供改进和尝试的方向供读者自行探索。

16.3　实　验　步　骤

16.3.1　搭建实验环境

本章的所有代码都在 Python 3.8 环境中进行了实验验证,在搭建好 Python 环境后,需要安装本章项目所需的依赖包,如代码清单 16-1 所示。读者可以通过 pip 安装这些依赖,或者将下列清单复制到文本文件中,并通过 pip install -r <文本文件名>这一命令批量安装这些依赖。

代码清单 16-1

```
1    #环境依赖清单1
2    h5py == 2.10.0
3    tensorflow == 2.5.0
4    music21 == 5.7.0
5    numpy == 1.17.3
6    PyYAML == 5.1.2
7    scipy == 1.3.1
8    six == 1.12.0
```

16.3.2　观察并分析数据

在本章的样例项目中,为读者提供了许多钢琴音乐片段,这些片段主要来源于经典的 RPG 游戏《最终幻想》。选择《最终幻想》的音乐,是因为其大部分作品都有非常独特和优美的旋律并且片段的数量也很多。读者可以从本书前言二维码中获得这些片段,路径为:<最终文

件路径>。当然，任何由单个乐器演奏的 MIDI 乐曲都可以用来训练模型，读者可以自行调整选择自己喜欢的音乐来源。

实现神经网络的第一步是检查将要使用的数据。使用 Music 21 读取 MIDI 文件得到的打印结果如代码输出 16-1 所示。

代码输出 16-1

```
1   < music21.note.Note F >
2   < music21.chord.Chord A2 E3 >
3   < music21.chord.Chord A2 E3 >
4   < music21.note.Note E >
5   < music21.chord.Chord B - 2 F3 >
6   < music21.note.Note F >
7   < music21.note.Note G >
8   < music21.note.Note D >
9   < music21.chord.Chord B - 2 F3 >
10  < music21.note.Note F >
11  < music21.chord.Chord B - 2 F3 >
12  < music21.note.Note E >
13  < music21.chord.Chord B - 2 F3 >
14  < music21.note.Note D >
15  < music21.chord.Chord B - 2 F3 >
16  < music21.note.Note E >
17  < music21.chord.Chord A2 E3 >
```

可以看到，数据分为两种对象类型：Note 和 Chord。

（1）Note。

Note 对象包含一个音符的音高（pitch）属于哪个八度音程（octave）和偏移（offset）的信息。

① 音高是指声音的频率，用字母［A，B，C，D，E，F，G］表示，其中，A 是最高的，G 是最低的。

② 八度音程指的是在钢琴上使用的是哪组音高。

③ 偏移指的是音符位于乐曲中的位置。

（2）和弦。

和弦（chord）对象则是指一组同时播放的音符。

为了准确地生成音乐，神经网络必须能够预测乐曲中下一个音符或和弦是什么。这意味着预测种类必须包含训练集中所有不同音符和和弦对象。在本章提供的数据中，不同音符和和弦的总数为 352。读者可能会认为网络要预测的可能种类太多了，但之后可以看到，LSTM 网络可以很轻松地处理这个任务。

接下来要关心的一点是如何记录输出的音符序列。任何听过音乐的人都会注意到，通常在音符与音符之间会有不同的时间间隔。一首乐曲可以快速急促地演奏许多音符，然后慢慢变得舒缓，单位时间内演奏的音符逐渐减少。

代码输出 16-2 展示了另外一个使用 Music 21 读取的 MIDI 文件的摘录，不过这次额外输出了每一个音符或和弦的偏移量。可以通过偏移量来查看每个音符和和弦之间的间隔。

代码输出 16-2

```
1    < music21. note. Note B > 72. 0
2    < music21. chord. Chord E3 A3 > 72. 0
3    < music21. note. Note A > 72. 5
4    < music21. chord. Chord E3 A3 > 72. 5
5    < music21. note. Note E > 73. 0
6    < music21. chord. Chord E3 A3 > 73. 0
7    < music21. chord. Chord E3 A3 > 73. 5
8    < music21. note. Note E - > 74. 0
9    < music21. chord. Chord F3 A3 > 74. 0
10   < music21. chord. Chord F3 A3 > 74. 5
11   < music21. chord. Chord F3 A3 > 75. 0
```

从这段摘录和其他大部分数据中可以看出,MIDI 文件中音符之间最常见的间隔是 0.5。在这次实践中,可以选择忽略掉音乐序列中的节奏变化来简化数据和模型。它不会太严重地影响网络产生的音乐的旋律。

16.3.3 数据预处理

通过对数据进行检查,确定了 LSTM 网络输入输出的和弦和音符的数据特征规范,下一步,将为网络准备训练数据。

首先,将数据加载到数组中,如代码清单 16-2 所示。

代码清单 16-2

```
1    from music21 import converter, instrument, note, chord
2
3    notes = []
4        for midi_file in glob. glob("midi_datasets/ * .mid"):
5            midi_parsed = converter. parse(midi_file)
6
7            print("Parsing % s" % midi_file)
8
9            notes_or_chords_to_parse = None
10
11           try: # 文件中有多个乐器
12               s2 = instrument. partitionByInstrument(midi_parsed)
13               notes_or_chords_to_parse = s2. parts[0]. recurse()
14           except: # 文件中为单一乐器
15               notes_or_chords_to_parse = midi_parsed. flat. notes
16
17           for element in notes_or_chords_to_parse:
18               if isinstance(element, note. Note):
19                   notes. append(str(element. pitch))
20               elif isinstance(element, chord. Chord):
21                   notes. append('.'. join(str(n) for n in element. normalOrder))
```

首先使用 converter. parse(midi_file) 函数将每个文件加载到 Music 21 流对象中。使用该流对象,可以获取到文件中所有音符和和弦的列表。用不同的字符来表示不同的音符的音高,并用和弦中每个音符的 id 编码拼合成的字符串来代表一个和弦(音符与音符间用点分隔）。这样的编码方式能够轻松地将网络生成的输出解码为正确的音符和和弦。

将所有音符和和弦放入顺序列表中之后，下一步是创建用作网络输入的序列。映射函数示例如图 16.1 所示。

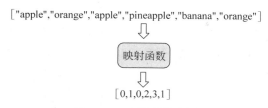

图 16.1 映射函数示例

由图 16.1 可以看到，当从分类数据转换为数值数据时，数据将转换为整数索引，表示类别在不同值集合中的位置。例如，apple 是第一个不同的值，因此它映射到 0；orange 是第二个，因此它映射到 1；pineapple 是第三个，因此它映射到 2；以此类推。

首先，将创建一个映射函数，以便从基于字符串的分类数据映射到基于整数的数值数据。这样做是因为基于整数的数值数据神经网络比基于字符串的分类数据表现更好。图 16.1 中可以看到分类到数值转换的示例。

接下来，必须为网络构建训练用的输入序列输出。每个输入对应的输出就是列表中的下一个音符或和弦。具体如代码清单 16-3 所示。

代码清单 16-3

```
1   model = tf.keras.Sequential([
2       tf.keras.layers.LSTM(
3           512,
4           input_shape = (network_input.shape[1], network_input.shape[2]),
5           return_sequences = True
6       ),
7       tf.keras.layers.Dropout(.3),
8       tf.keras.layers.LSTM(512, return_sequences = True),
9       tf.keras.layers.Dropout(.3),
10      tf.keras.layers.LSTM(512),
11      tf.keras.layers.Dense(256),
12      tf.keras.layers.Dropout(.3),
13      tf.keras.layers.Dense(n_vocab),
14      tf.keras.layers.Activation("softmax")
15  ])
16  model.compile(loss = 'categorical_crossentropy', optimizer = 'rmsprop')
```

对于每个 LSTM、全连接和激活层，第一个参数是该层应具有的神经元个数。对于 Dropout 层，第一个参数是在训练期间应丢弃的输入单位的比例。

神经网络的第一层，必须提供一个名为 input_shape 的参数。这个参数的目的是设定网络将要接收到的数据的维度。

最后一层应始终包含与系统预期输出的不同结果种类数量相同的神经元点数量。这可以确保网络的输出能够直接映射到结果类别。

在本文中，将使用一个由三个 LSTM 层、三个 Dropout 层、两个全连接层和一个激活层组成的简单网络。也建议读者们自行调整网络的结构，看看是否可以提高预测的质量。

为了计算每次训练迭代的损失,将使用分类交叉熵作为损失函数,因为每个输出都只属于一个类别,而且可能的结果种类数远不止两个。为了优化网络,将使用 RMSprop 优化器,这通常是优化循环神经网络的一个非常好的选择。

一旦确定了网络的结构,就可以准备开始训练了,代码清单 16-4 展示了这个过程。model.fit()函数用于训练网络。第一个参数是之前准备的输入序列列表,第二个参数是它们所对应输出的列表。在本文中,将训练网络 200 个 epoch(迭代),网络每次迭代所计算的 batch(批次)包含 64 个样本。

代码清单 16-4

```
1   filepath = "weights-{epoch:02d}-{loss:.4f}.hdf5"
2   checkpoint = tf.keras.callbacks.ModelCheckpoint(
3       filepath,
4       monitor = 'loss',
5       verbose = 0,
6       save_best_only = True,
7       mode = 'min'
8   )
9   callbacks_list = [checkpoint]
10
11  model.fit(network_input, network_output, epochs = 200, batch_size = 64, callbacks =
    callbacks_list)
```

为了确保可以在任何时间点暂停训练而不至于前功尽弃,需要使用模型检查点(checkpoint)。模型检查点提供了一种在每个 epoch 之后将网络节点的权重保存到文件的方法。能够在损失值满足一定条件时停止运行神经网络,而不用担心丢掉训练了一半权重。否则,要等到网络完成所有 200 个 epoch 的训练之后才能将权重保存到文件中。

16.3.4 生成音乐

如果已经完成了模型的训练,就该检验一下几个小时训练的成果了。

为了能够使用神经网络生成音乐,必须将模型配置到与训练完毕时相同的状态。简单起见,将重用训练部分中的代码来准备数据并用与以前相同的方式设置网络模型。但与训练时不同,生成时将直接把之前保存的权重加载到模型中。代码清单 16-5 展示了如何配置模型并加载预训练的权重。

代码清单 16-5

```
1   model = Sequential()
2   model = tf.keras.Sequential([
3       tf.keras.layers.LSTM(
4           512,
5           input_shape = (network_input.shape[1], network_input.shape[2]),
6           return_sequences = True
7       ),
8       tf.keras.layers.Dropout(.3),
9       tf.keras.layers.LSTM(512, return_sequences = True),
10      tf.keras.layers.Dropout(.3),
11      tf.keras.layers.LSTM(512),
```

```
12          tf.keras.layers.Dense(256),
13          tf.keras.layers.Dropout(.3),
14          tf.keras.layers.Dense(n_vocab),
15          tf.keras.layers.Activation("softmax")
16      ])
17  model.compile(loss = 'categorical_crossentropy', optimizer = 'rmsprop')
18  model.load_weights('weights.hdf5')
```

由于之前已经有了一个完整的乐曲音符序列，将在序列中选择一个随机的位置作为起点，这样在每次重新运行生成代码时，无须改变任何内容就可以得到不同的结果。当然，如果要控制起点的位置，只要使用命令行参数替换随机函数就可以了。

在这里，还需要创建一个映射函数来解码网络的输出。这个函数将把网络输出的数值数据映射到分类数据（从整数到音符），如代码清单16-6所示。

代码清单 16-6

```
1   start = numpy.random.randint(0, len(network_input) - 1)
2   int_to_note = dict((number, note) for number, note in enumerate(pitchnames))
3   pattern = network_input[start]
4   prediction_output = []
5
6   #生成 500 个音符
7       for note_index in range(500):
8           prediction_input = numpy.reshape(pattern, (1, len(pattern), 1))
9           prediction_input = prediction_input / float(n_vocab)
10
11          prediction = model.predict(prediction_input, verbose = 0)
12
13          index = numpy.argmax(prediction)
14          result = int_to_note_pitch[index]
15          prediction_output.append(result)
16
17          pattern.append(index)
18          pattern = pattern[1:len(pattern)]
```

让网络生成500个音符，大概是两分钟的音乐，这个长度给网络提供了足够的空间来"进行创作"。想要生成一个音符，必须向模型输入一个序列。提交的第一个序列是起始位置处开始的音符串。对于之后的生成过程，将删除输入序列的第一个音符，并在序列的末尾插入前一次迭代的输出，如图16.2所示，一个输入序列是ABCDE。模型相应的输出是F。下一次迭代时，删除输入序列中的A并将F附加到序列末尾。一直重复这个过程就可以得到整个乐曲的旋律。

为了从网络输出中确定可能性最高的预测，需要获得最大值所对应的索引。输出数组中索引X处的值对应于X是下一个音符的概率。图16.3展示了网络的原始输出和相对应音符类之间的映射。可以看到下一个值概率最高的是D，所以选择D作为最可能的音符。

将网络中的所有输出收集到一个列表中，就能得到一个音符和和弦的编码序列，下一步将开始解码它们并创建一个Note和Chord对象的数组。

首先，必须确定正在解码的输出是Note还是Chord。

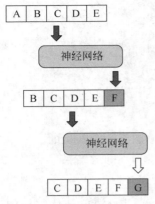

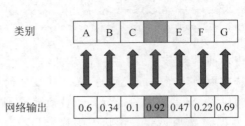

图 16.2　音符序列生成过程　　　　图 16.3　原始输出与音符类别的映射关系

如果是 Chord,就需要将字符串分成一组音符。然后遍历每个音符的字符串表示,并为每个音符创建一个 Note 对象。最后创建一个包含这些音符的 Chord 对象。

如果是 Note,就应该将相应音高的字符表示转换成对应的 Note 对象。

在每次迭代结束时,将偏移量增加 0.5(在之前确定的默认节奏),并将创建的 Note/Chord 对象附加到列表中。详细的实现方法如代码清单 16-7 所示。

代码清单 16-7

```
1    offset = 0
2    output_notes = []
3
4    ♯根据模型的预测值生成音符和和弦对象
5    for pattern in prediction_output:
6        ♯ 预测值是和弦的情况
7        if ('.' in pattern) or pattern.isdigit():
8            notes_in_chord = pattern.split('.')
9            notes = []
10           for current_note in notes_in_chord:
11               new_note = note.Note(int(current_note))
12               new_note.storedInstrument = instrument.Piano()
13               notes.append(new_note)
14           new_chord = chord.Chord(notes)
15           new_chord.offset = offset
16           output_notes.append(new_chord)
17       ♯ 预测值是音符的情况
18       else:
19           new_note = note.Note(pattern)
20           new_note.offset = offset
21           new_note.storedInstrument = instrument.Piano()
22           output_notes.append(new_note)
23       ♯ 每次迭代增加 0.5 的偏移量
24       offset += 0.5 midi_stream = stream.Stream(output_notes)midi_stream.write
25       ('midi', fp = 'test_output.mid')
```

到这一步,已经成功获得了神经网络模型生成的 Notes 和 Chord 列表,接下来可以使用这个列表作为参数创建一个 Music 21 Stream 对象。最后创建一个 MIDI 文件存储生成的音乐,使用 Music 21 工具包中的 write( ) 函数将流写入文件。具体如代码清单 16-7 中最后一行所示。

16.4 成果检验

LSTM 网络生成的乐谱示例如图 16.4 所示。可以看到用乐谱的形式展示了生成的音乐，试听一下这些生成的片段，可以发现这个相对简单的网络所产生的结果仍然十分惊艳。快速浏览一下，可以看到它有一些内在的结构。

图 16.4 LSTM 网络生成的乐谱示例

对音乐有所了解并且能够阅读乐谱的读者可能会注意到乐谱的一些位置散布着一些奇怪的音符。显然神经网络还无法创造完美的旋律。目前，生成的音乐总会有一些错误的音符，为了能够取得更好的结果，可能需要一个更大的网络，这里留给读者们自行探索。

在本章中演示了如何创建 LSTM 神经网络来生成音乐。虽然结果可能并不完美，但它们仍然令人感到震撼与神奇，在不远的将来，或许神经网络不仅可以自动生成音乐，更可以与人类协作，创造更复杂、更精美的音乐作品。

第**17**章

案例：基于Fast R-CNN的视频问答

除了计算机视觉这一研究重点，深度学习技术在自然语言处理领域也有着广泛的应用。随着技术的进步，如 Transformer 等跨领域技术正在逐渐实现。作为目标检测和识别部分的最后一个案例，本章将展示一个综合实例，介绍计算机视觉与自然语言处理相结合的领域——视频问答。

17.1　视频问答与联合嵌入模型

视频问答（Visual Question Answering，VQA）是一项涉及计算机视觉和自然语言处理的综合性学习任务。VQA 系统接收一张图片和一个与之相关的自由形式的自然语言问题作为输入，并生成相应的自然语言答案作为输出。如图 17-1 所示，这一过程综合运用了当前的计算机视觉和自然语言处理技术，并涵盖了模型设计、实验和可视化的全过程。因此，本书将通过实践案例深入探讨视觉问答系统的实现与应用。

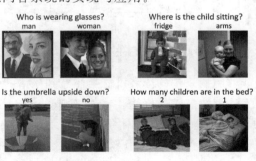

图 17-1　VQA 示例

VQA 问题的一种典型模型是联合嵌入（Joint Embedding）模型，如图 17-2 所示。该模型首先学习将视觉和自然语言这两种不同模态的特征嵌入一个共同的特征空间中。随后，基于这种嵌入表示生成回答，主要采用分类和生成两种方式。其中，生成方式对 RNN 生成器的要求较高，目前在实践中的效果不如分类。本章将详细介绍如何实现一种联合嵌入模型。

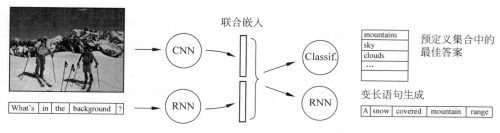

图 17-2 联合嵌入模型框架

Anderson 等提出了一种高效的视觉特征表示方法，为 VQA 模型的研究带来了显著的提升。他们利用目标检测网络 Faster R-CNN 在图片中识别出一系列物体，并利用 Faster R-CNN 为这些物体生成嵌入特征表示。这些物体成为视觉问答推理的关键单元。这一过程模拟了人类在观察图片时首先注意到图片中的不同物体，Anderson 等将此过程称为 Bottom-Up Attention，如图 17-3 所示。为了准确回答问题，模型还需考虑这些物体与问题的相关性。因此，Anderson 等使用 RNN 提取问题语言特征，并计算它与每个 Bottom-Up Attention 检测出的视觉单元的相关性。他们根据这些相关性对每个视觉单元的特征进行加权求和，从而获得融合的视觉特征表示。最后，融合的视觉特征与问题特征再次融合，并通过分类器得出最终答案，如图 17-4 所示。

图 17-3 Bottom-Up Attention 划分的视觉单元

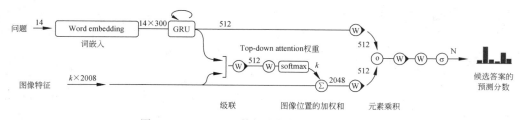

图 17-4 Anderson 等提出的视频问答系统结构

17.2 准 备 工 作

实现代码的完整结构如下。

```
vqa - tutorial.pytorch
├── configs 配置文件
├── data 所有的输入数据
├── doc 包含关于数据格式的文档
├── lib
│   ├── data 包含数据读取的相关模块
│   ├── model 完整视觉问答系统的搭建
│   ├── module 视觉问答系统的组成模块
│   ├── infer.py 用于可视化的程序
│   └── train.py 用于训练的程序
├── main
│   ├── infer.py 可视化程序的主入口
│   └── train.py 训练程序的主入口
└── out 保存训练的模型及输出的结果
```

其中,lib/data 包含数据读取的相关模块,本章将不会介绍里面的细节,如果需要了解数据格式,请查看 doc 下的相关文档。

17.2.1 下载数据

模型使用 VQA 2.0(网址详见前言二维码)数据集进行训练和验证。VQA 2.0 是一个公认有一定难度,并且语言先验(language prior,即得出问题的回答不需要视觉信息)得到了有效控制的数据集。我们使用到的图片为数据集中的 train2014 子集和 val2014 子集,图片可以在 MSCOCO 官方网站网址详见前言二维码下载。

图像特征是由目标检测网络 Faster R-CNN 检测并生成的。这里已经将这些特征准备好,请从课程资源的 vqa-tutorial-data 文件夹获取。VQA 2.0 所提供的问题和回答标注已经过处理,同样可以在上述链接中下载到。下载好所有数据后应确保它们位于 data 目录内。最终的 data 目录如下。

```
vqa - tutorial.pytorch
├── data 所有的输入数据
│   ├── features 包含 HDF5 格式存储的 Bottom - Up 特征
│   ├── images 包含所有图片文件
│   ├── word_dict.json 自然语言词汇字典
│   ├── ans_dict.json 回答字典
│   ├── train_qa_entries.json 训练集的问题和回答
│   ├── val_qa_entries.json 验证集的问题和回答
```

17.2.2 软件包和配置文件

确保已正确安装 PyTorch 1.0,并在项目目录下运行 pip install -r requirements.txt 以安装其他必需的依赖项。在研究过程中,模型可能涉及大量的超参数。为了简化超参数的调整和实验过程,建议使用配置文件来管理所有超参数,并根据配置文件构建模型。常用的配置文件管理工具包括 JSON、YAML 以及 Python 的 config 包等。本章将采用 JSON 格式,并将所有配置文件放置在名为 configs 的目录中,如下。

```
1    "model": {
2      "ent_dim": 2048,
```

```
3        "hid_dim": 512,
4        "topdown_att": {
5          "type": "dot_linear",
6          "hid_dim": 512,
7          "dropout": 0.2
8        },
```

17.3 基础模块实现

17.3.1 FCNet

FCNet 即全连接网络，由一系列全连接层组成。在构建模块时，需要指定各层的输入和输出大小。该模块默认包含偏置项，并采用 ReLU 作为激活函数，同时应用权重归一化技术。有关其代码实现，请参见代码清单 17-1。

【代码清单 17-1】

```
1    class FCNet(nn.Module):
2        """Simple class for non-linear fully connect network
3        """
4        def __init__(self, dims, bias=True, relu=True, wn=True):
5            super(FCNet, self).__init__()
6
7            layers = []
8            for i in range(len(dims) - 2):
9                in_dim = dims[i]
10               out_dim = dims[i + 1]
11               layer = nn.Linear(in_dim, out_dim, bias)
12               if wn: layer = weight_norm(layer, dim=None)
13               layers.append(layer)
14               if relu: layers.append(nn.ReLU())
15           layer = nn.Linear(dims[-2], dims[-1], bias)
16           if wn: layer = weight_norm(layer, dim=None)
17           layers.append(layer)
18           if relu: layers.append(nn.ReLU())
19
20           if not wn:
21               for m in layers:
22                   if isinstance(m, nn.Linear):
23                       nn.init.xavier_uniform_(m.weight)
24                       if m.bias is not None:
25                           m.bias.data.zero_()
26
27           self.main = nn.Sequential(*layers)
28
29       def forward(self, x):
30           return self.main(x)
```

在初始化函数 __init__ 中，根据输入的参数 dims 构建一系列的全连接层模块（nn. Linear），并根据参数是否添加偏置（bias），使用 ReLU 激活函数以及使用 weight normalization。应当注意的是，使用 weight normalization 意味着模块中的权重会自动以 weight normalization 的方式进行初始化，而当没有使用 weight normalization 时，则对这些线性层进行 xavier 初始化。线性层序列最终封装到模块序列 nn. Sequential 中。运行 forward( ) 时，直接调用 nn. Sequential 的 forward( ) 函数即可。

17.3.2 SimpleClassifier 模块

SimpleClassifier 模块的作用是,在视觉问答系统的末端,根据融合的特征得到最终答案。我们的 SimpleClassifier 模块包含两个线性层,其中第一个线性层需要 ReLU 激活,而第二个线性层不需要。in_dim、hid_dim、out_dim 分别是输入的维数、中间层的维数以及输出的维数。另外,使用了 dropout,dropout 的概率从参数读取,而在构建 nn. Dropout 模块时,添加了参数 inplace=True。这一参数的作用是告诉 PyTorch,在计算 dropout 时无须将结果保存到新的变量中,直接在输入的内存/显存区域操作即可,这样可以节省模型运行所需的内存/显存。实现代码如代码清单 17-2 所示。

【代码清单 17-2】

```
1   class SimpleClassifier(nn.Module):
2
3       def __init__(self, in_dim, hid_dim, out_dim, dropout):
4           super(SimpleClassifier, self).__init__()
5           layers = [
6               weight_norm(nn.Linear(in_dim, hid_dim), dim = None),
7               nn.ReLU(),
8               nn.Dropout(dropout, inplace = True),
9               weight_norm(nn.Linear(hid_dim, out_dim), dim = None)
10          ]
11          self.main = nn.Sequential( * layers)
12
13      def forward(self, x):
14          logits = self.main(x)
15          return logits
```

17.4 问题嵌入模块实现

在联合嵌入模型中,利用 RNN 将输入问题转换为向量表示。在前面章节中提到过 LSTM 和 GRU 是两种常见的 RNN 架构。考虑到 GRU 与 LSTM 在性能上的相似性,但 GRU 所需的显存较少,因此我们的模型选择使用 GRU。在配置文件中,与问题嵌入模块相关的部分设置了一个超参数 rnn_type,用于指定所使用的 RNN 类型。有兴趣的读者可以自行实验这两种模型的区别。以下是配置文件与问题嵌入模块相关部分的示例。

```
1   "lm": {
2     "max_q_len": 15,
3     "rnn_type": "GRU",
4     "word_emb_dim": 300,
5     "bidirectional": false,
6     "n_layers": 1,
7     "dropout": 0.0
8   }
```

17.4.1 词嵌入

为了获得问题句子的嵌入表示,首先需要获取词的嵌入表示。对数据集中出现的词汇进行统计,并保存在 data/word_dict.json 文件中。在将每个词转换为数字表示的过程中,使用了 lib/data/word_dict.py 中的 tokenize()方法。该方法会将读入的句子分词,并依据字典将每个词转换为一个整数的列表。

为了使模型能够学习词的语义，为每个词分配了一个 300 维的嵌入向量。为了降低训练难度，采用了预训练的词向量 GloVe 来初始化模型中的词向量。这些预训练的词向量保存在 data/glove6b_init_300d.npy 中。关于词嵌入模块的具体实现，可参考代码清单 17-3 中的代码。

【代码清单 17-3】

```
1    class WordEmbedding(nn.Module):
2        """Word Embedding
3        The n_tokens - th dim is used for padding_idx, which agrees * implicitly *
4        with the definition in Dictionary.
5        """
6        def __init__(self, n_tokens, emb_dim, dropout):
7            super(WordEmbedding, self).__init__()
8            self.emb = nn.Embedding(n_tokens + 1, emb_dim, padding_idx = n_tokens)
9            self.dropout = nn.Dropout(dropout) if dropout > 0 else None
10           self.n_tokens = n_tokens
11           self.emb_dim = emb_dim
12
13       def init_embedding(self, np_file):
14           weight_init = torch.from_numpy(np.load(np_file))
15           assert weight_init.shape == (self.n_tokens, self.emb_dim)
16           self.emb.weight.data[:self.n_tokens] = weight_init
17
18       def freeze(self):
19           self.emb.weight.requires_grad = False
20
21       def defreeze(self):
22           self.emb.weight.requires_grad = True
23
24       def forward(self, x):
25           emb = self.emb(x)
26           if self.dropout is not None: emb = self.dropout(emb)
27           return emb
```

init_embedding() 方法读取前文所述的 GloVe 词向量，freeze() 方法和 defreeze() 方法分别关闭和开启词向量的梯度计算，从而控制训练过程中是否要同时训练词向量。forward() 方法接收一个词序列。

17.4.2　RNN

问题嵌入的实现过程如下：模型对 GRU 和 LSTM 进行了不同的处理，同时还针对单向和双向的 RNN 进行了不同的处理。这种实现方式赋予了模型一定的多功能性，从而方便实验不同的模型变体。此外，通过 init_hidden() 方法，可以生成 RNN 的初始状态。具体的实现代码可参考代码清单 17-4。

【代码清单 17-4】

```
1    class QuestionEmbedding(nn.Module):
2        """Module for question embedding
3        """
4        def __init__(self, in_dim, hid_dim, n_layers, bidirectional, dropout, rnn_type =
     'GRU'):
```

```
5
6               super(QuestionEmbedding, self).__init__()
7               assert rnn_type == 'LSTM' or rnn_type == 'GRU'
8               rnn_cls = nn.LSTM if rnn_type == 'LSTM' else nn.GRU
9
10              self.rnn = rnn_cls(
11                  in_dim, hid_dim, n_layers,
12                  bidirectional = bidirectional,
13                  dropout = dropout,
14                  batch_first = True)
15
16              self.in_dim = in_dim
17              self.hid_dim = hid_dim
18              self.n_layers = n_layers
19              self.rnn_type = rnn_type
20              self.n_directions = 2 if bidirectional else 1
21
22          def init_hidden(self, batch):
23              weight = next(self.parameters()).data
24              hid_shape = (self.n_layers * self.n_directions, batch, self.hid_dim)
25              if self.rnn_type == 'LSTM':
26                  return (Variable(weight.new(*hid_shape).zero_()),
27                          Variable(weight.new(*hid_shape).zero_()))
28              else:
29                  return Variable(weight.new(*hid_shape).zero_())
30
31          def forward(self, x):
32              # x: [batch, sequence, in_dim]
33
34              batch = x.size(0)
35              hidden = self.init_hidden(batch)
36              self.rnn.flatten_parameters()
37              output, hidden = self.rnn(x, hidden)
38
39              if self.n_directions == 1:
40                  return output[:, -1]
41
42              forward_ = output[:, -1, :self.hid_dim]
43              backward = output[:, 0, self.hid_dim:]
44              return torch.cat((forward_, backward), dim=1)
```

在初始化函数__init__中,根据传入的参数确定要使用的 RNN 类型,并将其保存在变量 rnn_cls 中。随后,创建一个 rnn_cls 对象,指定输入和输出的维度(in_dim 和 out_dim)以及层数(num_layers)。此外,通过 bidirectional 参数决定是否使用双向 RNN。值得注意的是,PyTorch 中的 RNN 模块默认的输出格式是(seq,batch,feature)。当设置 batch_first=True 时,输出格式将更改为(batch,seq,feature)。

init_hidden()函数专门用于初始化 RNN 的内部隐状态。由于涉及 LSTM 和 GRU 两种不同类型的 RNN,因此需要对其进行不同的处理。

在 forward()函数中,首先使用 init_hidden()函数初始化隐状态。其次,通过调用 RNN 的 flatten_parameters()方法,重置参数数据指针,以便它们能够使用更高效的代码路径。最后,将输入数据传入 RNN 进行处理。值得注意的是,对于单向和双向 RNN,在处理其最后一次循环的输出时需要采取不同的策略。

17.5 Top-Down Attention 模块实现

Top-Down Attention 模块的功能是评估各视觉单元与问题的相关性，并计算出各个视觉单元的权重。在计算过程中，该模块接收问题嵌入表示 q_emb 和一组视觉嵌入表示 v_emb 作为输入。首先，q_emb 和 v_emb 都经过线性变换。其次，它们进行位相乘融合。融合后的特征再经过全连接层，以计算出各个视觉单元的权重。值得注意的是，对于每个图片和问题，q_emb 仅有一个单元，而 v_emb 则对应于目标检测的多个单元。因此，q_emb 的大小为 [batch，q_dim]，而 v_emb 的大小为 [batch，n_ent，v_dim]。具体的实现代码可参考代码清单 17-5。

【代码清单 17-5】

```
1   class DotLinearAttention(nn.Module):
2
3       def __init__(self, n_att, q_dim, v_dim, hid_dim, dropout, wn = True):
4           super(DotLinearAttention, self).__init__()
5           self.n_att = n_att
6           self.hid_dim = hid_dim
7           self.q_proj = FCNet([q_dim, hid_dim], wn = wn)
8           self.v_proj = FCNet([v_dim, hid_dim], wn = wn)
9           self.fc = nn.Linear(hid_dim, n_att)
10          self.dropout = nn.Dropout(dropout, inplace = True)
11          if wn: self.fc = weight_norm(self.fc, dim = None)
12
13      def forward(self, q_emb, v_emb):
14          logits = self.logits(q_emb, v_emb)
15          return F.softmax(logits, dim = 1)       # [ B, n_ent, n_att ]
16
17      def logits(self, q_emb, v_emb):
18          B, n_ent, r_dim = v_emb.size()
19          q_proj = self.q_proj(q_emb)
20          v_proj = self.v_proj(v_emb)
21          joint = v_proj * q_proj.unsqueeze(1)
22          joint = self.dropout(joint)
23          logits = self.fc(joint)                 # [ B, n_ent, n_att ]
24          return logits
```

在 __init__ 函数中，初始化了投影问题嵌入向量和视觉特征嵌入向量的两个全连接层，分别为 q_proj 和 v_proj，使用了之前实现的 FCNet 模块。此外，还初始化了用于计算注意力权重的全连接层 fc，这一层在计算时不需要激活函数。

logits() 函数用于计算注意力权重。首先，将问题嵌入向量和视觉特征嵌入向量分别进行投影。其次，它们进行位相乘操作以获得融合的特征表示。最后，将融合的特征输入到 fc 模块中，以计算出注意力权重。

在 forward() 函数中，计算出注意力权重后，对这些权重进行 softmax 处理。这一步骤确保注意力分布集中在某一特定区域。

17.6 VQA 系统实现

在实现了前文所述的几个模块的基础之上，这里对模型进行组装。注意这个模块有一个类方法 build_from_config()，这个类方法的作用是根据配置文件 cfg 构造模型。具体的实现代码可参考代码清单 17-6。

【代码清单 17-6】

```
1    class Baseline(nn.Module):
2
3        def __init__(self, w_emb, q_emb, v_att, q_net, v_net, classifer, need_internals =
     False):
4            super(Baseline, self).__init__()
5            self.need_internals = need_internals
6            self.w_emb = w_emb
7            self.q_emb = q_emb
8            self.v_att = v_att
9            self.q_net = q_net
10           self.v_net = v_net
11           self.classifier = classifer
12
13       def forward(self, q_tokens, v_features): w_emb = self.w_emb(q_tokens)
14           q_emb = self.q_emb(w_emb)
15           att = self.v_att(q_emb, v_features)      # [ B, n_ent, 1 ]
16           v_emb = (att * v_features).sum(1)       # [ B, hid_dim ]
17           internals = [att.squeeze()] if self.need_internals else None
18           q_repr = self.q_net(q_emb)
19           v_repr = self.v_net(v_emb)
20           joint_repr = q_repr * v_repr
21           logits = self.classifier(joint_repr)
22           return logits, internals
23
24       @classmethod
25       def build_from_config(cls, cfg, dataset, need_internals):
26           w_emb = WordEmbedding(dataset.word_dict.n_tokens, cfg.lm.word_emb_dim, 0.0)
27           q_emb = QuestionEmbedding(cfg.lm.word_emb_dim, cfg.hid_dim, cfg.lm.n_layers,
     cfg.lm.bidirectional, cfg.lm.dropout, cfg.lm.rnn_type)
28           q_dim = cfg.hid_dim
29           att_cls = topdown_attention.classes[cfg.topdown_att.type]
30           v_att = att_cls(1, q_dim, cfg.ent_dim, cfg.topdown_att.hid_dim, cfg.topdown_att.
     dropout)
31           q_net = FCNet([q_dim, cfg.hid_dim])
32           v_net = FCNet([cfg.ent_dim, cfg.hid_dim])
33           classifier = SimpleClassifier(cfg.hid_dim, cfg.mlp.hid_dim, dataset.ans_dict.n_
     tokens, cfg.mlp.dropout)
34           return cls(w_emb, q_emb, v_att, q_net, v_net, classifier, need_internals)
```

模型的组成部分有词嵌入模块 w_emb、问题嵌入模型 q_emb、注意力计算模块 v_att,以及问题和视觉特征融合前的处理模块 q_net 和 v_net。build_from_config()方法依次构造这些模块,并用于构造 Baseline 模型。

17.7 模型训练与可视化

17.7.1 模型训练

在项目的根目录下运行 python main/train.py --help 可以获得训练程序的帮助。

```
1   usage: train.py [ - h] [ -- config CONFIG] [ -- n_epochs N_EPOCHS]
2                   [ -- n_workers N_WORKERS] [ -- seed SEED] [ -- val_freq VAL_FREQ]
3                   [ -- data DATA] [ -- out_dir OUT_DIR]
4   optional arguments:
5     - h, -- help              show this help message and exit
6     -- config CONFIG
7     -- n_epochs N_EPOCHS
8     -- n_workers N_WORKERS
9     -- seed SEED
10    -- val_freq VAL_FREQ
11    -- data DATA
12    -- out_dir OUT_DIR
```

运行以下命令。

```
1   python main/train.py \
2   -- config configs/baseline - 512 - 256 - logistic.json \
3   -- n_epochs 20 \
4   -- n_workers 1 \
5   -- data train
```

这一命令指定了一个配置文件，并设置按照此配置文件训练 20 个轮次，使用一个线程读取数据，使用的数据为配置文件中的 train。

17.7.2 可视化

在项目的根目录下运行 python main/infer.py --help 可以获得训练程序的帮助。

```
1   usage: infer.py [ - h] [ -- config CONFIG] [ -- checkpoint CHECKPOINT] [ --data DATA]
2                   [ -- images_dir IMAGES_DIR] [ -- n_workers N_WORKERS]
3                   [ -- n_batches N_BATCHES] [ -- out_dir OUT_DIR]
4                   [ -- preload PRELOAD]
5
6   optional arguments:
7     - h, -- help              show this help message and exit
8     -- config CONFIG
9     -- checkpoint CHECKPOINT
10    -- data DATA
11    -- images_dir IMAGES_DIR
12    -- n_workers N_WORKERS
13    -- n_batches N_BATCHES
14    -- out_dir OUT_DIR
```

运行以下命令。

```
1   python main/infer.py \
2   -- config configs/baseline - 512 - 256 - logistic.json \
3   -- data val \
4   -- checkpoint out/baseline - 512 - 256 - logistic/model_20.pth \
5   -- images_dir data/vqa2/images \
6   -- n_batches 1
```

这一命令指定了一个配置文件，读取了之前训练好的模型，使用的数据为配置文件中的"val"。程序运行完成后，即可在 out/baseline-512-256-logistic_model_20_infer_visualization 中看到可视化的结果，如图 17-5 所示。

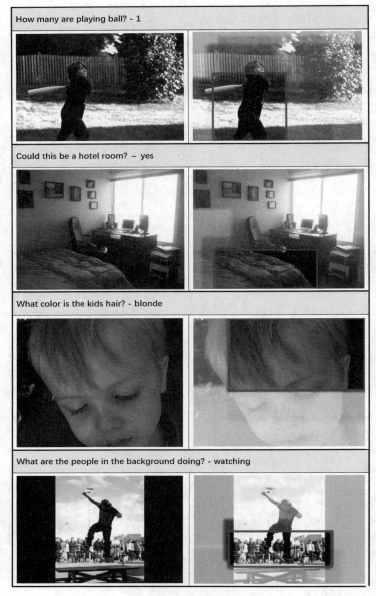

图 17-5　可视化结果展示

小　　结

　　本章介绍了基于 Fast R-CNN 的视频问答系统的实现过程,包括准备工作、基础模块实现、问题嵌入模块实现、Top-Down Attention 模块实现、VQA 系统实现、训练与可视化等步骤。这一综合实例展示了计算机视觉与自然语言处理相结合的领域——视频问答的应用。同时,也介绍了跨领域技术如 Transformer 在计算机视觉和自然语言处理领域中的应用前景。

附 录 A

深度学习的数学基础

A.1 线 性 代 数

1. 标量、向量、矩阵和张量

标量：一个标量就是一个单独的数，只有大小，没有方向。介绍标量时，会明确它们是哪种类型的数。例如，在定义实数标量时，可能会说"令 $s \in \mathbb{R}$，表示一条线的斜率"，在定义自然数标量时，可能会说"令 $n \in \mathbb{N}$，表示元素的数目"。

向量：一个向量是一列数。这些数是有序排列的。通过次序中的索引可以确定每个单独的数。与标量相似，我们也会注明存储在向量中的元素是什么类型的。如果每个元素都属于 $\mathbb{R}$，并且该向量有 n 个元素，那么该向量属于实数集 $\mathbb{R}$ 的 n 次笛卡儿乘积构成的集合，记为 $\mathbb{R}^n$。当需要明确表示向量中的元素时，会将元素排列成一个方括号包围的纵列：

$$x = \begin{bmatrix} x_1 \\ x_2 \\ \vdots \\ x_n \end{bmatrix}$$

向量可以被看作空间中的点，每个元素是不同坐标轴上的坐标。有时需要索引向量中的一些元素。在这种情况下，定义一个包含这些元素索引的集合，然后将该集合写在脚标处。例如，指定 x_1、x_3 和 x_6，定义集合 $S=\{1,3,6\}$，然后写作 x_S。下面用符号-表示集合的补集中的索引。例如，x_{-1} 表示 x 中除 x_1 外的所有元素；x_{-S} 表示 x 中除 x_1、x_3、x_6 外所有元素构成的向量。

矩阵：矩阵是一个 2 维数组，其中的每一个元素被两个索引所确定。通常会赋予矩阵粗体的大写变量名称，如 A。如果一个实数矩阵高度为 m，宽度为 n，那么说 $A \in \mathbb{R}^{m \times n}$。在表示矩阵中的元素时，通常以不加粗的斜体形式使用其名称，索引用逗号间隔。例如，$A_{1,1}$ 表示 A 左上的元素，$A_{m,n}$ 表示 A 右下的元素。用"："表示水平坐标，以表示垂直坐标 i 中的所有元素。例如，$A_{i,:}$ 表示 A 中垂直坐标 i 上的一横排元素。这也被称为 A 的第 i 行。同样地，$A_{:,i}$ 表示 A 的第 i 列。当需要明确表示矩阵中的元素时，将它们写在用圆括号（方括号）括起来的数组中：

$$\begin{bmatrix} A_{1,1} & A_{1,2} \\ A_{2,1} & A_{2,2} \end{bmatrix}$$

有时需要矩阵值表达式的索引，而不是单个元素。在这种情况下，在表达式后面接下标，但不必将矩阵的变量名称小写化。例如，$f(A)_{i,j}$ 表示函数 f 作用在 A 上输出的矩阵的第 i 行第 j 列元素。

张量：在某些情况下，会讨论坐标超过 2 维的数组。一般地，一个数组中的元素分布在若干维坐标的规则网格中，称为张量。用字体 $\mathbf{A}$ 来表示张量"A"。张量 $\mathbf{A}$ 中坐标为 (i,j,k) 的元素记作 $A_{i,j,k}$。

转置(transpose)是矩阵的重要操作之一。矩阵的转置是以对角线为轴的镜像，这条从左上角到右下角的对角线被称为主对角线(main diagonal)。矩阵 A 的转置表示为 A^{T}，定义如下。

$$A^{\mathrm{T}}_{i,j} = A_{j,i}$$

向量可以看作只有一列的矩阵。对应地，向量的转置可以看作只有一行的矩阵。有时，通过将向量元素作为行矩阵写在文本行中，然后使用转置操作将其变为标准的列向量来定义一个向量，如 $x = [x_1, x_2, x_3]^{\mathrm{T}}$。

标量可以看作只有一个元素的矩阵。因此，标量的转置等于它本身，$a = a^{\mathrm{T}}$。

只要矩阵的形状一样，就可以把两个矩阵相加。两个矩阵相加是指对应位置的元素相加，如 $C = A + B$，其中，$C_{i,j} = A_{i,j} + B_{i,j}$。

标量和矩阵相乘，或是和矩阵相加时，只需将其与矩阵的每个元素相乘或相加，如 $D = aB + c$，其中，$C_{i,j} = A_{i,j} + c$。

在深度学习中，也使用一些不那么常规的符号。我们允许矩阵和向量相加，产生另一个矩阵：$C = A + b$，其中，$C_{i,j} = A_{i,j} + b_j$。换言之，向量 b 和矩阵 A 的每一行相加。这个简写方法使我们无须在加法操作前定义一个将向量 b 复制到每一行而生成的矩阵。这种隐式地复制向量 b 到很多位置的方式，被称为广播(broadcasting)。

2. 矩阵和向量相乘

矩阵乘法是矩阵运算中最重要的操作之一。两个矩阵 A 和 B 的矩阵乘积(matrix product)是第三个矩阵 C。为了使乘法定义良好，矩阵 A 的列数必须和矩阵 B 的行数相等。如果矩阵 A 的形状是 $m \times n$，矩阵 B 的形状是 $n \times p$，那么矩阵 C 的形状是 $m \times p$。可以通过将两个或多个矩阵并列放置以书写矩阵乘法，例如：

$$C = AB$$

具体地，该乘法操作定义为

$$C_{i,j} = \sum_k A_{i,k} B_{k,j}$$

需要注意的是，两个矩阵的标准乘积不是指两个矩阵中对应元素的乘积。不过，那样的矩阵操作确实是存在的，被称为元素对应乘积(element-wise product)或者 Hadamard 乘积(Hadamard product)，记为 $A \odot B$。

两个相同维数的向量 x 和 x 的点积(dot product)可看作矩阵乘积 $x^{\mathrm{T}} y$。可以把矩阵乘积

$C = AB$ 中计算 $C_{i,j}$ 的步骤看作 A 的第 i 行和 B 的第 j 列之间的点积。

矩阵乘积运算有许多有用的性质,从而使矩阵的数学分析更加方便。例如,矩阵乘积服从分配律:

$$A(B+C) = AB + AC$$

矩阵乘积也服从结合律:

$$A(BC) = (AB)C$$

不同于标量乘积,矩阵乘积并不满足交换律($AB = BA$ 的情况并非总是满足)。然而,两个向量的点积(dot product)满足交换律:

$$x^\top y = y^\top x$$

矩阵乘积的转置有着简单的形式:

$$(AB)^\top = B^\top A^\top$$

现在已经知道了足够多的线性代数符号,可以表达下列线性方程组:

$$Ax = b$$

其中,$A \in \mathbb{R}^{m \times n}$ 是一个已知矩阵,$b \in \mathbb{R}^m$ 是一个已知向量,$x \in \mathbb{R}^n$ 是一个要求解的未知向量。向量 x 的每个元素 x_i 都是未知的。矩阵 A 的每一行和 b 中对应的元素构成一个约束。可以把 $Ax = b$ 重写为

$$A_{1,:} x = b_1$$
$$A_{2,:} x = b_2$$
$$\vdots$$
$$A_{m,:} x = b_m$$

或者,更明确地写作

$$A_{1,1}x_1 + A_{1,2}x_2 + \cdots + A_{1,n}x_n = b_1$$
$$A_{2,1}x_1 + A_{2,2}x_2 + \cdots + A_{2,n}x_n = b_2$$
$$\vdots$$
$$A_{m,1}x_1 + A_{m,2}x_2 + \cdots + A_{m,n}x_n = b_m$$

矩阵向量乘积符号为这种形式的方程提供了更紧凑的表示。

3. 单位矩阵和逆矩阵

线性代数提供了被称为矩阵逆(matrix inversion)的强大工具。对于大多数矩阵 A,都能通过矩阵逆解析地求解 $Ax = b$。为了描述矩阵逆,首先需要定义单位矩阵(identity matrix)的概念。任意向量和单位矩阵相乘都不会改变。再将保持 n 维向量不变的单位矩阵记作 I_n,形式上,$I_n \in \mathbb{R}^{n \times n}$。

$$\forall x \in \mathbb{R}^n, \quad I_n x = x$$

单位矩阵的结构很简单:所有沿主对角线的元素都是 1,而所有其他位置的元素都是 0,如下。

$$\begin{bmatrix} 1 & 0 & 0 \\ 0 & 1 & 0 \\ 0 & 0 & 1 \end{bmatrix}$$

矩阵 A 的逆矩阵(matrix inversion)记作 A^{-1},其定义的矩阵满足如下条件。

$$A^{-1}A = I_n$$

现在可以通过以下步骤求解 $Ax = b$。

$$Ax = b$$
$$A^{-1}Ax = A^{-1}b$$
$$I_nx = A^{-1}b$$
$$x = A^{-1}b$$

当然,这取决于能否找到一个逆矩阵 A^{-1}。当逆矩阵 A^{-1} 存在时,有几种不同的算法都能找到它的闭解形式。理论上,相同的逆矩阵可用于多次求解不同向量 b 的方程。然而,逆矩阵 A^{-1} 主要是作为理论工具使用的,并不会在大多数软件应用程序中实际使用。这是因为逆矩阵 A^{-1} 在计算机上只能表现出有限的精度,有效使用向量 b 的算法通常可以得到更精确的 x。

4. 线性相关和生成子空间

如果逆矩阵 A^{-1} 存在,那么 $Ax = b$ 肯定对于每一个向量 b 恰好存在一个解。但是,对于方程组而言,对于向量 b 的某些值,有可能不存在解,或者存在无限多个解。存在多于一个解但是少于无限多个解的情况是不可能发生的;因为如果 x 和 y 都是某方程组的解,则

$$z = \alpha x + (1-\alpha)y \quad (其中, \alpha 取任意实数)$$

也是该方程组的解。

为了分析方程有多少个解,可以将 A 的列向量看作从原点(origin)(元素都是零的向量)出发的不同方向,确定有多少种方法可以到达向量 b。在这个观点下,向量 x 中的每个元素表示应该沿着这些方向走多远,即 x_i 表示需要沿着第 i 个向量的方向走多远。

$$Ax = \sum_i x_i A_{:,i}$$

一般而言,这种操作被称为线性组合(linear combination)。形式上,一组向量的线性组合,是指每个向量乘以对应标量系数之后的和,即

$$\sum_i c_i v^{(i)}$$

一组向量的生成子空间(span)是原始向量线性组合后所能抵达的点的集合。

确定 $Ax = b$ 是否有解相当于确定向量 b 是否在 A 列向量的生成子空间中。这个特殊的生成子空间被称为 A 的列空间(column space)或者 A 的值域(range)。

为了使方程 $Ax = b$ 对于任意向量 $b \in \mathbb{R}^m$ 都存在解,要求 A 的列空间构成整个 $\mathbb{R}^m$。如果 $\mathbb{R}^m$ 中的某个点不在 A 的列空间中,那么该点对应的 b 会使得该方程没有解。矩阵 A 的列空间是整个 $\mathbb{R}^m$ 的要求,意味着 A 至少有 m 列,即 $n \geq m$。否则,A 列空间的维数会小于 m。例如,假设 A 是一个 3×2 的矩阵。目标 b 是 3 维的,但是 x 只有 2 维。所以无论如何修改 x 的值,也只能描绘出 $\mathbb{R}^3$ 空间中的 2 维平面。当且仅当向量 b 在该 2 维平面中时,该方程有解。

不等式 $n \geq m$ 仅是方程对每一点都有解的必要条件。这不是一个充分条件,因为有些列向量可能是冗余的。假设有一个 $\mathbb{R}^{2 \times 2}$ 中的矩阵,它的两个列向量是相同的,那么它的列空间和它的一个列向量作为矩阵的列空间是一样的。换言之,虽然该矩阵有两列,但是它的列空间仍然只是一条线,不能涵盖整个 $\mathbb{R}^2$ 空间。

这种冗余被称为线性相关。如果一组向量中的任意一个向量都不能表示成其他向量的线性组合,那么这组向量称为线性无关。如果某个向量是一组向量中某些向量的线性组合,那么将这个向量加入这组向量后不会增加这组向量的生成子空间。这意味着,如果一个矩阵的列空间涵盖整个 $\mathbb{R}^m$,那么该矩阵必须包含至少一组 m 个线性无关的向量。这是 $Ax = b$ 对于每一个向量 b 的取值都有解的充分必要条件。值得注意的是,这个条件是说该向量集恰好有 m

个线性无关的列向量,而不是至少 m 个。不存在一个 m 维向量的集合具有多于 m 个彼此线性不相关的列向量,但是一个有多于 m 个列向量的矩阵有可能拥有不止一个大小为 m 的线性无关向量集。

要想使矩阵可逆,还需要保证 $Ax=b$ 对于每一个 b 值至多有一个解。为此,需要确保该矩阵至多有 m 个列向量。否则,该方程会有不止一个解。

综上所述,这意味着该矩阵必须是一个方阵(square),即 $m=n$,并且所有列向量都是线性无关的。一个列向量线性相关的方阵被称为奇异的(singular)。

如果矩阵 A 不是一个方阵或者是一个奇异的方阵,该方程仍然可能有解。但是不能使用矩阵逆去求解。

目前为止,已经讨论了逆矩阵左乘。也可以定义逆矩阵为

$$AA^{-1}=I$$

对于方阵而言,它的左逆和右逆是相等的。

5. 范数

有时需要衡量一个向量的大小。在机器学习中,经常使用被称为范数(norm)的函数衡量向量大小。形式上,L^p 范数定义如下。

$$\|x\|_p=\left(\sum_i|x_i|^p\right)^{\frac{1}{p}}$$

其中,$p\in\mathbb{R}$,$p\geqslant 1$。

范数(包括 L^p 范数)是将向量映射到非负值的函数。直观上来说,向量 x 的范数衡量从原点到点 x 的距离。更严格地说,范数是满足下列性质的任意函数。

$$f(x)=0\Rightarrow x=0$$
$$f(x+y)\leqslant f(x)+f(y)\quad(三角不等式(triangle\ inequality))$$
$$\forall a\in\mathbb{R},\quad f(\alpha x)=|\alpha|f(x)$$

当 $p=2$ 时,L^2 范数被称为欧几里得范数(Euclidean norm)。它表示从原点出发到向量 x 确定的点的欧几里得距离。L^2 范数在机器学习中出现得十分频繁,经常简化表示为 $\|x\|$,略去了下标 2。平方 L^2 范数也经常用来衡量向量的大小,可以简单地通过点积 x^Tx 计算。

平方 L^2 范数在数学和计算上都比 L^2 范数本身更方便。例如,平方 L^2 范数对 x 中每个元素的导数只取决于对应的元素,而 L^2 范数对每个元素的导数却和整个向量相关。但是在很多情况下,平方 L^2 范数也可能不受欢迎,因为它在原点附近增长得十分缓慢。在某些机器学习应用中,区分恰好是零的元素和非零但值很小的元素是很重要的。在这些情况下,我们转而使用在各个位置斜率相同,同时保持简单的数学形式的函数:L^1 范数。L^1 范数可以简化如下。

$$\|x\|_1=\sum_i|x_i|$$

当机器学习问题中零和非零元素之间的差异非常重要时,通常会使用 L^1 范数。每当 x 中某个元素从 0 增加 ε,对应的 L^1 范数也会增加 ε。有时候会统计向量中非零元素的个数来衡量向量的大小。有些作者将这种函数称为"L^0 范数",但是这个术语在数学意义上是不对的。向量的非零元素的数目不是范数,因为对向量缩放 α 倍不会改变该向量非零元素的数目。因此 L^1 范数经常作为表示非零元素数目的替代函数。

另外一个经常在机器学习中出现的范数是 L^∞ 范数,也被称为最大范数(max norm)。这个范数表示向量中具有最大幅值的元素的绝对值:

$$\|\boldsymbol{x}\|_\infty = \max_i x_i$$

有时候可能也希望衡量矩阵的大小。在深度学习中,最常见的做法是使用 Frobenius 范数(Frobenius norm):

$$\|\boldsymbol{A}\|_F = \sqrt{\sum_{i,j} A_{i,j}^2}$$

它类似于向量的 L^2 范数。

两个向量的点积(dot product)可以用范数来表示。具体地,

$$\boldsymbol{x}^{\mathrm{T}} \boldsymbol{y} = \|\boldsymbol{x}\|_2 \|\boldsymbol{y}\|_2 \cos\theta$$

其中,θ 表示 $\boldsymbol{x}$ 和 $\boldsymbol{y}$ 之间的夹角。

6. 特征分解

许多数学对象可以通过将它们分解成多个组成部分或者找到它们的一些属性而更好地理解,这些属性是通用的,而不是由我们选择表示它们的方式产生的。

例如,整数可以分解为质因数。可以用十进制或二进制等不同方式表示整数 12,但是 $12 = 2 \times 2 \times 3$ 永远是对的。从这个表示中可以获得一些有用的信息,如 12 不能被 5 整除,或者 12 的倍数可以被 3 整除。

正如我们可以通过分解质因数来发现整数的一些内在性质,也可以通过分解矩阵来发现矩阵表示成数组元素时不明显的函数性质。特征分解(eigendecomposition)是使用最广的矩阵分解之一,即将矩阵分解成一组特征向量和特征值。

方阵 $\boldsymbol{A}$ 的特征向量(eigenvector)是指与 $\boldsymbol{A}$ 相乘后相当于对该向量进行缩放的非零向量 $\boldsymbol{v}$:

$$\boldsymbol{A}\boldsymbol{v} = \lambda\boldsymbol{v}$$

标量 λ 被称为这个特征向量对应的特征值(eigenvalue)。如果 $\boldsymbol{v}$ 是 $\boldsymbol{A}$ 的特征向量,那么任何缩放后的向量 $s\boldsymbol{v}$($s \in \mathbb{R}, s \neq 0$)也是 $\boldsymbol{A}$ 的特征向量。此外,$s\boldsymbol{v}$ 和 $\boldsymbol{v}$ 有相同的特征值。基于这个原因,通常只考虑单位特征向量。

假设矩阵 $\boldsymbol{A}$ 有 n 个线性无关的特征向量 $\{v^{(1)}, v^{(2)}, \cdots, v^{(n)}\}$,对应着特征值 $\boldsymbol{\lambda} = [\lambda_1, \lambda_2, \cdots, \lambda_n]^{\mathrm{T}}$,因此 $\boldsymbol{A}$ 的特征分解可以记作:

$$\boldsymbol{A} = \boldsymbol{V} \mathrm{diag}(\boldsymbol{\lambda}) \boldsymbol{V}^{-1}$$

我们已经看到了构建具有特定特征值和特征向量的矩阵,能够使我们在目标方向上延伸空间。然而,我们也常常希望将矩阵分解(decompose)成特征值和特征向量。这样可以帮助我们分析矩阵的特定性质,就像质因数分解有助于我们理解整数。不是每一个矩阵都可以分解成特征值和特征向量。在某些情况下,特征分解存在,但是会涉及复数而非实数。幸运的是,在本书中,通常只需要分解一类有简单分解的矩阵。具体来讲,每个实对称矩阵都可以分解成实特征向量和实特征值:

$$\boldsymbol{A} = \boldsymbol{Q}\boldsymbol{\Lambda}\boldsymbol{Q}^{\mathrm{T}}$$

其中,$\boldsymbol{Q}$ 是 $\boldsymbol{A}$ 的特征向量组成的正交矩阵,$\boldsymbol{\Lambda}$ 是对角矩阵。特征值 $\boldsymbol{\Lambda}_{i,i}$ 对应的特征向量是矩阵 $\boldsymbol{Q}$ 的第 i 列,记作 $\boldsymbol{Q}_{:,i}$。因为 $\boldsymbol{Q}$ 是正交矩阵,可以将 $\boldsymbol{A}$ 看作沿方向 $v^{(i)}$ 延展 λ_i 倍的空间。

虽然任意一个实对称矩阵 $\boldsymbol{A}$ 都有特征分解,但是特征分解可能并不唯一。如果两个或多个特征向量拥有相同的特征值,那么在由这些特征向量产生的生成子空间中,任意一组正交向量都是该特征值对应的特征向量。因此,可以等价地从这些特征向量中构成 $\boldsymbol{Q}$ 作为替代。按照惯例,通常按降序排列 $\boldsymbol{\Lambda}$ 的元素。在该约定下,特征分解唯一当且仅当所有的特征值都是

唯一的。

矩阵的特征分解给了我们很多关于矩阵的有用信息。矩阵是奇异的当且仅当含有零特征值。实对称矩阵的特征分解也可以用于优化二次方程 $f(x) = x^{\mathrm{T}}Ax$，其中，限制 $\|x\|_2 = 1$。当 x 等于 A 的某个特征向量时，f 将返回对应的特征值。在限制条件下，函数 f 的最大值是最大特征值，最小值是最小特征值。

所有特征值都是正数的矩阵被称为正定（positive definite）；所有特征值都是非负数的矩阵被称为半正定（positive semidefinite）。同样地，所有特征值都是负数的矩阵被称为负定（negative definite）；所有特征值都是非正数的矩阵被称为半负定（negative semidefinite）。半正定矩阵受到关注是因为它们保证 $\forall x, x^{\mathrm{T}}Ax \geqslant 0$。此外，正定矩阵还保证 $x^{\mathrm{T}}Ax = 0 \Rightarrow x = 0$。

7. 奇异值分解

奇异值分解（Singular Value Decomposition，SVD），即将矩阵分解为奇异向量（singular vector）和奇异值（singular value）。通过奇异值分解，会得到一些与特征分解相同类型的信息。然而，奇异值分解有更广泛的应用。每个实数矩阵都有一个奇异值分解，但不一定都有特征分解。例如，非方阵的矩阵没有特征分解，这时只能使用奇异值分解。

回想一下，使用特征分解去分析矩阵 A 时，得到特征向量构成的矩阵 V 和特征值构成的向量 λ，可以重新将 A 写作：

$$A = V \mathrm{diag}(\lambda) V^{-1}$$

奇异值分解是类似的，只不过将矩阵 A 分解成三个矩阵的乘积：

$$A = UDV^{\mathrm{T}}$$

假设 A 是一个 $m \times n$ 的矩阵，那么 U 是一个 $m \times m$ 的矩阵，D 是一个 $m \times n$ 的矩阵，V 是一个 $n \times n$ 矩阵。

这些矩阵中的每一个经定义后都拥有特殊的结构。矩阵 U 和 V 都定义为正交矩阵，而矩阵 D 定义为对角矩阵。注意，矩阵 D 不一定是方阵。

对角矩阵 D 对角线上的元素被称为矩阵 A 的奇异值（singular value）。矩阵 U 的列向量被称为左奇异向量（left singular vector），矩阵 V 的列向量被称为右奇异向量（right singular vector）。

事实上，可以用与 A 相关的特征分解去解释 A 的奇异值分解。A 的左奇异向量（left singular vector）是 AA^{T} 的特征向量。A 的右奇异向量（right singular vector）是 $A^{\mathrm{T}}A$ 的特征向量。A 的非零奇异值是 AA^{T} 特征值的平方根，同时也是 AA^{T} 特征值的平方根。

8. 行列式

行列式，记作 $\det A$，是一个将方阵 A 映射到实数的函数。行列式等于矩阵特征值的乘积。行列式的绝对值可以用来衡量矩阵参与矩阵乘法后空间扩大或者缩小了多少。如果行列式是 0，那么空间至少沿着某一维完全收缩了，使其失去了所有的体积。如果行列式是 1，那么这个转换保持空间体积不变。

A.2 概　率　论

概率论是用于表示不确定性声明的数学框架。它不仅提供了量化不确定性的方法，也提供了用于导出新的不确定性声明（statement）的公理。在人工智能领域，概率论主要有两种用途。首先，概率法则告诉我们 AI 系统如何推理，据此我们设计一些算法来计算或者估算由概率论导出的表达式。其次,可以用概率和统计从理论上分析我们提出的 AI 系统的行为。

1. 概率的意义

计算机科学的许多分支处理的实体大部分都是完全确定且必然的。程序员通常可以安全地假定 CPU 将完美地执行每条机器指令。虽然硬件错误确实会发生,但它们足够罕见,以至大部分软件应用在设计时并不需要考虑这些因素的影响。鉴于许多计算机科学家和软件工程师在一个相对干净和确定的环境中工作,机器学习对于概率论的大量使用是很令人吃惊的。

这是因为机器学习通常必须处理不确定量,有时也可能需要处理随机量。不确定性和随机性可能来自多个方面。事实上,除了那些被定义为真的数学声明,我们很难认定某个命题是千真万确的或者确保某件事一定会发生。

概率论最初的发展是为了分析事件发生的频率,可以被看作用于处理不确定性的逻辑扩展。逻辑提供了一套形式化的规则,可以在给定某些命题是真或假的假设下,判断另外一些命题是真的还是假的。概率论提供了一套形式化的规则,可以在给定一些命题的似然后,计算其他命题为真的似然。

2. 随机变量

随机变量(random variable)是可以随机地取不同值的变量,它可以是离散的或者连续的。离散随机变量拥有有限或者可数无限多的状态。这些状态不一定非要是整数;它们也可能只是一些被命名的状态而没有数值。连续随机变量伴随着实数值。

3. 概率分布

概率分布(probability distribution)用来描述随机变量或一簇随机变量在每一个可能取到的状态的可能性大小。描述概率分布的方式取决于随机变量是离散的还是连续的。

1) 离散型变量和概率质量函数

离散型变量的概率分布可以用概率质量函数(Probability Mass Function,PMF)来描述。概率质量函数将随机变量能够取得的每个状态映射到随机变量取得该状态的概率。$X=x$ 的概率用 $P(x)$ 来表示,概率为 1 表示 $X=x$ 是确定的,概率为 0 表示 $X=x$ 是不可能发生的。有时为了使得 PMF 的使用不相互混淆,会明确写出随机变量的名称:$P(X=x)$。有时会先定义一个随机变量,然后用～符号来说明它遵循的分布:$X \sim P(x)$。

概率质量函数可以同时作用于多个随机变量。这种多个变量的概率分布被称为联合概率分布(joint probability distribution)。$P(X=x,Y=y)$ 表示 $X=x$ 和 $Y=y$ 同时发生的概率,也可以简写为 $P(x,y)$。

如果一个函数 P 是随机变量 X 的 PMF,必须满足下面三个条件。

(1) P 的定义域必须是 X 所有可能状态的集合。

(2) $\forall x \in X, 0 \leqslant P(x) \leqslant 1$。

(3) $\sum_{x \in X} P(x) = 1$。

2) 连续型变量和概率密度函数

当研究的对象是连续型随机变量时,用概率密度函数(Probability Density Function,PDF)来描述它的概率分布。如果一个函数 p 是概率密度函数,必须满足下面三个条件。

(1) p 的定义域必须是 X 所有可能状态的集合。

(2) $\forall x \in X, p(x) \geqslant 0$。

(3) $\int p(x)\mathrm{d}x = 1$。

概率密度函数 $p(x)$ 并没有直接对特定的状态给出概率,相对地,它给出了落在面积为 δx 的无限小的区域内的概率为 $p(x)\delta x$。

可以对概率密度函数求积分来获得点集的真实概率质量。特别地,x 落在集合 $\mathbb{S}$ 中的概率可以通过 $p(x)$ 对这个集合求积分来得到。在单变量的例子中,$p(x)$ 落在区间 $[a,b]$ 的概率是 $\int_{[a,b]} p(x)\mathrm{d}x$。

3) 边缘概率

有时候,知道了一组变量的联合概率分布,但想要了解其中一个子集的概率分布。这种定义在子集上的概率分布被称为边缘概率分布(marginal probability distribution)。

例如,假设有离散型随机变量 X 和 Y,并且我们知道 $P(X,Y)$,可以依据下面的求和法则(sum rule)来计算 $P(X)$。

$$\forall x \in X, \quad P(X=x) = \sum_y P(X=x, Y=y)$$

"边缘概率"的名称来源于手算边缘概率的计算过程。当 $P(X,Y)$ 的每个值被写在由每行表示不同的 x 值,每列表示不同的 y 值形成的网格中时,对网格中的每行求和是很自然的事情,然后将求和的结果 $P(X)$ 写在每行右边的纸的边缘处。对于连续型变量,需要用积分替代求和。

$$p(x) = \int p(x,y)\mathrm{d}y$$

4) 条件概率

在很多情况下,我们感兴趣的是某个事件在给定其他事件发生时出现的概率,这种概率叫作条件概率。将给定 $X=x, Y=y$ 发生的条件概率记为 $P(Y=y \mid X=x)$。这个条件概率可以通过下面的公式计算。

$$P(Y=y \mid X=x) = \frac{P(Y=y, X=x)}{P(X=x)}$$

条件概率只在 $P(X=x)>0$ 时有定义。不能计算给定在永远不会发生的事件上的条件概率。

这里需要注意的是,不要把条件概率和计算当采用某个动作后会发生什么相混淆。假定某个人说德语,那么他是德国人的条件概率是非常高的,但是如果随机选择的一个人会说德语,他的国籍不会因此而改变。

5) 条件概率的链式法则

任何多维随机变量的联合概率分布都可以分解成只有一个变量的条件概率相乘的形式:

$$P(x^{(1)}, x^{(2)}, \cdots, x^{(n)}) = P(x^{(1)}) \prod_{i=2}^{n} P(x^{(i)} \mid x^{(1)}, x^{(2)}, \cdots, x^{(i-1)})$$

这个规则被称为概率的链式法则(chain rule)或者乘法法则(product rule)。

6) 独立性和条件独立性

两个随机变量 X 和 Y,如果它们的概率分布可以表示成两个因子的乘积形式,并且一个因子只包含 X,另一个因子只包含 Y,就称这两个随机变量是相互独立的(independent)。

$$\forall x \in X, y \in Y, p(x=X, y=Y) = p(x=X)p(y=Y)$$

如果关于 X 和 Y 的条件概率分布对于 Z 的每个值都可以写成乘积的形式,那么这两个

随机变量 X 和 Y 在给定随机变量 Z 时是条件独立的(conditionally independent)。

$$\forall x \in X, y \in Y, z \in Z,$$
$$P(X=X, Y=Y \mid Z=Z) = P(X=X \mid Z=Z)P(Y=Y \mid Z=Z)$$

可以采用一种简化形式来表示独立性和条件独立性：$X \perp Y$ 表示 X 和 Y 相互独立，$X \perp Y \mid Z$ 表示 X 和 Y 在给定 Z 时条件独立。

7) 数学期望、方差和协方差

函数 $f(x)$ 关于某分布 $P(x)$ 的数学期望(expectation)或者期望值(expected value)是指，当 x 由 P 产生，f 作用于 x 时，$f(x)$ 的平均值。对于离散型随机变量，可以通过求和得到，即

$$\mathbb{E}_{x \sim P}[f(x)] = \sum_x P(x)f(x)$$

对于连续型随机变量可以通过求积分得到，即

$$\mathbb{E}_{x \sim P}[f(x)] = \int \sum_x P(x)f(x)\mathrm{d}x$$

期望是线性的，例如：

$$\mathbb{E}_x[\alpha f(x) + \beta g(x)] = \alpha \mathbb{E}_x[f(x)] + \beta \mathbb{E}_x[g(x)]$$

其中，α 和 β 不依赖于 x。

方差(variance)衡量的是当我们对 x 依据它的概率分布进行采样时，随机变量 x 的函数值会呈现多大的差异，即

$$\mathrm{Var}(f(x)) = \mathbb{E}[(f(x) - \mathbb{E}[f(x)])^2]$$

当方差很小时，$f(x)$ 的值形成的簇比较接近它们的期望值。方差的平方根被称为标准差(standard deviation)。

协方差(covariance)在某种意义上给出了两个变量线性相关性的强度以及这些变量的尺度，即

$$\mathrm{Cov}(f(x), g(x)) = \mathbb{E}(f(x) - \mathbb{E}[f(x)])(g(y) - \mathbb{E}[g(y)])$$

8) 常用概率分布

(1) Bernoulli 分布。

Bernoulli 分布(Bernoulli distribution)是单个二值随机变量的分布。它由单个参数 $\phi \in [0,1]$ 控制，ϕ 给出了随机变量等于 1 的概率。它具有如下性质。

$$P(X=1) = \phi$$
$$P(X=0) = 1 - \phi$$
$$P(X=x) = \phi^x(1-\phi)^{1-x}$$
$$\mathbb{E}_x[X] = \phi$$
$$\mathrm{Var}_x(X) = \phi(1-\phi)$$

(2) Multinoulli 分布。

Multinoulli 分布(multinoulli distribution)或者范畴分布(categorical distribution)是指在具有 k 个不同状态的单个离散型随机变量上的分布，其中 k 是一个有限值。Multinoulli 分布由向量 $p \in [0,1]^{k-1}$ 参数化，其中每一个分量 p_i 表示第 i 个状态的概率。最后的第 k 个状态的概率可以通过 $1 - \sum_{i=1}^{k-1} p_i$ 给出。

9) 高斯分布

实数上最常用的分布是正态分布(normal distribution)，也称为高斯分布(Gaussian distribution)。

$$N(x\,;\mu\,,\sigma^2)=\sqrt{\frac{1}{2\pi\sigma^2}}\exp\left[-\frac{1}{2\sigma^2}(x-\mu)^2\right]$$

正态分布由两个参数控制：$\mu\in\mathbb{R}$ 和 $\sigma\in(0,\infty)$。参数 μ 给出了中心峰值的坐标，这也是分布的均值：$\mathbb{E}[X]=\mu$。分布的标准差用 σ 表示，方差用 σ^2 表示。

采用正态分布在很多应用中都是一个明智的选择。当我们由于缺乏关于某个实数上分布的先验知识而不知道该选择怎样的形式时，正态分布是默认的比较好的选择。

正态分布可以推广到 $\mathbb{R}^n$ 空间，这种情况被称为多维正态分布（multivariate normal distribution）。它的参数是一个正定对称矩阵 $\boldsymbol{\Sigma}$：

$$N(x\,;\mu\,,\boldsymbol{\Sigma})=\sqrt{\frac{1}{(2\pi)^n\det\boldsymbol{\Sigma}}}\exp\left[-\frac{1}{2}(x-\mu)^{\mathrm{T}}\boldsymbol{\Sigma}^{-1}(x-\mu)\right]$$

参数 $\boldsymbol{\mu}$ 仍然表示分布的均值，只不过现在是向量值。参数 $\boldsymbol{\Sigma}$ 给出了分布的协方差矩阵。和单变量的情况类似，当我们希望对很多不同参数下的概率密度函数多次求值时，协方差矩阵并不是一个很高效的参数化分布的方式，因为对概率密度函数求值时需要对 $\boldsymbol{\Sigma}$ 求逆。我们可以使用一个精度矩阵（precision matrix）$\boldsymbol{\beta}$ 进行替代。

$$N(x\,;\mu\,,\boldsymbol{\beta}^{-1})=\sqrt{\frac{\det\boldsymbol{\beta}}{(2\pi)^n}}\exp\left[-\frac{1}{2}(x-\mu)^{\mathrm{T}}\boldsymbol{\beta}(x-\mu)\right]$$

10）指数分布和 Laplace 分布

在深度学习中，经常会需要一个在 $x=0$ 点处取得边界点（sharp point）的分布。为了实现这一目的，可以使用指数分布（exponential distribution）：

$$p(x\,;\lambda)=\lambda\ |_{x\geqslant0}\exp(-\lambda x)$$

指数分布使用指示函数（indicator function）$|_{x\leqslant0}$ 来使得当 x 取负值时的概率为零。一个联系紧密的概率分布是 Laplace 分布（Laplace distribution），它允许在任意一点 μ 处设置概率质量的峰值：

$$\mathrm{Laplace}(x\,;\mu\,,\gamma)=\frac{1}{2\gamma}\exp\left(-\frac{|x-\mu|}{\gamma}\right)$$

4. 贝叶斯规则

我们经常会需要在已知 $P(Y|X)$ 时计算 $P(X|Y)$。幸运的是，如果还知道 $P(X)$，可以用贝叶斯规则（Bayes' Rule）来实现这一目的。

$$P(X|Y)=\frac{P(X)P(Y|X)}{P(Y)}$$

在上面的公式中，$P(Y)$ 通常使用 $P(Y)=\sum_x P(Y|X)P(X)$ 来计算，所以并不需要事先知道 $P(Y)$ 的信息。

参 考 文 献

[1]   Hinton G E，Srivastava N，Krizhevsky A，et al. Improving neural networks by preventing co-adaptation of feature detectors[J]. arXiv preprint arXiv:1207.0580，2012.

[2]   Ioffe S，Szegedy C. Batch normalization：Accelerating deep network training by reducing internal covariate shift[J]. arXiv preprint arXiv:1502.03167，2015.

[3]   Simonyan K，Zisserman A. Very deep convolutional networks for large-scale image recognition[J]. arXiv preprint arXiv:1409.1556，2014.

[4]   Szegedy C，Liu W，Jia Y，et al. Going deeper with convolutions[C]//Proceedings of the IEEE conference on computer vision and pattern recognition. 1-9，2015.

[5]   He K，Zhang X，Ren S，et al. Deep residual learning for image recognition[C]//Proceedings of the IEEE conference on computer vision and pattern recognition. 770-778，2016.

[6]   Quattoni A，Torralba A. Recognizing indoor scenes[C]//IEEE Conference on Computer Vision & Pattern Recognition. 2009.

[7]   Lecun Y，Bottou L. Gradient-based learning applied to document recognition[J]. Proceedings of the IEEE，1998，86(11):2278-2324.

[8]   Mikolov T，Martin Karafiát，Burget L，et al. Recurrent neural network based language model[C]// Interspeech，Conference of the International Speech Communication Association，Makuhari，Chiba，Japan，September. DBLP，2015.

[9]   Vaswani A，Shazeer N，Parmar N，et al. Attention is all you need[J]. arXiv preprint arXiv:1706.03762，2017.

[10]   Huang B，Ou Y，Carley K M. Aspect level sentiment classification with attention-over-attention neural networks[J]. arXiv preprint arXiv:1804.06536，2018.

[11]   Tang D，Qin B，Liu T. Aspect level sentiment classification with deep memory network[J]. arXiv preprint arXiv:1605.08900，2016.

[12]   Ma D，Li S，Zhang X，et al. Interactive attention networks for aspect-level sentiment classification [C]//Twenty-Sixth International Joint Conference on Artificial Intelligence. 2017.

[13]   Wu W，Qian C，Yang S，et al. Look at boundary：A boundary-aware face alignment algorithm[C]// 2018 IEEE Conference on Computer Vision and Pattern Recognition (CVPR). IEEE，2018.

[14]   Dong C，Loy C C，He K，et al. Image super-resolution using deep convolutional networks[J]. Pattern Analysis & Machine Intelligence IEEE Transactions on，2016，38(2):295-307.

[15]   周志华. 机器学习[M]. 北京：清华大学出版社，2015.

[16]   陈海虹，黄彪，刘峰，等. 机器学习原理及应用[M]. 成都：电子科技大学出版社，2017.

[17]   Zhuo J，Wang S，Cui S，et al. Unsupervised open domain recognition by semantic discrepancy minimization[C]//2019 IEEE/CVF Conference on Computer Vision and Pattern Recognition (CVPR). IEEE，2020.

[18]   He K，Zhang X，Ren S，et al. Deep residual learning for image recognition[C]//IEEE Conference on Computer Vision & Pattern Recognition. IEEE Computer Society，2016.

[19]   Kim Y. Convolutional Neural networks for sentence classification[J]. Eprint Arxiv，2014.